U0177332

应用型本科教育数学基础教材
编 委 会

主任 祝家贵 许志才

委员（以姓氏笔画为序）

王家正 宁 群 李远华

李宝萍 李烈敏 张千祥

陈 秀 赵建中 胡跃进

黄海生 梅 红 翟明清

应用型本科教育数学基础教材

应用高等数学

上册

巢湖学院应用数学学院 ◎ 编

中国科学技术大学出版社

内 容 简 介

　　《应用高等数学》是安徽省应用型本科高校联盟教材,分上、下两册出版.上册的主要内容为函数与极限、一元函数微分学、一元函数积分学、常微分方程;下册的主要内容为向量代数与空间解析几何、多元函数微分学、重积分、曲线积分与曲面积分、无穷级数、Matlab 数学实验.以案例教学为中心,注重培养学生运用数学知识和方法解决问题的能力.结合多年培养应用型本科人才的教学实践经验,在体系、内容和方法方面做了有益的改革.每章节末附有应用型习题.

　　本书可作为应用型本科院校非数学类专业教材,也可作为高等数学课程学习的参考书.

图书在版编目(CIP)数据

应用高等数学(上册)/巢湖学院应用数学学院编.—合肥:中国科学技术大学出版社,2016.9(2024.7重印)
ISBN 978-7-312-04010-8

Ⅰ.应…　Ⅱ.巢…　Ⅲ.高等数学—应用数学—高等学校—教材　Ⅳ.O13

中国版本图书馆 CIP 数据核字(2016)第 216458 号

出版	中国科学技术大学出版社
	安徽省合肥市金寨路 96 号,230026
	http://press.ustc.edu.cn
	https://zgkxjsdxcbs.tmall.com
印刷	合肥华苑印刷包装有限公司
发行	中国科学技术大学出版社
经销	全国新华书店
开本	710 mm×960 mm　1/16
印张	14.5
字数	244 千
版次	2016 年 9 月第 1 版
印次	2024 年 7 月第 4 次印刷
定价	30.00 元

总　　序

　　1998 年以来,出现了一大批以培养应用型人才为主要目标的地方本科院校,且办学规模日益扩大,已经成为我国高等教育的主体,为实现高等教育大众化作出了突出贡献.但是,作为知识与技能重要载体的教材建设没能及时跟上高等学校人才培养规格的变化,较长时间以来,应用型本科院校仍然使用精英教育模式下培养学术型人才的教材,人才培养目标和教材体系明显不对应,影响了应用型人才培养质量.因此,认真研究应用型本科教育教学的特点,加强应用型教材研发,是摆在应用型本科院校广大教师面前的迫切任务.

　　安徽省应用型本科高校联盟组织联盟内 13 所学校共同开展应用数学类教材建设工作,成立了"安徽省应用型高校联盟数学类教材建设委员会",于 2009 年 8 月在皖西学院召开了应用型本科数学类教材建设研讨会,会议邀请了中国高等教育学著名专家潘懋元教授作应用型课程建设专题报告,研讨数学类基础课程教材的现状和建设思路.先后多次召开课程建设会议,讨论大纲,论证编写方案,并落实工作任务,使应用型本科数学类基础课程教材建设工作迈出了探索的步伐.

　　即将出版的这套丛书共计 6 本,包括《高等数学(文科类)》《高等数学(工程类)》《高等数学(经管类)》《高等数学(生化类)》《应用概率与数理统计》和《线性代数》,已在参编学校使用两届,并经过多次修改.教材明确定位于"应用型人才培养"目标,其内容体现了教学改革的成果和教学内容的优化,具有以下主要特点:

　　1. 强调"学以致用".教材突破了学术型本科教育的知识体系,降低了理论深度,弱化了理论推导和运算技巧的训练,加强对"应用能力"的培养.

　　2. 突出"问题驱动".把解决实际工程问题作为学习理论知识的出发点和落脚点,增强案例与专业的关联度,把解决应用型习题作为教学内容的有效补充.

　　3. 增加"实践教学".教材中融入了数学建模的思想和方法,把数学应用软件的学习和实践作为必修内容.

4. 改革"教学方法". 教材力求通俗表达,要求教师重点讲透思想方法,开展课堂讨论,引导学生掌握解决问题的精要.

这套丛书是安徽省应用型本科高校联盟几年来大胆实践的成果. 在此,我要感谢这套丛书的主编单位以及编写组的各位老师,感谢他们这几年在编写过程中的付出与贡献,同时感谢中国科学技术大学出版社为这套教材的出版提供了服务和平台,也希望我省的应用型本科教育多为国家培养应用型人才.

当然,开展应用型本科教育的研究和实践,是我省应用型本科高校联盟光荣而又艰巨的历史任务,这套丛书的出版,用毛泽东同志的话来说,只是万里长征走完了第一步,今后任重而道远,需要大家继续共同努力,创造更好的成绩!

2013 年 7 月

前　言

　　高等数学是高等院校开设的一门重要的基础理论课程,其内容、思想、方法和语言已广泛渗入自然科学、工程技术、经济和社会科学等领域中,成为现代文化的重要组成部分.在我国高等教育大众化深入发展的背景下,结合理工类应用型人才培养要求和教学特点,我们在教材编写过程中力求体现以下特色:

　　(1) 注重从案例引入数学概念,将数学知识应用于处理各种生活和工程实际问题,用实例和示例加深对概念、方法的理解,以案例驱动,更具应用性.

　　(2) 为了使教材通俗易懂,注重对定理的内涵、背景与实际应用的介绍,删除一些过于繁琐的推理,淡化运算技巧的训练,在保证科学性的基础上,尽可能将枯燥的数学表述通俗化,增强教材的可读性,体现数学的亲和力.

　　(3) 添加了 Matlab 在高等数学中的应用章节,利用 Matlab 软件在计算和绘图方面的优势,增强学生对数学的兴趣和解决实际问题的能力.

　　本书分为上、下两册:上册的主要内容为函数与极限、一元函数微分学、一元函数积分学、常微分方程;下册的主要内容为向量代数与空间解析几何、多元函数微分学、重积分、曲线积分与曲面积分、无穷级数、Matlab 数学实验.每章节均配有一定数量的习题.编写起点适中,内容层次分明,方便选择性教学和学生自学.本书能培养学生一定的数学素养,为学生的后续专业课程学习及其应用打下良好的数学基础.

　　本书由巢湖学院应用数学学院教师编写.学院高度重视高等数学课程教材改革工作,为此成立了应用高等数学教材编写小组,祝家贵教授任组长,赵开斌教授任副组长,并由祝家贵教授负责本书大纲设计、修改和审定工作.由陈侃(第 1 章、第 8 章)、徐富强(第 2 章、第 9 章)、陈焱超(第 3 章、第 11 章)、陈佩树(第 4 章、第 10 章、第 12 章)、侯勇超(第 5 章)、彭维才(第 6 章)、戴泽俭(第 7 章)编写初稿,由祝家贵统稿并修改写成第二稿.在本书第二稿(讲义)的试用过程中,得到了许多授课教师的反馈意见,并提供了有价值的修改建议,最后本书由祝家贵定稿.

在本书编写过程中,得到了巢湖学院承担本课程教学工作的老师大力支持和帮助,在此对吴永生、陶有田、王珺等相关任课教师表示感谢.在编写过程中,我们参考了国内外许多与高等数学相关的优秀教材,从中选取了一些例子和习题,恕不一一列名致谢.

由于编者水平有限,时间比较仓促,书中不妥和错误之处在所难免,恳请专家、同行及读者批评指正,在此深表谢意.

编　者

2016.8.6

目　　录

第 1 章　函数、极限与连续

初等数学研究的主要是常量及其运算,而高等数学研究的主要是变量及变量之间的依赖关系,函数正是这种依赖关系的体现.函数的概念是微积分学的理论基础,极限方法是研究微积分学的基本方法,连续是函数的一个重要性态.

例 1.0.1　根据高中阶段学习的极限知识我们知道:$x \to 0$ 时,$2x \to 0$,$x^2 \to 0$,即它们在 $x \to 0$ 时的极限都为 0,但通过表 1.0.1 我们发现它们趋近 0 的速度快慢有所不同.如何刻画这种不同是本章的一个重要知识点.

表 1.0.1　不同表达趋近 0 的速度

x	± 1	± 0.5	± 0.1	± 0.01	± 0.001	$\cdots$
$2x$	± 2	± 1	± 0.2	± 0.02	± 0.002	$\cdots$
x^2	1	0.25	0.01	0.000 1	0.000 001	$\cdots$

本章将在高中函数与极限概念的基础上,进一步介绍两个重要极限、无穷小与无穷大的概念以及函数连续性.

1.1　函数的概念

例 1.1.1　在机械中常用到一种曲柄连杆机构(图 1.1.1),当主机轮匀速转动时,连杆 AB 带动滑块 B 做往复直线运动.设主动轮半径为 r,转动角速度为 ω,连杆长度为 l,则滑块 B 的运动规律如何?

设在开始运动后,经过时间 t 时,滑块 B 距点 O 的距离为 s,则求滑块 B 的运动规律本质上就是建立 s 和 t 之间的函数关系.这个问题的最终解决办法就是建立几个变量间的关系等式.下面我们先来回顾有关函数的一些概念.

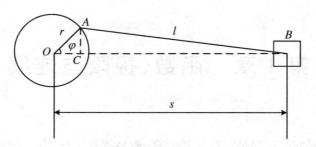

图 1.1.1　曲柄连杆机构

1.1.1　函数的定义域和值域

> **定义 1.1.1**　设 x 和 y 是两个变量,D 为一个非空实数集,如果对属于 D 中的每个 x,依照某个对应法则 f,变量 y 都有确定的数值与之对应,那么 y 就称为 x 的**函数**,记作 $y = f(x)$.其中,x 称为函数的自变量,y 称为函数的因变量,实数集 D 称为函数的**定义域**,因变量 y 的取值范围 $M = \{y \mid y = f(x), x \in D\}$ 称为函数的**值域**.

如果对于每一个 $x \in D$,都有且仅有一个 $y \in M$ 与之对应,则称这种函数为**单值函数**.如果对于给定的 $x \in D$,有多个 $y \in M$ 与之对应,则称这种函数为**多值函数**.一个多值函数通常可被看成是由一些单值函数组成的.若无特别说明,本书所研究的函数都是指单值函数.

函数的定义域和对应法则称为函数的两个要素,而函数的值域一般称为派生要素,由定义域和对应法则确定.

在函数 $y = f(x)$ 中,当 x 取定 $x_0(x_0 \in D)$ 时,称 $f(x_0)$ 为 $y = f(x)$ 在 x_0 处的函数值,即

$$f(x_0) = f(x)\big|_{x=x_0}.$$

常用的函数表示法有解析法(又称公式法)、表格法和图形法.

例 1.1.2　确定函数 $f(x) = \sqrt{6 + 5x - x^2} + \ln(x - 3)$ 的定义域,并求 $f(4)$,$f(a^2)$.

解　该函数的定义域应为满足不等式组 $\begin{cases} 6 + 5x - x^2 \geqslant 0 \\ x - 3 > 0 \end{cases}$ 的 x 值的全体.解此

不等式组,得 $3 < x \leqslant 6$.故该函数的定义域 $D = \{x \mid 3 < x \leqslant 6\} = (3,6]$,且

$$f(4) = \sqrt{6 + 5 \times 4 - 4^2} + \ln(4 - 3) = \sqrt{10},$$

$$f(a^2) = \sqrt{6 + 5a^2 - a^4} + \ln(a^2 - 3).$$

在研究变量之间的函数关系时,有时函数的因变量和自变量的地位会相互转换,于是就出现了反函数的概念.

> **定义 1.1.2** 设函数 $y = f(x)$ 的定义域为 D,值域为 M.如果对于 M 中的每一个 y 值,都可由 $y = f(x)$ 确定唯一的 x 与之对应,则得到一个定义在 M 上的以 y 为自变量、x 为因变量的新函数,该函数称为 $y = f(x)$ 的**反函数**,记为 $x = f^{-1}(y)$,并称原来的函数 $y = f(x)$ 为**直接函数**.

为了表述方便,通常将 $x = f^{-1}(y)$ 改写为 $y = f^{-1}(x)$.函数 $y = f(x)$ 与其反函数 $y = f^{-1}(x)$ 的图形关于直线 $y = x$ 对称.

求反函数的步骤如下:

(1) 由 $y = f(x)$ 解出 $x = f^{-1}(y)$;

(2) 交换字母 x 和 y.

例 1.1.3 求 $y = x^3 + 0.2$(图 1.1.2)的反函数.

解 由 $y = x^3 + 0.2$ 得

$$x = \sqrt[3]{y - 0.2},$$

交换 x 和 y 得

$$y = \sqrt[3]{x - 0.2},$$

即 $y = x^3 + 0.2$ 的反函数为 $y = \sqrt[3]{x - 0.2}$(图 1.1.2).

当把函数 $y = x^3 + 0.2$ 和 $y = \sqrt[3]{x - 0.2}$ 的图形画在同一个坐标平面上时,这两个图形关于 $y = x$ 对称.易证函数与其反函数的图形关于 $y = x$ 对称.

在一些实际问题的解决中,我们发现一些函数在定义域的不同区间具有不同的解析式,这样的函数就是我们接下来介绍的分段函数(比如,个人收入与缴纳所得税之间的关系就可以用分段函数表示).

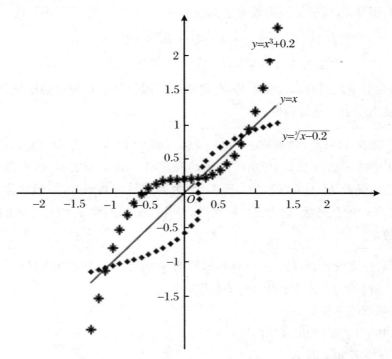

图 1.1.2　函数 $y = x^3 + 0.2$ 和 $y = \sqrt[3]{x - 0.2}$ 的图形

定义 1.1.3　定义域分成若干部分,函数关系由不同的解析式分段表达的函数称为**分段函数**.

例如,

$$y = |x| = \begin{cases} x & x \geqslant 0 \\ -x & x < 0 \end{cases}.$$

例 1.1.4　称下面的函数为符号函数:

$$y = \operatorname{sgn} x = \begin{cases} -1 & x > 0 \\ 0 & x = 0 \\ 1 & x < 0 \end{cases}.$$

易知,它恰好表示自变量 x 的符号,定义域为 $(-\infty, +\infty)$(图 1.1.3).

例 1.1.5　2011 年 9 月 1 日起,实行七级超额累进个人所得税税率表,起征点为 3 500 元,如表 1.1.1 所示.

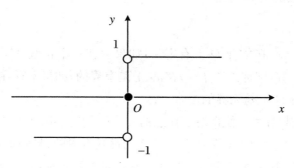

图 1.1.3　sgn x 的图形

表 1.1.1　超额累进个人所得税税率表

全月应纳税额	税率	速算扣除数(元)
不超过 1 500 元	3%	0
超过 1 500 元至 4 500 元	10%	105
超过 4 500 元至 9 000 元	20%	555
超过 9 000 元至 35 000 元	25%	1 005
超过 35 000 元至 55 000 元	30%	2 755
超过 55 000 元至 80 000 元	35%	5 505
超过 80 000 元	45%	13 505

设某人缴纳三险一金后的工资收入为 x 元,应缴纳税款为 y 元,则有分段函数

$$y = \begin{cases} (x - 3\,500) \times 3\% - 0 & 3\,500 \leqslant x < 5\,000 \\ (x - 3\,500) \times 10\% - 105 & 5\,000 \leqslant x < 8\,000 \\ (x - 3\,500) \times 20\% - 555 & 8\,000 \leqslant x < 12\,500 \\ (x - 3\,500) \times 25\% - 1\,005 & 12\,500 \leqslant x < 38\,500 \\ (x - 3\,500) \times 30\% - 2\,755 & 38\,500 \leqslant x < 58\,500 \\ (x - 3\,500) \times 35\% - 5\,505 & 58\,500 \leqslant x < 83\,500 \\ (x - 3\,500) \times 45\% - 13\,505 & x \geqslant 83\,500 \end{cases}.$$

1.1.2　函数的几种特性

1. 有界性

设函数 $y=f(x)$ 在集合 D 上有定义:如果存在一个正数 M,对于所有的 $x\in D$ 恒有 $|f(x)|\leqslant M$,则称函数 $f(x)$ 在 D 上是**有界的**;如果不存在这样的正数 M,则称函数 $f(x)$ 在 D 上是**无界的**.

因为存在正数 $M=1$,使得对于任意的 $x\in \mathbf{R}$,均有 $|\sin x|\leqslant 1$,$|\cos x|\leqslant 1$,所以函数 $y=\sin x$ 和 $y=\cos x$ 在其定义域 $\mathbf{R}$ 内都是有界的;易知函数 $y=\tan x$,$y=\cot x$ 都是无界的.其中 $y=\sin x$ 和 $y=\tan x$ 的图形分别如图 1.1.4 和图 1.1.5 所示.

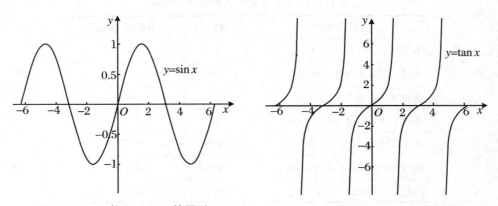

图 1.1.4　函数 $y=\sin x$ 的图形　　　　图 1.1.5　函数 $y=\tan x$ 的图形

2. 奇偶性

设函数 $y=f(x)$ 在集合 D 中有定义:如果对于任意的 $x\in D$,恒有 $f(-x)=f(x)$,则称函数 $f(x)$ 为**偶函数**;如果对于任意的 $x\in D$,恒有 $f(-x)=-f(x)$,则称函数 $f(x)$ 为**奇函数**.

偶函数的图形关于 y 轴呈轴对称,奇函数的图形关于原点呈中心对称.其中 $y=|\sin x-x|$ 和 $y=\sin x-x$ 的图形分别如图 1.1.6 和图 1.1.7 所示.

3. 单调性

设函数 $y=f(x)$ 在区间 (a,b) 内有定义,对于 (a,b) 内任意的 x_1 和 x_2:当 $x_1<x_2$ 时,有 $f(x_1)<f(x_2)$,则称函数 $y=f(x)$ 是区间 (a,b) 内的单调递增函数,

区间(a,b)称为函数 $f(x)$ 的单调递增区间;当 $x_1 < x_2$ 时,有 $f(x_1) > f(x_2)$,则称函数 $y = f(x)$ 是区间(a,b)内的单调递减函数,区间(a,b)称为函数 $f(x)$ 的单调递减区间.

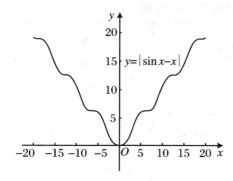

图 1.1.6 $y = |\sin x - x|$ 的图形 图 1.1.7 $y = \sin x - x$ 的图形

单调递增函数和单调递减函数统称为单调函数.显然单调递减函数的图形是沿 x 轴正向逐渐下降的,单调递增函数的图形是沿 x 轴正向逐渐上升的.如图 1.1.6 所示,函数 $y = |\sin x - x|$ 在$[0, +\infty)$上是单调递增的,在$(-\infty, 0]$上是单调递减的.如图 1.1.7 所示,函数 $y = \sin x - x$ 在$(-\infty, +\infty)$上是单调递减的.

4. 周期性

对于函数 $y = f(x)$,如果存在正数 T,使得 $f(x) = f(x + T)$ 恒成立,则称 $f(x)$ 为周期函数,称 T 为函数的周期.显然 nT(n 是整数)也为函数 $f(x)$ 的周期,一般提到的周期均指最小正周期 T.

三角函数 $y = \sin x$ 和 $y = \cos x$ 的周期都为 2π;$y = \tan x$ 和 $y = \cot x$ 的周期都是 π.

1.1.3 基本初等函数

(1) 常数函数:$y = C$(C 为常数);

(2) 幂函数:$y = x^\alpha$(α 为实数);

(3) 指数函数:$y = a^x$($a > 0, a \neq 1$);

(4) 对数函数:$y = \log_a x$($a > 0, a \neq 1$);

(5) 三角函数:$y = \sin x, y = \cos x, y = \tan x, y = \cot x, y = \sec x, y = \csc x$;

(6) 反三角函数:$y = \arcsin x$,$y = \arccos x$,$y = \arctan x$,$y = \text{arccot } x$.

以上六种函数统称为基本初等函数.为了便于应用,将它们的定义域、值域、图形及特性列于表 1.1.2 中.

表 1.1.2　基本初等函数的图形及其性质

函数名称	表达式	定义域	图形	主要性质
常数函数	$y = C$ (C 为常数)	$(-\infty, +\infty)$		图形过点 $(0, C)$,为平行于 x 轴的一条直线
幂函数	$y = x^{\alpha}$ (α 为实数)	随 α 的不同而不同,但在 $(0, +\infty)$ 内总有定义		(1) 图形过点 $(1,1)$; (2) 若 $\alpha > 0$,函数在 $(0, +\infty)$ 内单调递增;若 $\alpha < 0$,函数在 $(0, +\infty)$ 内单调递减
指数函数	$y = a^{x}$ ($a > 0, a \neq 1$)	$(-\infty, +\infty)$		(1) 当 $a > 1$ 时,函数单调递增;当 $0 < a < 1$ 时,函数单调递减; (2) 图形在 x 轴上方,且都过点 $(0,1)$
对数函数	$y = \log_a x$ ($a > 0, a \neq 1$)	$(0, +\infty)$		(1) 当 $a > 1$ 时,函数单调递增;当 $0 < a < 1$ 时,函数单调递减; (2) 图形在 y 轴右侧,且都过点 $(1,0)$

函数名称	表达式	定义域	图形	主要性质
三角函数	$y = \sin x$	$(-\infty, +\infty)$		(1) 是奇函数，周期为 2π，是有界函数； (2) 在 $\left(2k\pi - \dfrac{\pi}{2}, 2k\pi + \dfrac{\pi}{2}\right)$ 内单调递增； 在 $\left(2k\pi + \dfrac{\pi}{2}, 2k\pi + \dfrac{3\pi}{2}\right)$ 内单调递减$(k \in \mathbf{Z})$
	$y = \cos x$	$(-\infty, +\infty)$		(1) 是偶函数，周期为 2π，是有界函数； (2) 在 $((2k-1)\pi, 2k\pi)$ 内单调递增； 在 $(2k\pi, (2k+1)\pi)$ 内单调递减$(k \in \mathbf{Z})$
	$y = \tan x$	$x \neq k\pi + \dfrac{\pi}{2}$ $(k \in \mathbf{Z})$		(1) 是奇函数，周期为 π，是无界函数； (2) 在 $\left(k\pi - \dfrac{\pi}{2}, k\pi + \dfrac{\pi}{2}\right)$ 内单调递增$(k \in \mathbf{Z})$
	$y = \cot x$	$x \neq k\pi$ $(k \in \mathbf{Z})$		(1) 是奇函数，周期为 π，是无界函数； (2) 在 $(k\pi, k\pi + \pi)$ 内单调递减$(k \in \mathbf{Z})$

函数名称	表达式	定义域	图形	主要性质
反三角函数	$y = \arcsin x$	$[-1,1]$		(1) 奇函数,单调递增函数,有界函数; (2) $\arcsin(-x)$ 　　$= -\arcsin x$
	$y = \arccos x$	$[-1,1]$		(1) 非奇非偶函数,单调递减函数,有界函数; (2) $\arccos(-x)$ 　　$= \pi - \arccos x$
	$y = \arctan x$	$(-\infty, +\infty)$		(1) 奇函数,单调递增函数,有界函数; (2) $\arctan(-x)$ 　　$= -\arctan x$
	$y = \text{arccot } x$	$(-\infty, +\infty)$		(1) 非奇非偶函数,单调递减函数,有界函数; (2) $\text{arccot}(-x)$ 　　$= \pi - \text{arccot } x$

1.1.4　复合函数、初等函数

1. 复合函数

函数 $y = x^2 + 2x - 7$ 是二次函数,那么函数 $y = \dfrac{1}{x^2} + \dfrac{2}{x} - 7$ 是什么函数? 其实函数 $y = \dfrac{1}{x^2} + \dfrac{2}{x} - 7$ 可以看成是二次函数 $y = t^2 + 2t - 7$ 和反比例函数 $t = \dfrac{1}{x}$ 复合而成的函数.

设有函数 $y = f(u) = \sqrt{u}$, $u = \varphi(x) = x^2 + 1$. 若要把 y 表示成 x 的函数,可用代入法来完成:

$$y = f(u) = f[\varphi(x)] = f(x^2 + 1) = \sqrt{x^2 + 1}.$$

这个处理过程就是函数的复合过程.

> **定义 1.1.4**　设 y 是变量 u 的函数,即 $y = f(u)$,而 u 又是变量 x 的函数,即 $u = \varphi(x)$,且 $\varphi(x)$ 的函数值全部或部分落在 $f(u)$ 的定义域内,那么 y 通过 u 的联系而成为 x 的函数,称 y 为由 $y = f(u)$ 和 $u = \varphi(x)$ 复合而成的函数,简称 x 的**复合函数**,记作 $y = f[\varphi(x)]$,其中 u 称为**中间变量**.

例 1.1.6　试将下列各函数 y 表示成 x 的复合函数:

(1) $y = \sqrt[5]{u}$, $u = x^5 + 3x^3 + 4$;　　(2) $y = \ln u$, $u = v^4 + 6$, $v = \cos x$.

解　(1) $y = \sqrt[5]{u} = \sqrt[5]{x^5 + 3x^3 + 4}$,即 $y = \sqrt[5]{x^5 + 3x^3 + 4}$;

(2) $y = \ln u = \ln(v^4 + 6) = \ln(\cos^4 x + 6)$,即 $y = \ln(\cos^4 x + 6)$.

例 1.1.7　指出下列各函数的复合过程,并求其定义域:

(1) $y = \sqrt{x^2 - 5x + 6}$;　　(2) $y = e^{\sin 2x}$;　　(3) $y = \ln(\cot^2 x + 4)$.

解　(1) $y = \sqrt{x^2 - 5x + 6}$ 是由 $y = \sqrt{u}$, $u = x^2 - 5x + 6$ 这两个函数复合而成的. 要使函数 $y = \sqrt{x^2 - 5x + 6}$ 有意义,需 $x^2 - 5x + 6 \geqslant 0$,解此不等式,得 $y = \sqrt{x^2 - 5x + 6}$ 的定义域为 $(-\infty, 2] \bigcup [3, +\infty)$.

(2) $y = e^{\sin 2x}$ 是由 $y = e^u$, $u = \sin v$, $v = 2x$ 这三个函数复合而成的,因此 $y = e^{\sin 2x}$ 的定义域为 $(-\infty, +\infty)$.

(3) $y = \ln(\cot^2 x + 4)$ 是由 $y = \ln u$, $u = v^2 + 4$, $v = \cot x$ 这三个函数复合而成的,当 $x = k\pi(k \in \mathbf{Z})$ 时 $\cot x$ 不存在,因此 $y = \ln(\cot^2 x + 4)$ 的定义域为 $\{x \mid x \neq k\pi, k \in \mathbf{Z}\}$ 或 $(k\pi, k\pi + \pi)(k \in \mathbf{Z})$.

注　(1) 在复合过程中,中间变量可多于一个,如 $y = f(u)$, $u = \varphi(v)$, $v = \psi(x)$,复合后为 $y = f\{\varphi[\psi(x)]\}$.但并不是任何的 $y = f(u)$, $u = \varphi(x)$ 都可复合成一个函数,只有当内层函数 $u = \varphi(x)$ 的值域没有超过外层函数 $y = f(u)$ 的定义域时,两个函数才可以复合成一个新函数,否则便不能复合.例如, $y = \sqrt{u^2 - 6}$, $u = \cos x$ 就不能复合.

(2) 分析一个复合函数的复合过程时,每个层次都应是基本初等函数或常数与基本初等函数的四则运算式;当分解到常数与自变量的基本初等函数的四则运算式(我们称之为简单函数)时就不再分解了.

2. 初等函数

> **定义 1.1.5**　由基本初等函数经过有限次四则运算和有限次复合步骤所构成的,并用一个解析式表达的函数称为**初等函数**.例如, $y = 2x + 1$, $y = \arcsin(x - 5)$, $y = \sqrt{4 - x} + \arctan \dfrac{1}{x}$ 等都是初等函数.
>
> 微积分学中所涉及的函数,绝大多数都是初等函数,因此掌握初等函数的特性和各种运算是非常重要的.不是初等函数的函数称为**非初等函数**.

一般情况下,分段函数不是初等函数.例如,符号函数

$$y = \operatorname{sgn} x = \begin{cases} -1 & x < 0 \\ 0 & x = 0 \\ 1 & x > 0 \end{cases}$$

和取整数函数 $y = [x](x \in \mathbf{R})$,它们都不是初等函数.但是

$$y = |x| = \begin{cases} x & x \geqslant 0 \\ -x & x < 0 \end{cases}$$

是初等函数,因为 $y = |x| = \sqrt{x^2}$ 可被看成是 $y = \sqrt{u}$, $u = x^2$ 的复合函数
(图 1.1.8).

1.1.5　建立函数关系举例

在解决工程技术、经济等问题的实际应
用中,经常需要先找出问题中变量之间的函
数关系,然后再利用有关的数学知识和方法
去分析、研究、解决这些问题.

例 1.1.8(续例 1.1.1).

解　假设主动轮开始旋转时点 A 正好
在 OB 的连线上,经过时间 t 后,主动轮转的
角度为 φ(弧度),则

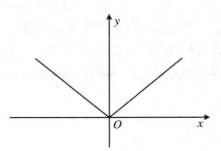

图 1.1.8　$y = |x|$ 的图形

$$\varphi = \omega t.$$

由于 $s = OC + CB$,而 $OC = r\cos\varphi = r\cos\omega t$,又由图 1.1.1 可得

$$CB = \sqrt{AB^2 - CA^2} = \sqrt{l^2 - r^2\sin^2\omega t}.$$

故 $s = r\cos\omega t + \sqrt{l^2 - r^2\sin^2\omega t}$ $[t \in (0, +\infty)]$ 即为滑块 B 的运动规律.

例 1.1.9　已知一个物体的质量为 m,它与地面的摩擦系数是 μ,设有一个与
水平方向成 α 角的拉力 F 使物体从静止状态沿水平方向移动(图 1.1.9).求拉力
F 与角 α 之间的函数关系.

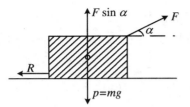

图 1.1.9　物体从静止状态沿水平方向移动

解　当水平拉力 $F\cos\alpha$ 与摩擦力 R 平
衡时,物体开始移动.而摩擦力

$$R = \mu(mg - F\sin\alpha),$$

所以

$$F\cos\alpha = \mu(mg - F\sin\alpha),$$

$$F = \frac{\mu mg}{\cos\alpha + \mu\sin\alpha} \quad \left(0 < \alpha < \frac{\pi}{2}\right).$$

例 1.1.10　设某企业销售某种商品的定价标准为:在 K 吨以内,每吨售价为
P 元;超过 K 吨时,超过部分每吨售价为 $0.85P$ 元.求销售收入 y 和销售量 x 之间
的函数关系.

解　根据题意可列出如下函数关系：

$$y = \begin{cases} xP & 0 < x \leqslant K \\ KP + 0.85P(x - K) & x > K \end{cases}.$$

在建立实际问题的函数关系时：首先应把题意分析清楚，有时需要借助草图帮助分析和理解题意；其次应根据问题所给的几何特性、物理规律或其他知识建立变量间的等量关系，整理化简得出函数式，有时还要根据题意，写出函数的定义域.

习　题　1.1

1. 以下 $f(x)$ 与 $g(x)$ 是否表示同一个函数，为什么？

(1) $f(x) = \lg x^2, g(x) = 2\lg x$；　(2) $f(x) = \dfrac{x^2 - 1}{x - 1}, g(x) = x + 1$.

2. 设 $f(x) = x^2 + 1, g(x) = \sin 2x$. 求 $f(0), f\left(\dfrac{1}{a}\right), f(2t), f[\varphi(x)], \varphi[f(x)]$.

3. 求下列函数的定义域：

(1) $y = \sqrt{x^2 - 4x + 3}$；　(2) $y = \sqrt{4 - x^2} + \dfrac{1}{\sqrt{x + 1}}$；　(3) $y = \lg(x + 2) + 1$；

(4) $y = \lg \sin x$；　(5) $y = \dfrac{\sqrt{3 - x}}{x} + \arcsin \dfrac{3 - 2x}{5}$.

4. 设

$$f(x) = \begin{cases} 2 + x & x < 0 \\ 0 & x = 0 \\ x^2 - 1 & 0 < x \leqslant 4 \end{cases},$$

求 $f(x)$ 的定义域及 $f(-1), f(2)$ 的值，并作出它的图形.

5. 判断下列函数的奇偶性：

(1) $f(x) = \dfrac{3^x + 3^{-x}}{2}$；　(2) $f(x) = \lg(x + \sqrt{1 + x^2})$；　(3) $f(x) = xe^x$.

6. 下列函数能否构成复合函数？若能构成，写出 $y = f[\varphi(x)]$，并求其定义域.

(1) $y = u^2, u = 3x - 1$；　(2) $y = \lg u, u = 1 - x^2$；　(3) $y = \sqrt{u}, u = -1 - x^2$.

7. 写出下列复合函数的复合过程：

(1) $y = \sin^3(8x + 5)$；　(2) $y = \tan(\sqrt[3]{x^2 + 5})$；　(3) $y = 2^{1 - x^2}$；　(4) $y = \lg(3 - x)$.

8. 作出分段函数

$$f(x) = \begin{cases} 2^x & -1 < x < 0 \\ 2 & 0 \leqslant x < 1 \\ x-1 & 1 \leqslant x \leqslant 3 \end{cases}$$

的图形,并求出 $f(2), f(0), f(-0.5)$ 的值.

9. 用铁皮制作一个体积为 V 的圆柱形罐头筒,试将其全面积 A 表示成底面半径 r 的函数,并确定此函数的定义域.

10. 在一个半径为 r 的球内嵌入一个内接圆柱,试将圆柱的体积 V 表示为圆柱的高 h 的函数,并确定此函数的定义域.

11. 一个物体做直线运动,已知阻力 f 的大小与运动的速度 v 成正比,且两者方向相反. 当物体以 $1\,\mathrm{m/s}$ 的速度运动时,阻力为 $1.96 \times 10^{-2}\,\mathrm{N}$,建立阻力与速度的函数关系.

1.2　极　限

极限是微积分中最基本的概念,极限方法是人们从有限中认识无限、从近似中认识精确、从量变中认识质变的一种数学方法,它是微积分的基本思想.微积分学中其他的一些重要概念,如导数、积分、级数等,都是用极限来定义的,极限是贯穿高等数学各知识环节的主线.数列是以正整数为自变量的一种特殊函数.本节先从数列的极限入手,再引入一般函数的极限问题,最后直接给出函数极限的一些主要性质.

1.2.1　数列的极限

数列极限的概念最早可以追溯到战国时期《庄子》中的"一尺之棰,日取其半,万世不竭",即第一天剩下 $1/2$,第二天剩下 $1/2^2$……第 n 天剩下 $1/2^n$……随着时间的推移,剩下的棰(木棒)的长度显然越来越短,虽然不等于 0,但是会越来越趋向于 0,也即当 n 无限增大时,若数列 $\{1/2^n\}$ 以 0 为极限(图 1.2.1).

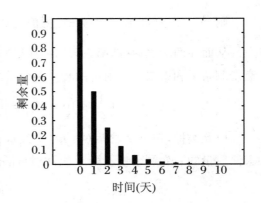

图 1.2.1　数列 $\{1/2^n\}$ 的极限

定义 1.2.1 对于数列 $\{x_n\}$,当项数 n 无限增大时,若数列的相应项 x_n 无限逼近常数 A,则称 A 是数列 $\{x_n\}$ 的**极限**,记为 $\lim\limits_{n\to\infty} x_n = A$ 或 $x_n \to A(n\to\infty)$,并称数列 $\{x_n\}$ **收敛于 A**.若数列 $\{x_n\}$ 没有极限,则称数列 $\{x_n\}$ 是**发散**的.

例如,数列 $x_n = \dfrac{1}{n}$,当 $n\to\infty$ 时,$x_n\to 0$.因此 $\lim\limits_{n\to\infty}\dfrac{1}{n} = 0$,即数列 $x_n = \dfrac{1}{n}$ 是收敛的.

又如,数列 $x_n = 2^n$,当 $n\to\infty$ 时,$x_n\to\infty$.从而 $\lim\limits_{n\to\infty}2^n$ 不存在,即数列 $x_n = 2^n$ 是发散的.

例 1.2.1 设有患者需要每天注射一次某种药物,且每次注射 10 个单位,药物在人体内发生化学变化,其含量在不断衰减,半衰期(即药物含量减少到一半的时间)约为 6 h,问:

(1) n 天之后,在注射之前,该病人体内的药物量为多少?

(2) 对(1)的结果进行分析.

解 (1) 由于药物含量的半衰期为 6 h,即注射 6 h 后,人体内的药物含量为 $\dfrac{1}{2}\times 10$,再过 6 h,人体内药物的含量应为 $\dfrac{1}{2^2}\times 10$.

则一天之后(即第二天),在注射前,该病人体内药物含量为 $a_1 = \dfrac{1}{2^4}\times 10$.

从而在两天之后(即第三天),在注射前,人体内的药物含量为第一天注射量的衰变剩余量和第二天注射量的衰变剩余量的和,即

$$a_2 = \frac{1}{2^4}\left(\frac{1}{2^4}\times 10 + 10\right) = \left(\frac{1}{2^4}\right)^2\times 10 + \left(\frac{1}{2^4}\right)\times 10.$$

以此类推,在 n 天之后(第 $n+1$ 天),在注射前,该病人体内的药物量为第一天注射量的衰变剩余量至第 n 天注射量的衰变剩余量的累加,即

$$a_n = \left(\frac{1}{2^4}\right)^n\times 10 + \left(\frac{1}{2^4}\right)^{n-1}\times 10 + \cdots$$

$$+ \left(\frac{1}{2^4}\right)^2\times 10 + \left(\frac{1}{2^4}\right)\times 10$$

$$= \frac{\dfrac{1}{2^4} \times 10 \times \left[1 - \left(\dfrac{1}{2^4} \right)^n \right]}{1 - \dfrac{1}{2^4}}.$$

（2）一天之后，在注射之前，该病人体内的药物量为 0.025 0；两天之后，在注射之前，该病人体内的药物量约为 0.664 1；当 $n \geqslant 3$ 时，天数越来越多，在注射之前，该病人体内的药物残留量越来越趋于稳定，即 $\lim\limits_{n \to \infty} a_n \approx 0.666\ 7$（图 1.2.2）.

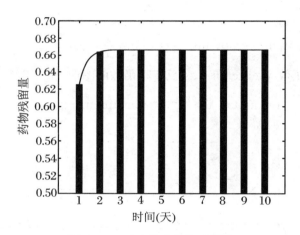

图 1.2.2　病人体内药物残留量

1.2.2　函数的极限

上述讨论的数列的自变量为正整数，并逐渐趋向于无穷大.下面将首先讨论当自变量 $x \to \infty$ 时函数 $f(x)$ 的极限，接着探讨当自变量趋于有限值（$x \to x_0$）时两种情况的极限.

1. 当 $x \to \infty$ 时，函数 $f(x)$ 的极限

$x \to \infty$ 表示自变量 x 的绝对值无限增大，为区别起见：把 $x > 0$ 且无限增大记为 $x \to +\infty$；把 $x < 0$ 且其绝对值无限增大记为 $x \to -\infty$.反比例函数 $y = \dfrac{1}{x}$ 的图形如图 1.2.3 所示.x 轴是曲线的一条水平渐近线，也就是说当自变量 x 的绝对值无限增大时，相应的函数值 y 无限逼近常数 0.对这种当 $x \to \infty$ 时，函数 $f(x)$ 的变化趋势，有如下定义：

定义 1.2.2　如果当 $x \to \infty$ 时,函数 $f(x)$ 的值无限趋近于一个确定的常数 A,则称 A 是函数 $f(x)$ 当 $x \to \infty$ 时的极限,记作 $\lim\limits_{x \to \infty} f(x) = A$,或者 $f(x) \to A (x \to \infty)$.

如果当 $x \to +\infty$ ($x \to -\infty$)时,函数 $f(x)$ 无限趋近于一个常数 A,则称 A 为函数 $f(x)$ 当 $x \to +\infty$ ($x \to -\infty$)时的极限,记为 $\lim\limits_{x \to +\infty} f(x) = A \left[\lim\limits_{x \to -\infty} f(x) = A \right]$.

由定义,我们有 $\lim\limits_{x \to \infty} \dfrac{1}{x} = 0$, $\lim\limits_{x \to +\infty} \dfrac{1}{x} = 0$, $\lim\limits_{x \to -\infty} \dfrac{1}{x} = 0$.

例如,对于函数 $y = \arctan x$,从反正切函数的图形(图 1.2.4)中可以看出:

$$\lim_{x \to +\infty} \arctan x = \frac{\pi}{2}, \qquad \lim_{x \to -\infty} \arctan x = -\frac{\pi}{2}.$$

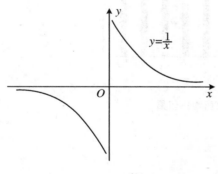

图 1.2.3　$y = \dfrac{1}{x}$ 的图形

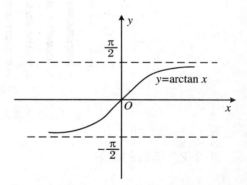

图 1.2.4　$y = \arctan x$ 的图形

显然,$\lim\limits_{x \to \infty} f(x) = A$ 的充分必要条件是 $\lim\limits_{x \to +\infty} f(x) = \lim\limits_{x \to -\infty} f(x) = A$. 对于函数 $f(x) = \arctan x$,由于 $\lim\limits_{x \to +\infty} f(x) \neq \lim\limits_{x \to -\infty} f(x)$,所以 $\lim\limits_{x \to \infty} f(x)$ 不存在.

2. $x \to x_0$ 时,函数 $f(x)$ 的极限

假定一个小球从距地面高 h 处由静止开始下落,不计空气阻力,根据自由落体定律,小球在下落的前几秒中下落的距离 $s(t) = \dfrac{1}{2} g t^2$,其中 g 表示重力加速度,约为 9.8 m/s^2. 考察 $t = 3 \text{ s}$ 这一时刻小球下落的速度.

由于小球在下落过程中的速度 v 是随时改变的,因此不能用匀速运动的速度

公式 $v = \dfrac{s}{t}$ 来计算.

但我们可做如下考虑:在很小的时间段内,可以把物体运动近似地看成匀速运动,即近似地"以匀速代替变速".为此,取很小的时间段 $[3, t]$ $(t > 3)$,在这段时间内,运动可被近似地看成是匀速的,这样我们就可以用这段时间小球下落的平均速度来近似代替在 $t = 3\,s$ 时刻的速度.

在时间段 $[3, t]$ 内时间 t 的增量 $\Delta t = t - 3$,在 Δt 内物体下落的距离为

$$\Delta s = s(t) - s(3) = \frac{1}{2}gt^2 - \frac{1}{2}g \times 3^2 = \frac{1}{2}g(t^2 - 9),$$

平均速度为

$$\overline{v}(t) = \frac{\Delta s}{\Delta t} = \frac{g}{2}\frac{t^2 - 9}{t - 3} = \frac{g(t + 3)}{2}.$$

从表 1.2.1 可以发现,t 的值越接近于 3,平均速度 $\overline{v}(t)$ 越接近于 3 s 这一时刻的速度.但无论 t 的值多么接近于 3,$\overline{v}(t)$ 的值总是 3 s 这一时刻速度的近似值而不是精确值.如果让 t 趋向于 3,即让 t 无限地接近于 3,记作 $t \to 3$,那么 $\overline{v}(t)$ 的值就无限地接近于 $3g$,这个常数 $3g$ 称为函数 $\overline{v}(t)$ 当 $t \to 3$ 时的极限,记作 $\lim\limits_{t \to 3} \overline{v}(t) = 3g$,即

$$\lim\limits_{t \to 3} \frac{g(t + 3)}{2} = 3g.$$

表 1.2.1　平均速度 $\overline{v}(t)$ 随 t 变化的情况

$t(s)$	$\overline{v}(t)(\mathrm{m/s})$
3.5	$3.25g$
3.2	$3.1g$
3.1	$3.05g$
3.01	$3.005g$
3.001	$3.000\,5g$
3.000 1	$3.000\,05g$
⋮	⋮
趋向于 3	趋向于 $3g$

在 $t = 3\,s$ 这一时刻,将小球下落的速度(瞬时速度)定义为这个极限值,即此时刻小球下落的速度为 $3g\,(\mathrm{m/s})$.

与 $x \to \infty$ 的情形类似,$x \to x_0$ 表示 x 无限趋近于 x_0,它包含以下两种情况:

(1) x 从大于 x_0 的方向趋近于 x_0,记作 $x \to x_0^+$(或 $x \to x_0 + 0$);

(2) x 从小于 x_0 的方向趋近于 x_0,记作 $x \to x_0^-$(或 $x \to x_0 - 0$).

显然 $x \to x_0$ 是指以上两种情况同时存在.

由此可见,虽然 $f(x) = \dfrac{x^2 - 1}{x - 1}$ 在 $x = 1$ 处没有定义,但当 $x \to 1$ 时,函数 $f(x)$ 的极限却是存在的.所以当 $x \to x_0$ 时函数 $f(x)$ 的极限与函数在 $x = x_0$ 处是否有定义无关.

考察当 $x \to 1$ 时,函数 $f(x) = \dfrac{x^2 - 1}{x - 1}$ 的变化趋势.注意到当 $x \neq 1$ 时,函数 $f(x) = \dfrac{x^2 - 1}{x - 1} = x + 1$,所以当 $x \to 1$ 时,$f(x)$ 的值无限趋近于常数 2(图 1.2.5).对这种当 $x \to x_0$ 时,函数 $f(x)$ 的变化趋势,有如下定义:

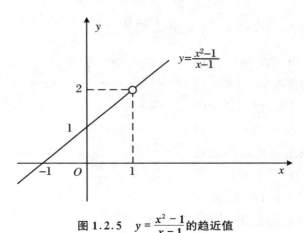

图 1.2.5　$y = \dfrac{x^2 - 1}{x - 1}$ 的趋近值

定义 1.2.3a　设函数 $f(x)$ 在点 x_0 的左右近旁(x_0 处可除外)有定义.如果当自变量 $x \to x_0 (x \neq x_0)$ 时,函数 $f(x)$ 的值无限趋近于一个确定的常数 A,则称 A 为函数 $f(x)$ 当 $x \to x_0$ 时的极限,记作

$$\lim_{x \to x_0} f(x) = A \text{ 或者 } f(x) \to A (x \to x_0).$$

分析　在 $x \to x_0$ 的过程中,$f(x)$ 无限趋近于 A,即 $|f(x) - A|$ 可达任意小.或者说在 x 与 x_0 接近到一定程度(如 $|x - x_0| < \delta$,δ 为某一正数)时,$|f(x) - A|$ 可以小于任意给定的(小的)正数 ε,即 $|f(x) - A| < \varepsilon$.

反之,对于任意给定的正数 ε,如果 x 与 x_0 接近到一定程度(如 $|x - x_0| < \delta$,

δ 为某一正数)时,就有 $|f(x)-A|<\varepsilon$,则能保证当 $x\to x_0$ 时,$f(x)$ 无限接近于 A.

下面根据定义 1.2.3a 的分析结果,给出更数学化的定义.

> **定义 1.2.3b**　设函数 $f(x)$ 在 x_0 的某一去心邻域内有定义.如果存在常数 A,对于任意给定的正数 ε(无论它多么小),总存在正数 δ,使得当 x 满足不等式 $0<|x-x_0|<\delta$ 时,对应的函数值 $f(x)$ 都满足不等式 $|f(x)-A|<\varepsilon$,那么常数 A 就称为函数 $f(x)$ 当 $x\to x_0$ 时的极限,记作 $\lim\limits_{x\to x_0} f(x)=A$.

引入记号 $U(x_0)=U(x_0,\delta)=\{x\,|\,|x-x_0|<\delta\}=(x_0-\delta,x_0+\delta)$,区间如图 1.2.6(a)所示.

$U^o(x_0)=U^o(x_0,\delta)=\{x\,|\,0<|x-x_0|<\delta\}=(x_0-\delta,x_0)\bigcup(x_0,x_0+\delta)$,区间如图 1.2.6(b)所示.

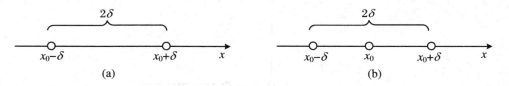

图 1.2.6　区间的表示方法

更简单的极限定义表述如下:

> **定义 1.2.3c**　$\lim\limits_{x\to x_0} f(x)=A\Leftrightarrow\forall\,\varepsilon>0,\exists\,\delta>0$,当 $x\in U^o(x_0,\delta)$ 时,有 $|f(x)-A|<\varepsilon$.

由上述定义,显然有:(1) $\lim\limits_{x\to x_0}C=C$($C$ 是常数);(2) $\lim\limits_{x\to x_0}f(x)=A$.对于 $x\to x_0^+$ 或 $x\to x_0^-$,有如下定义:

> **定义 1.2.4**　如果当 $x\to x_0^+$($x\to x_0^-$)时,函数 $f(x)$ 的值无限趋近于一个确定的常数 A,则称 A 为函数 $f(x)$ 当 $x\to x_0^+$($x\to x_0^-$)时的右(左)极限,记作
> $$\lim_{x\to x_0^+}f(x)=A\Big[\lim_{x\to x_0^-}f(x)=A\Big]\quad\text{或}\quad f(x_0+0)=A\big[f(x_0-0)=A\big].$$

　　左极限和右极限统称为单侧极限. 显然,函数的极限与左、右极限有如下关系:

　　定理 1.2.1　$\lim\limits_{x \to x_0} f(x) = A$ 成立的充分必要条件是 $\lim\limits_{x \to x_0^+} f(x) = \lim\limits_{x \to x_0^-} f(x) = A$.

定理 1.2.1 常用来判断函数在某一点的极限是否存在.

　　例 1.2.2　讨论函数

$$f(x) = \begin{cases} x + 1 & x < 0 \\ x^2 & 0 \leqslant x < 1 \\ 1 & x \geqslant 1 \end{cases}$$

当 $x \to 0$ 时的极限(图 1.2.7).

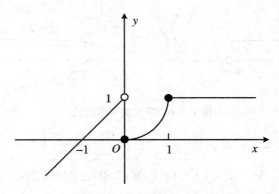

图 1.2.7　$f(x)$ 的极限

　　解　$f(0-0) = \lim\limits_{x \to 0^-} f(x) = \lim\limits_{x \to 0^-} (x+1) = 1$,

　　　　$f(0+0) = \lim\limits_{x \to 0^+} f(x) = \lim\limits_{x \to 0^+} x^2 = 0$.

由于 $f(0-0) \neq f(0+0)$,因此 $\lim\limits_{x \to 0} f(x)$ 不存在.

　　注　此例表明,求分段函数在分界点的极限通常要分别考察其左、右极限.

　　例 1.2.3(续例 1.1.5)　由例 1.1.5 的分段函数

$$y = \begin{cases} (x - 3\,500) \times 3\% - 0 & 3\,500 \leqslant x < 5\,000 \\ (x - 3\,500) \times 10\% - 105 & 5\,000 \leqslant x < 8\,000 \\ (x - 3\,500) \times 20\% - 555 & 8\,000 \leqslant x < 12\,500 \\ (x - 3\,500) \times 25\% - 1\,005 & 12\,500 \leqslant x < 38\,500 \\ (x - 3\,500) \times 30\% - 2\,755 & 38\,500 \leqslant x < 58\,500 \\ (x - 3\,500) \times 35\% - 5\,505 & 58\,500 \leqslant x < 83\,500 \\ (x - 3\,500) \times 45\% - 13\,505 & x \geqslant 83\,500 \end{cases}$$

容易验证税款 y 在各个分界点的左右极限都是存在且相等的,即分界点的极限是存在的.

1.2.3　极限的性质

这里仅以极限 $\lim\limits_{x \to x_0} f(x)$ 为代表,叙述函数极限的重要性质,其他类型极限的性质完全类似.

定理 1.2.2　极限的主要性质:

(1) 极限的**唯一性**:若 $\lim\limits_{x \to x_0} f(x) = A$, $\lim\limits_{x \to x_0} f(x) = B$,则有 $A = B$.

(2) 极限的**局部有界性**:若 $\lim\limits_{x \to x_0} f(x) = A$,则函数 $f(x)$ 在 $U^o(x_0)$ 内有界.

(3) 极限的**局部保号性**:若 $\lim\limits_{x \to x_0} f(x) = A$ 且 $A > 0$(或 $A < 0$),则在 $U^o(x_0)$ 内有 $f(x) > 0$[或 $f(x) < 0$].特别地,若 $\lim\limits_{x \to x_0} f(x) = A \neq 0$,那么存在 x_0 的某一去心邻域,在该邻域内,有 $|f(x)| > \dfrac{|A|}{2}$.

(4) 极限的**局部保序性**:若 $\lim\limits_{x \to x_0} f(x)$ 与 $\lim\limits_{x \to x_0} g(x)$ 都存在,且在某邻域 $U^o(x_0, \delta)$ 内有 $f(x) \leqslant g(x)$[或 $f(x) < g(x)$],则有 $\lim\limits_{x \to x_0} f(x) \leqslant \lim\limits_{x \to x_0} g(x)$.

(5) **两边夹定理**:若在 $U^o(x_0)$ 内有 $f(x) \leqslant h(x) \leqslant g(x)$,且 $\lim\limits_{x \to x_0} f(x) = \lim\limits_{x \to x_0} g(x) = A$,则有 $\lim\limits_{x \to x_0} h(x) = A$.

习　题　1.2

1. 讨论下列各函数的极限:

(1) $\lim\limits_{x\to\infty}\dfrac{1}{1+x}$;　　(2) $\lim\limits_{x\to+\infty}\left(\dfrac{1}{3}\right)^x$;　　(3) $\lim\limits_{x\to-\infty}5^x$;　　(4) $\lim\limits_{x\to\infty}C$;

(5) $\lim\limits_{x\to\infty}\cos x$;　　(6) $\lim\limits_{x\to\infty}\mathrm{arccot}\,x$;　　(7) $\lim\limits_{x\to1}(2+x^2)$;　　(8) $\lim\limits_{x\to2}\dfrac{x^2-4}{x+2}$;

(9) $\lim\limits_{x\to0^+}\sqrt{x}$;　　(10) $\lim\limits_{x\to0}\sin x$;　　(11) $\lim\limits_{x\to0}\cos\dfrac{1}{x}$;　　(12) $\lim\limits_{x\to0^+}\lg x$.

2. 作出函数 $f(x)=\begin{cases}x^2 & 0<x\leqslant3\\2x-1 & 3<x<5\end{cases}$ 的图形,并求出当 $x\to3$ 时,$f(x)$ 的左、右极限.

3. 设 $f(x)=\dfrac{x}{x}$,$\varphi(x)=\dfrac{|x|}{x}$,当 $x\to0$ 时,分别求 $f(x)$ 与 $\varphi(x)$ 的左、右极限,并分析 $\lim\limits_{x\to0}f(x)$,$\lim\limits_{x\to0}\varphi(x)$ 是否存在?

1.3　无穷小与无穷大

1.3.1　无穷小

在实际问题中,我们经常遇到极限为 0 的变量.例如,单摆离开垂直位置摆动时,由于受到空气阻力和机械摩擦力的作用,它的振幅随着时间的增加而逐渐减小并逐渐趋于 0.又如,电容器放电时,其电压随着时间的增加而逐渐减小并趋于 0.对于这类变量有如下定义:

> **定义 1.3.1**　当 $x\to x_0$($x\to\infty$)时,如果函数 $f(x)$ 的极限为 0,则称 $f(x)$ 为当 $x\to x_0$($x\to\infty$)时的无穷小量,简称**无穷小**,记为 $\lim\limits_{x\to x_0}f(x)$ $=0\big[\lim\limits_{x\to\infty}f(x)=0\big]$或记为 $f(x)\to0$,当 $x\to x_0$($x\to\infty$).

例如,$\lim\limits_{x\to\infty}\dfrac{1}{x}=0$,所以函数 $f(x)=\dfrac{1}{x}$ 为当 $x\to\infty$ 时的无穷小,但当 $x\to1$ 时,

$\dfrac{1}{x} \to 1$，$f(x) = \dfrac{1}{x}$ 就不是无穷小了. 因此说一个函数 $f(x)$ 是无穷小时，必须指出自变量 x 的变化趋向.

1. 无穷小的性质

> **定理 1.3.1**　如果 $\lim f(x) = A$，则 $f(x) = A + \alpha(x)$，其中 $\lim \alpha(x) = 0$；反之，若 $\lim \alpha(x) = 0$，则 $\lim f(x) = A$.

注　本书中凡不标明自变量变化过程的极限符号 $\lim$，均表示变化过程适用于 $x \to x_0$，$x \to \infty$ 等所有情形.

证明　(1) 必要性. 若 $\lim f(x) = A$，设 $\alpha(x) = f(x) - A$，则 $\lim \alpha(x) = \lim[f(x) - A] = A - A = 0$. 即 $\alpha(x)$ 在 $x \to x_0 (x \to \infty)$ 时为无穷小，则显然有 $f(x) = A + \alpha(x)$.

(2) 充分性. 设 $f(x) = A + \alpha(x)$，且 $\lim \alpha(x) = 0$，则 $\lim f(x) = \lim[A + \alpha] = A + 0 = A$.

> **定理 1.3.2**　在自变量的同一变化过程中，有限个无穷小的代数和仍是无穷小.
>
> **定理 1.3.3**　在自变量的同一变化过程中，有限个无穷小的乘积仍是无穷小.
>
> **定理 1.3.4**　有界函数与无穷小的乘积为无穷小. 特别地，常数与无穷小的乘积也为无穷小.

例 1.3.1　求 $\lim\limits_{x \to \infty} \dfrac{\arctan x}{x}$.

解　由于 $\lim\limits_{x \to \infty} \dfrac{1}{x} = 0$，$|\arctan x| < \dfrac{\pi}{2}$，由定理 1.3.4 得 $\lim\limits_{x \to \infty} \dfrac{\arctan x}{x} = 0$.

2. 无穷小的比较

无穷小虽然都是以 0 为极限的量，但不同的无穷小趋近 0 的"速度"却不一定相同，甚至有时差别很大. 例 1.0.1 指出：当 $x \to 0$ 时，x，$2x$，x^2 都是无穷小，但它们趋近 0 的速度不一样（图 1.3.1）. 所以有必要对无穷小进行比较.

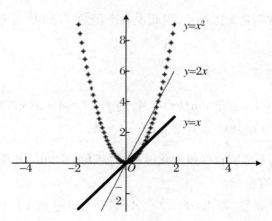

图 1.3.1　$x \to 0$ 时,不同因子趋近 0 的速度

定义 1.3.2　设 α 和 β 都是当 $x \to 0$(或 $x \to \infty$)时的无穷小:

(1) 如果 $\lim \dfrac{\beta}{\alpha} = 0$,则称 β 是比 α **高阶的无穷小**;

(2) 如果 $\lim \dfrac{\beta}{\alpha} = \infty$,则称 β 是比 α **低阶的无穷小**;

(3) 如果 $\lim \dfrac{\beta}{\alpha} = C$($C$ 为非 0 常数),则称 α 与 β 为**同阶无穷小**;

特别地,当 $C = 1$ 时,则称 α 与 β 为**等价无穷小**,记为 $\alpha \sim \beta$.

由于

$$\lim_{x \to 0} \frac{x^2}{2x} = 0, \quad \lim_{x \to 0} \frac{x}{x^2} = \infty, \quad \lim_{x \to 0} \frac{x}{2x} = \frac{1}{2},$$

所以,当 $x \to 0$ 时,x^2 是比 $2x$ 高阶的无穷小,x 是比 x^2 低阶的无穷小,x 和 $2x$ 是同阶无穷小.

从定义上看,等价的无穷小必然是同阶无穷小,但同阶无穷小不一定是等价的无穷小.关于等价的无穷小有以下重要的定理:

定理 1.3.5(等价无穷小的代换定理)　若 $\alpha \sim \alpha'$,$\beta \sim \beta'$,且 $\lim \dfrac{\beta'}{\alpha'}$ 存在,则有 $\lim \dfrac{\beta}{\alpha} = \lim \dfrac{\beta'}{\alpha'}$.

例 1.3.2　求 $\lim\limits_{x \to 0} \dfrac{x \tan x}{1 - \cos x}$.

解　$\lim\limits_{x \to 0} \dfrac{x \tan x}{1 - \cos x} = \lim\limits_{x \to 0} \dfrac{x^2}{\dfrac{x^2}{2}} = 2.$

例 1.3.3　求 $\lim\limits_{x \to 0} \dfrac{\arctan x}{x}$.

解　令 $\arctan x = t$，则 $x = \tan t$，当 $x \to 0$ 时，有 $t \to 0$. 于是

$$\lim_{x \to 0} \frac{\arctan x}{x} = \lim_{t \to 0} \frac{t}{\tan t} = \lim_{t \to 0} \frac{t}{t} = 1.$$

例 1.3.4　求 $\lim\limits_{x \to 0} \dfrac{\tan x - \sin x}{x^3}$.

解　因为在

$$\tan x - \sin x = \tan x(1 - \cos x)$$

中，当 $x \to 0$ 时，

$$\tan x \sim x, \quad 1 - \cos x \sim \frac{x^2}{2}$$

所以

$$\lim_{x \to 0} \frac{\tan x - \sin x}{x^3} = \lim_{x \to 0} \frac{\tan x(1 - \cos x)}{x^3} = \lim_{x \to 0} \frac{x \cdot \dfrac{x^2}{2}}{x^3} = \frac{1}{2}.$$

应用等价无穷小求极限时，要注意以下两点：

（1）分子分母都是无穷小；

（2）用等价无穷小代替时，只能替换整个分子或者分母中的因子，而不能替换分子或分母中的项.

下面是当 $x \to 0$ 时，几个常用的等价无穷小：

$$\sin x \sim x, \quad \tan x \sim x, \quad \arcsin x \sim x, \quad \arctan x \sim x, \quad 1 - \cos x \sim \frac{x^2}{2},$$

$$\ln(1 + x) \sim x, \quad \mathrm{e}^x - 1 \sim x, \quad \sqrt[n]{1 + x} - 1 \sim \frac{1}{n}x.$$

1.3.2　无穷大

与无穷小量相对应的是无穷大量，且具有相似的定义和性质.

定义 1.3.3　如果当 $x \to x_0(x \to \infty)$ 时,函数 $f(x)$ 的绝对值无限增大,则称 $f(x)$ 为当 $x \to x_0(x \to \infty)$ 时的**无穷大量**,简称**无穷大**,记作 $\lim\limits_{x \to x_0} f(x) = \infty \left[\lim\limits_{x \to \infty} f(x) = \infty\right]$ 或 $f(x) \to \infty$,当 $x \to x_0(x \to \infty)$ 时.

如果当 $x \to x_0(x \to \infty)$ 时,函数 $f(x) > 0$ 且 $f(x)$ 无限增大,则称 $f(x)$ 为当 $x \to x_0(x \to \infty)$ 时的**正无穷大**,记作 $\lim\limits_{x \to x_0} f(x) = +\infty$ $\left[\lim\limits_{x \to \infty} f(x) = +\infty\right]$ 或 $f(x) \to +\infty$,当 $x \to x_0(x \to \infty)$ 时.类似地,可以定义 $\lim f(x) = -\infty$.

例如,当 $a > 1$ 时,有 $\lim\limits_{x \to 0^+} \log_a x = -\infty$, $\lim\limits_{x \to +\infty} \log_a x = +\infty$, $\lim\limits_{x \to +\infty} a^x = +\infty$.

注　说一个函数是无穷大时,必须要指明自变量变化的趋向;任何一个常数,不论多大,都不是无穷大;"极限为 ∞"说明这个极限不存在,只是借用记号"∞"来表示 $|f(x)|$ 无限增大的这种趋势,虽然用等式表示,但并不是"真正的"相等.

1.3.3　无穷大与无穷小的关系

定理 1.3.6　如果 $\lim f(x) = \infty$,则 $\lim \dfrac{1}{f(x)} = 0$;反之,如果 $\lim f(x) = 0$ 且 $f(x) \neq 0$,则 $\lim \dfrac{1}{f(x)} = \infty$.

显然 $\lim\limits_{x \to +\infty} a^{-x} = \lim\limits_{x \to +\infty} \dfrac{1}{a^x} = 0 \ (a > 1)$.

例 1.3.5　求 $\lim\limits_{x \to 1} \dfrac{2x-1}{x-1}$.

解　因为当 $x \to 1$ 时,分母的极限为 0,所以不能运用极限运算法则.

由于极限 $\lim\limits_{x \to 1} \dfrac{x-1}{2x-1} = 0$,即当 $x \to 1$ 时, $\dfrac{1}{f(x)} = \dfrac{x-1}{2x-1}$ 是无穷小,所以 $f(x) = \dfrac{2x-1}{x-1}$ 是 $x \to 1$ 时的无穷大,因此 $\lim\limits_{x \to 1} \dfrac{2x-1}{x-1} = \infty$.

习　题　1.3

1. 判断题：

(1) 无穷小是一个很小的数；

(2) 无穷大是一个很大的数；

(3) 无穷小和无穷大互为倒数；

(4) 一个函数乘以无穷小后为无穷小.

2. 在下列题中，哪些是无穷小，哪些是无穷大？

(1) $y_n = (-1)^{n+1} \dfrac{1}{2^n}$ $(n \to \infty)$；　　(2) $y = 5^{-x} (x \to +\infty)$；

(3) $y = \ln x$ $(x > 0, x \to 0^+)$；　　(4) $y = \dfrac{x+1}{x^2-4} (x \to 2)$；

(5) $y = 2^{\frac{1}{x}} (x \to -\infty)$；　　(6) $y = \dfrac{x^2}{3x} (x \to 0)$.

3. 求下列各函数的极限：

(1) $\lim\limits_{x \to \infty} \dfrac{\sin x}{x^2}$；

(2) $\lim\limits_{x \to \infty} x \cos \dfrac{1}{x}$；

(3) $\lim\limits_{x \to 0} \dfrac{\arcsin x}{\dfrac{1}{x^2}}$；

(4) $\lim\limits_{n \to \infty} \dfrac{\cos n^2}{n}$；

(5) $\lim\limits_{x \to 0} \dfrac{\sin 2x \tan 3x}{1 - \cos 2x}$；

(6) $\lim\limits_{x \to 0} \dfrac{1 - \cos x}{\tan 2x^2}$.

4. 试比较下列各对无穷小的阶：

(1) 当 $x \to 0$ 时，$x^3 + 30x^2$ 与 x^2；

(2) 当 $x \to 1$ 时，$1 - \sqrt{x}$ 与 $1 - x$；

(3) 当 $x \to \infty$ 时，$\dfrac{1}{x}$ 与 $\dfrac{1}{x^2}$；

(4) 当 $x \to 0$ 时，x 与 $x \cos x$.

1.4　极限的运算

为了求得比较复杂的函数的极限，往往要用到极限的运算法则. 现叙述如下：

1.4.1 极限的四则运算法则

> 设 $\lim f(x) = A, \lim g(x) = B$,则
>
> (1) $\lim[f(x) \pm g(x)] = \lim f(x) \pm \lim g(x) = A \pm B$;
>
> (2) $\lim[f(x)g(x)] = \lim f(x) \lim g(x) = AB$;特别地,有 $\lim Cf(x)$ $= C\lim f(x) = CA(C$ 为常数);
>
> (3) $\lim \dfrac{f(x)}{g(x)} = \dfrac{\lim f(x)}{\lim g(x)} = \dfrac{A}{B}(B \neq 0)$.

法则(1),(2)可以推广到有限个函数的情形.以上法则通常称为极限的四则运算法则.特别地,若 n 为正整数,有:

推论 1.4.1 $\lim[f(x)]^n = [\lim f(x)]^n = A^n$.

推论 1.4.2 $\lim \sqrt[n]{f(x)} = \sqrt[n]{\lim f(x)} = \sqrt[n]{A}$ [n 为偶数时,要假设 $\lim f(x) > 0$].

例 1.4.1 求 $\lim\limits_{x \to 2}(4x^2 + 3)$.

解 $\lim\limits_{x \to 2}(4x^2 + 3) = \lim\limits_{x \to 2} 4x^2 + \lim\limits_{x \to 2} 3 = 4(\lim\limits_{x \to 2} x)^2 + 3 = 4 \times 2^2 + 3 = 19$.

一般地,如果函数 $f(x)$ 为多项式,则 $\lim\limits_{x \to x_0} f(x) = f(x_0)$.

例 1.4.2 求 $\lim\limits_{x \to 0} \dfrac{2x^2 + 3}{4 - x}$.

解 由于

$$\lim\limits_{x \to 0}(4 - x) = \lim\limits_{x \to 0} 4 - \lim\limits_{x \to 0} x = 4 - 0 = 4 \neq 0,$$

$$\lim\limits_{x \to 0}(2x^2 + 3) = 2(\lim\limits_{x \to 0} x)^2 + \lim\limits_{x \to 0} 3 = 3,$$

所以

$$\lim\limits_{x \to 0} \dfrac{2x^2 + 3}{4 - x} = \dfrac{3}{4}.$$

如果 $\dfrac{f(x)}{g(x)}$ 为有理分式函数且 $g(x_0) \neq 0$,则有 $\lim\limits_{x \to x_0} \dfrac{f(x)}{g(x)} = \dfrac{f(x_0)}{g(x_0)}$.

例 1.4.3 求 $\lim\limits_{x \to 3} \dfrac{x - 3}{x^2 - 9}$.

解 由于 $\lim\limits_{x \to 3}(x^2 - 9) = 0$,所以不能直接用法则(3),又 $\lim\limits_{x \to 3}(x - 3) = 0$,在 $x \to 3$ 的过程中允许 $x \neq 3$,所以求此极限时,可以首先约去非 0 因子 $x - 3$,于是

$$\lim_{x \to 3} \frac{x-3}{x^2-9} = \lim_{x \to 3} \frac{1}{x+3} = \frac{1}{6}.$$

注 上面的变形只能在求极限的过程中进行,不要误认为函数 $\dfrac{x-3}{x^2-9}$ 与函数 $\dfrac{1}{x+3}$ 是同一函数.

例 1.4.4 求 $\lim\limits_{x \to \infty} \dfrac{3x^3 - 5x^2 + 1}{8x^3 + 4x - 3}$.

解 因分子、分母都是无穷大,所以不能用法则(3).此时可以将分子、分母中 x 的最高次幂 x^3 同除分子、分母,然后再求极限,即

$$\lim_{x \to \infty} \frac{3x^3 - 5x^2 + 1}{8x^3 + 4x - 3} = \lim_{x \to \infty} \frac{3 - \dfrac{5}{x} + \dfrac{1}{x^3}}{8 + \dfrac{4}{x^2} - \dfrac{3}{x^3}} = \frac{3}{8}.$$

一般地,设 $a_0 \neq 0, b_0 \neq 0, m, n$ 为正整数,则有

$$\lim_{x \to \infty} \frac{a_0 x^n + a_1 x^{n-1} + \cdots + a_n}{b_0 x^m + b_1 x^{m-1} + \cdots + b_m} = \begin{cases} \dfrac{a_0}{b_0} & m = n \\ 0 & m > n \\ \infty & m < n \end{cases}.$$

例 1.4.5 求 $\lim\limits_{x \to 0} \dfrac{x}{2 - \sqrt{4+x}}$.

解 由于分母的极限为 0,不能直接用法则(3),用初等代数方法使分母有理化,即

$$\lim_{x \to 0} \frac{x}{2 - \sqrt{4+x}} = \lim_{x \to 0} \frac{x(2 + \sqrt{4+x})}{(2 - \sqrt{4+x})(2 + \sqrt{4+x})}$$

$$= \lim_{x \to 0} \frac{x(2 + \sqrt{4+x})}{-x} = \lim_{x \to 0}(-2 - \sqrt{4+x}) = -4.$$

例 1.4.6 求 $\lim\limits_{x \to 1}\left(\dfrac{2}{x^2-1} - \dfrac{1}{x-1}\right)$.

解 $\lim\limits_{x \to 1}\left(\dfrac{2}{x^2-1} - \dfrac{1}{x-1}\right) = \lim\limits_{x \to 1}\dfrac{2-(x+1)}{x^2-1} = \lim\limits_{x \to 1}\dfrac{-(x-1)}{(x-1)(x+1)}$

$$= \lim_{x \to 1} \frac{-1}{x+1} = -\frac{1}{2}.$$

1.4.2　两个重要极限

在求函数极限时,经常要用到以下(1)和(2)两个重要极限.

$$(1)\ \lim_{x \to 0}\frac{\sin x}{x} = 1\ (x\ \text{用弧度作单位}).$$

取$|x|$的一系列趋于 0 的 x 数值时,得到$\frac{\sin x}{x}$的一系列对应值(表 1.4.1).

表 1.4.1　x 与 $\frac{\sin x}{x}$ 的对应值

x	$\pm\frac{\pi}{9}$	$\pm\frac{\pi}{18}$	$\pm\frac{\pi}{36}$	$\pm\frac{\pi}{72}$	$\pm\frac{\pi}{144}$	$\pm\frac{\pi}{288}$	⋯
$\frac{\sin x}{x}$	0.979 82	0.994 93	0.998 73	0.999 68	0.999 92	0.999 98	⋯

从表 1.4.1 中可见,当$|x|$越来越趋近于 0 时,$\frac{\sin x}{x}$的值越来越趋近于 1.

证明　由于$\frac{\sin x}{x}$是偶函数,故可以把 $x \to 0$ 转化为 $x \to 0^+$ 且限制在$x \in \left(0, \frac{\pi}{2}\right)$内研究.

如图 1.4.1 所示,$S_{\triangle OAC} > S_{\text{扇形}OAB} > S_{\triangle OAB} > 0$. 从而有

$$\tan x > x > \sin x > 0,$$

即

$$\cos x < \frac{\sin x}{x} < 1.$$

又由于$\lim_{x \to 0}\cos x = 1$,从而由两边夹定理知$\lim_{x \to 0}\frac{\sin x}{x} = 1$.

例 1.4.7　三国时期,数学家刘徽从圆的内接正六边形出发,将边数逐倍增加,并计算逐次增加的正多边形的周长和面积.他指出:"割之弥细,所失弥少。割之又割,以至于不可割,则与圆周合体而无所失矣。"(《九章算术·方田章圆田术》)这就是说,圆内接正多边形的边数无限增加的时候,它的周长的极限是圆周长,它的面积的极限是圆面积.

如图 1.4.2 所示,设圆的半径为 R,正 n 边形的边长为

$$2R\sin\frac{2\pi}{2n} = 2R\sin\frac{\pi}{n}.$$

从而正 n 边形的周长为 $L_n = 2nR\sin\dfrac{\pi}{n}$. 所以圆的周长为

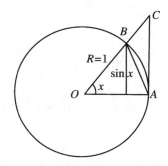

图 1.4.1 $S_{\triangle OAC}, S_{扇形OAB}, S_{\triangle OAB}$ 的大小关系　　　　**图 1.4.2** 正 n 边形与圆

$$L = \lim_{n\to\infty} L_n = \lim_{n\to\infty}\frac{2\pi R\sin\dfrac{\pi}{n}}{\dfrac{\pi}{n}} = 2\pi R.$$

同理,正 n 边形的某一边与圆点 O 所围成的三角形面积为 $\dfrac{1}{2}R^2\sin\dfrac{2\pi}{n}$. 从而正 n 边形的面积为 $S_n = \dfrac{n}{2}R^2\sin\dfrac{2\pi}{n}$. 所以圆的面积为

$$S = \lim_{n\to\infty} S_n = \lim_{n\to\infty}\frac{\pi R^2\sin\dfrac{2\pi}{n}}{\dfrac{2\pi}{n}} = \pi R^2.$$

例 1.4.8　求 $\lim\limits_{x\to 0}\dfrac{\sin 3x}{2x}$.

解　$\lim\limits_{x\to 0}\dfrac{\sin 3x}{2x} = \lim\limits_{x\to 0}\dfrac{\sin 3x}{3x}\cdot\dfrac{3}{2} = \dfrac{3}{2}\lim\limits_{x\to 0}\dfrac{\sin 3x}{3x} = \dfrac{3}{2}$.

例 1.4.9　求 $\lim\limits_{x\to 0}\dfrac{\tan x}{x}$.

解　$\lim\limits_{x\to 0}\dfrac{\tan x}{x} = \lim\limits_{x\to 0}\left(\dfrac{\sin x}{x}\cdot\dfrac{1}{\cos x}\right) = \lim\limits_{x\to 0}\dfrac{\sin x}{x}\lim\limits_{x\to 0}\dfrac{1}{\cos x} = 1$.

例 1.4.10　求 $\lim\limits_{x\to 0}\dfrac{1-\cos x}{x^2}$.

解　$\lim\limits_{x\to 0}\dfrac{1-\cos x}{x^2}=\lim\limits_{x\to 0}\dfrac{2\sin^2\frac{x}{2}}{4\left(\frac{x}{2}\right)^2}=\dfrac{1}{2}\lim\limits_{x\to 0}\left(\dfrac{\sin\frac{x}{2}}{\frac{x}{2}}\right)^2=\dfrac{1}{2}\left(\lim\limits_{\frac{x}{2}\to 0}\dfrac{\sin\frac{x}{2}}{\frac{x}{2}}\right)^2=\dfrac{1}{2}.$

例 1.4.11　求 $\lim\limits_{x\to\pi}\dfrac{\sin x}{\pi-x}$.

解　令 $\pi-x=t$,则 $x=\pi-t$,当 $x\to\pi$ 时,$t\to 0$,于是

$$\lim_{x\to\pi}\frac{\sin x}{\pi-x}=\lim_{t\to 0}\frac{\sin(\pi-t)}{t}=\lim_{t\to 0}\frac{\sin t}{t}=1.$$

由于 $\lim\limits_{x\to 0}\dfrac{\sin x}{x}=1$,$\lim\limits_{x\to 0}\dfrac{\tan x}{x}=1$,所以当 $x\to 0$ 时,有 $\sin x\sim x$,$\tan x\sim x$,$1-\cos x\sim$

$\dfrac{x^2}{2}$.类似可得 $\sin ax\sim ax$,$\tan ax\sim ax$.

> (2) $\lim\limits_{x\to\infty}\left(1+\dfrac{1}{x}\right)^x=e(e=2.718\,28\cdots$是无理数$)$.

先列出 $\left(1+\dfrac{1}{x}\right)^x$ 的数值表,观察变化趋势(表 1.4.2).

表 1.4.2　$\left(x+\dfrac{1}{x}\right)^x$ 的数值表

x	10	10^2	10^3	10^4	10^5	10^6	$\cdots$
$\left(1+\dfrac{1}{x}\right)^x$	2.593 74	2.704 81	2.716 92	2.718 15	2.718 27	2.718 28	$\cdots$
x	-10	-10^2	-10^3	-10^4	-10^5	-10^6	$\cdots$
$\left(1+\dfrac{1}{x}\right)^x$	2.867 92	2.732 00	2.719 64	2.718 41	2.718 30	2.718 28	$\cdots$

由表 1.4.2 和图 1.4.3 可以看出,当 $|x|\to\infty$ 时,函数 $\left(1+\dfrac{1}{x}\right)^x$ 的值无限接近于常数 2.718 28$\cdots$,记这个常数为 e,即

$$\lim_{x\to\infty}\left(1+\frac{1}{x}\right)^x=e.$$

令 $t=\dfrac{1}{x}$,则当 $x\to\infty$ 时,$t\to 0$,于是这个极限又可写成另一种等价形式:

$$\lim_{t \to 0} (1 + t)^{\frac{1}{t}} = \mathrm{e}.$$

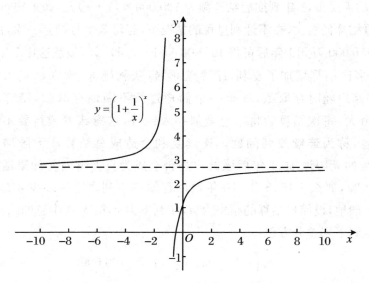

图 1.4.3 $y = \left(1 + \dfrac{1}{x}\right)^x$ 的函数图形

例 1.4.12 求 $\lim\limits_{x \to \infty} \left(1 + \dfrac{3}{x}\right)^x$.

解 $\lim\limits_{x \to \infty} \left(1 + \dfrac{3}{x}\right)^x = \lim\limits_{x \to \infty} \left[\left(1 + \dfrac{1}{x/3}\right)^{\frac{x}{3}}\right]^3.$

令 $\dfrac{x}{3} = t$，则当 $x \to \infty$ 时，$t \to \infty$，所以

$$\lim_{x \to \infty} \left(1 + \frac{3}{x}\right)^x = \lim_{t \to \infty} \left[\left(1 + \frac{1}{t}\right)^t\right]^3 = \mathrm{e}^3.$$

例 1.4.13 求 $\lim\limits_{x \to \infty} \left(\dfrac{x+3}{x-1}\right)^{x+3}$.

解 $\lim\limits_{x \to \infty} \left(\dfrac{x+3}{x-1}\right)^{x+3} = \lim\limits_{x \to \infty} \left(1 + \dfrac{4}{x-1}\right)^{x+3}.$

令 $t = \dfrac{4}{x-1}$，则 $x = \dfrac{4}{t} + 1$，$x + 3 = \dfrac{4}{t} + 4$. 由于当 $x \to \infty$ 时，$t \to 0$，所以

$$\lim_{x \to \infty} \left(\frac{x+3}{x-1}\right)^{x+3} = \lim_{t \to 0} (1 + t)^{\frac{4}{t}+4} = \lim_{t \to 0} (1 + t)^{\frac{4}{t}} \cdot (1 + t)^4$$

$$= \left[\lim_{t \to 0} (1 + t)^{\frac{1}{t}}\right]^4 \left[\lim_{t \to 0} (1 + t)\right]^4 = \mathrm{e}^4.$$

例 1.4.14(连续复利息问题)　若银行 1 年活期年利率为 r,那么储户存 100 000 元的人民币,1 年到期后结算额为 $100\,000 \times (1+r)$ 元.如果银行允许储户在一年内可结算任意次,在不计利息税的情况下,若每 3 个月结算一次,由于复利,储户存的 100 000 万元 1 年后可得 $100\,000 \times (1+r/4)^4$ 元,显然这比 1 年结算 1 次要多,因为多次结算增加了复利.结算越频繁,获利越大.现在已进入电子商务时代,允许储户随时存取款,如果一个储户连续不断地存取款,结算本息的频率趋于无穷大,每次结算后将本息全部存入银行,这意味着银行要不断地向储户支付利息,称为**连续复利**问题.连续复利会造成总结算额无限增大吗?随着结算次数的无限增加,1 年后该储户是否会成为百万富翁?如果活期存款年利率为 2.9%,那么 1 年、3 年、10 年定期存款的年利率定为多少才是等价的?

解　一般地,设储户结算的频率为 n,年利率为 r,第 k 次本息的结算额为 a_k,那么可以得到下列差分方程:

$$a_k = \left(1 + \frac{r}{n}\right)a_{k-1}, \quad a_0 = 100\,000.$$

对上述差分方程化简,得

$$a_n = 100\,000\left(1 + \frac{r}{n}\right)^n.$$

随着结算次数的无限增加,即在上式中 $n \to \infty$,理论上 1 年后本息共计

$$\lim_{n \to \infty} 100\,000\left(1 + \frac{r}{n}\right)^n = \lim_{n \to \infty} 100\,000\left(1 + \frac{r}{n}\right)^{\frac{n}{r} \cdot r} = 100\,000 e^r \approx 102\,942.46.$$

实际上,如果是活期存款,1 年最多只能结算 365 次,则有

$$100\,000\left(1 + \frac{r}{365}\right)^{365} \approx 102\,940.$$

可见,即使每天结算 1 次,1 年后本息总和将稳定于 102 940 元,储户并不能通过该方式成为百万富翁.

把连续活期存款利率作为连续复利率,$r_0 = 2.9\%$,设 1 年定期的年利率为 r,那么应有

$$1 + r = e^{r_0},$$

从而有

$$r = e^{r_0} - 1 \approx 2.94\%.$$

同理,3 年定期的年利率为

$$r = \frac{e^{3r_0} - 1}{3} \approx 3.03\%.$$

相应地,10 年定期的年利率为

$$r = \frac{e^{10r_0} - 1}{10} \approx 3.36\%.$$

一般情况下,银行的定期利率要比上述计算结果更高,以鼓励长期定期存款.

习　题　1.4

1. 求下列极限:

(1) $\lim\limits_{x \to -2} (2x^2 - 5x + 3)$;　　(2) $\lim\limits_{x \to 0} \left(2 - \frac{3}{x-1}\right)$;　　(3) $\lim\limits_{x \to 2} \frac{x-2}{x^2 - x - 2}$;

(4) $\lim\limits_{x \to 0} \frac{5x^3 - 2x^2 + x}{4x^2 + 2x}$;　　(5) $\lim\limits_{x \to \infty} \frac{3x^2 + 5x + 1}{4x^2 - 2x + 5}$;　　(6) $\lim\limits_{x \to \infty} \frac{3x^2 + x + 6}{x^4 - 3x^2 + 3}$;

(7) $\lim\limits_{n \to \infty} \frac{1 + 2 + \cdots + n}{n^2}$;　　(8) $\lim\limits_{x \to 0} \frac{x^2}{1 - \sqrt{1 + x^2}}$;　　(9) $\lim\limits_{x \to 4} \frac{\sqrt{2x+1} - 3}{\sqrt{x-2} - \sqrt{2}}$;

(10) $\lim\limits_{x \to 1} \left(\frac{2}{x^2 - 1} - \frac{1}{x-1}\right)$;　　(11) $\lim\limits_{x \to \infty} \frac{\sin 2x}{x^2}$;　　(12) $\lim\limits_{x \to \infty} \frac{(x^2 + x)\arctan x}{x^3 - x + 3}$.

2. 若 $\lim\limits_{x \to 3} \frac{x^2 - 2x + k}{x-3} = 4$,求 k 的值.

3. 若 $\lim\limits_{x \to \infty} \left(\frac{x^2 + 1}{x+1} - ax - b\right) = 0$,求 a, b 的值.

4. 求下列极限:

(1) $\lim\limits_{x \to 0} \frac{\sin 4x}{\tan 5x}$;　　(2) $\lim\limits_{x \to 0} \frac{\sin mx}{\sin nx}$;　　(3) $\lim\limits_{x \to 0} \frac{a^x - 1}{x}$;

(4) $\lim\limits_{x \to 0} \frac{2(1 - \cos x)}{x \sin x}$;　　(5) $\lim\limits_{x \to 0^-} \frac{x}{\sqrt{1 - \cos x}}$;　　(6) $\lim\limits_{x \to \frac{\pi}{2}} (1 + 2\cos x)^{-\sec x}$;

(7) $\lim\limits_{x \to \infty} x^2 \sin^2 \frac{1}{x}$;　　(8) $\lim\limits_{x \to \infty} \left(1 - \frac{3}{x}\right)^x$;　　(9) $\lim\limits_{x \to 0} \sqrt[x]{1 + 3x}$;

(10) $\lim\limits_{x \to 0} \frac{\arcsin x}{x}$;　　(11) $\lim\limits_{x \to 0} \frac{\sin x^2}{\sin^3 x}$;　　(12) $\lim\limits_{x \to \infty} \left(\frac{2x-1}{2x+1}\right)^x$.

5. 某企业计划发行公司债券,规定以年利率 8% 的连续复利计算利息,10 年后每份债券一次偿还本息 10 000 元,问发行时每份债券的价格应该定为多少元?

1.5　函数的连续性与间断点

自然界中的许多现象,如空气的流动、气温的变化、动植物的生长、物体运动的路程等,都是随时间连续不断地变化着的,这些现象反映在数学上就是函数的连续性.

1.5.1　函数连续性的概念

1. 增量

设变量 u 从它的初值 u_0 变到终值 u_1,则终值与初值之差 $u_1 - u_0$ 就叫作变量 u 的增量,又叫作 u 的改变量,记作 Δu,即 $\Delta u = u_1 - u_0$. 显然自变量的改变量 $\Delta x = x - x_0$,函数的改变量 $\Delta y = f(x) - f(x_0)$.

2. 函数 $f(x)$ 在点 x_0 处的连续性

函数 $y = f(x)$ 在 x_0 处连续,反映到图形上即为曲线在 x_0 的某个邻域内是连续不断的(图 1.5.1). 如果函数是不连续的,其图形就在该处有间断(图 1.5.2).给自变量一个增量 Δx,相应地就有函数的增量 Δy,且当 $\Delta x \to 0$ 时,Δy 的绝对值将无限变小.

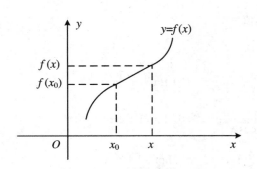

图 1.5.1　连续函数图形

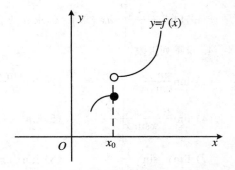

图 1.5.2　不连续函数图形

定义 1.5.1 设函数 $y = f(x)$ 在点 x_0 处及其左右近旁有定义,如果

$$\lim_{\Delta x \to 0} \Delta y = \lim_{\Delta x \to 0} [f(x_0 + \Delta x) - f(x_0)] = 0,$$

那么称函数 $f(x)$ 在点 x_0 处连续.

令 $x = x_0 + \Delta x$,则当 $\Delta x \to 0$ 时,$x \to x_0$,同时 $\Delta y = f(x) - f(x_0) \to 0$ 时,$f(x) \to f(x_0)$. 于是有:

定义 1.5.2 设函数 $y = f(x)$ 在点 x_0 处及其左右近旁有定义,且有 $\lim\limits_{x \to x_0} f(x) = f(x_0)$,则称函数 $y = f(x)$ 在点 x_0 处连续.

例 1.5.1 证明函数 $f(x) = x^3 - 1$ 在点 $x = 1$ 处连续.

证明 $\lim\limits_{x \to 1} f(x) = \lim\limits_{x \to 1} (x^3 - 1) = 0$,又 $f(1) = 1^3 - 1 = 0$,即 $\lim\limits_{x \to 1} f(x) = f(1)$.

由定义知,函数 $f(x) = x^3 - 1$ 在点 $x = 1$ 处连续.

由定义可知,$f(x)$ 在点 x_0 处连续必须同时满足三个条件:

(1) 函数 $f(x)$ 在点 x_0 处有定义;(2) $\lim\limits_{x \to x_0} f(x)$ 存在;(3) $\lim\limits_{x \to x_0} f(x) = f(x_0)$.

例 1.5.2 判断函数 $f(x) = \begin{cases} x^2 + 1 & x \geqslant 1 \\ 3x - 1 & x < 1 \end{cases}$ 在点 $x = 1$ 处是否连续.

解 $f(x)$ 在点 $x = 1$ 处及其附近有定义,$f(1) = 1^2 + 1 = 2$,且

$$f(1 - 0) = \lim_{x \to 1^-} f(x) = \lim_{x \to 1^-} (3x - 1) = 2 = f(1),$$

$$f(1 + 0) = \lim_{x \to 1^+} f(x) = \lim_{x \to 1^+} (x^2 + 1) = 2 = f(1),$$

于是 $f(1 - 0) = f(1 + 0) = f(1)$,因此函数 $f(x)$ 在 $x = 1$ 处连续.

3. 函数 $f(x)$ 在区间 (a, b)(或 $[a, b]$)内的连续性

定义 1.5.3 如果函数 $y = f(x)$ 在区间 (a, b) 内每一点处连续,则称函数在区间 (a, b) 内连续,区间 (a, b) 称为函数 $y = f(x)$ 的连续区间;如果函数 $f(x)$ 在区间 (a, b) 内连续,并且 $\lim\limits_{x \to a^+} f(x) = f(a)$,$\lim\limits_{x \to b^-} f(x) = f(b)$,则称函数 $f(x)$ 在闭区间 $[a, b]$ 上连续,区间 $[a, b]$ 称为函数 $y = f(x)$ 的连续区间.

在连续区间上,连续函数的图形是一条连续不断的曲线.

1.5.2　初等函数的连续性

1. 基本初等函数的连续性

基本初等函数在其定义域内都是连续的.

2. 连续函数的和、差、积、商的连续性

如果 $f(x),g(x)$ 都在点 x_0 处连续,则 $f(x)\pm g(x),f(x)g(x),\dfrac{f(x)}{g(x)}[g(x)\neq 0]$ 都在点 x_0 处连续.

3. 复合函数的连续性

设函数 $y=f(u)$ 在点 u_0 处连续,又函数 $u=\varphi(x)$ 在点 x_0 处连续,且 $u_0=\varphi(x_0)$,则复合函数 $y=f[\varphi(x)]$ 在点 x_0 处连续.这说明了连续函数的复合函数仍为连续函数,并可得到如下结论:

$$\lim_{x\to x_0}f[\varphi(x)]=f[\varphi(x_0)]=f[\lim_{x\to x_0}\varphi(x)].$$

特别地,当 $\varphi(x)=x$ 时,$\lim\limits_{x\to x_0}f(x)=f(x_0)=f(\lim\limits_{x\to x_0}x)$,这表示对于连续函数,极限符号与函数符号可以交换次序.

根据上述法则可以证明一切初等函数在其定义域内都是连续的.因此在求初等函数在其定义域内某点处的极限时,只需求函数在该点的函数值即可.

例 1.5.3　求下列极限:

(1) $\lim\limits_{x\to\frac{\pi}{2}}\ln\sin x$;　　　　　　　　(2) $\lim\limits_{x\to 2}\dfrac{\sqrt{2+x}-2}{x-2}$;

(3) $\lim\limits_{x\to 0}\dfrac{\log_a(1+x)}{x}(a>0,a\neq 1)$;　　(4) $\lim\limits_{x\to 0}\dfrac{e^x-1}{x}$.

解　(1) 因为 $x=\dfrac{\pi}{2}$ 是函数 $y=\ln\sin x$ 定义区间 $(0,\pi)$ 内的一个点,所以

$$\lim_{x\to\frac{\pi}{2}}\ln\sin x=\ln\sin\left(\frac{\pi}{2}\right)=0.$$

(2) 因为 $x=2$ 不是函数 $\dfrac{\sqrt{2+x}-2}{x-2}$ 定义域 $[-2,2)\cup(2,+\infty)$ 内的点,自然不能将 $x=2$ 代入函数计算.

当 $x\neq 2$ 时,我们先作变形,再求其极限:

$$\lim_{x \to 2} \frac{\sqrt{2+x}-2}{x-2} = \lim_{x \to 2} \frac{(\sqrt{2+x}-2)(\sqrt{2+x}+2)}{(x-2)(\sqrt{2+x}+2)}$$

$$= \lim_{x \to 2} \frac{x-2}{(x-2)(\sqrt{2+x}+2)} = \lim_{x \to 2} \frac{1}{\sqrt{2+x}+2}$$

$$= \frac{1}{\sqrt{2+2}+2} = \frac{1}{4}.$$

(3) $\lim\limits_{x \to 0} \dfrac{\log_a (1+x)}{x} = \lim\limits_{x \to 0} \log_a (1+x)^{\frac{1}{x}}$

$$= \log_a \left[\lim_{x \to 0} (1+x)^{\frac{1}{x}} \right] = \log_a e = \frac{1}{\ln a}.$$

(4) 令 $e^x - 1 = t$，则 $x = \ln(1+t)$，且当 $x \to 0$ 时，$t \to 0$. 由上一小题得

$$\lim_{x \to 0} \frac{e^x - 1}{x} = \lim_{t \to 0} \frac{t}{\ln(1+t)} = \lim_{t \to 0} \frac{1}{\dfrac{\ln(1+t)}{t}} = \frac{1}{\ln e} = 1.$$

1.5.3 函数的间断点

> **定义 1.5.4** 如果函数 $f(x)$ 在点 x_0 处不满足连续的条件，则称函数 $f(x)$ 在点 x_0 处不连续或间断，点 x_0 叫作函数 $f(x)$ 的不连续点或间断点.

显然，如果函数 $f(x)$ 在点 x_0 处有下列三种情形之一，则点 x_0 为 $f(x)$ 的间断点：

(1) 在点 x_0 处 $f(x)$ 没有定义；

(2) $\lim\limits_{x \to x_0} f(x)$ 不存在；

(3) 虽然在点 x_0 处 $f(x)$ 有定义且 $\lim\limits_{x \to x_0} f(x)$ 存在，但 $\lim\limits_{x \to x_0} f(x) \neq f(x_0)$.

> 通常把函数的间断点分为两类：函数 $f(x)$ 在点 x_0 处的左、右极限都存在的间断点称为**第一类间断点**；否则称为**第二类间断点**. 在第一类间断点中，左、右极限相等的称为**可去间断点**，不相等的称为**跳跃间断点**.

例 1.5.4　讨论函数 $f(x) = \dfrac{x^2-4}{x-2}$ 的连续性.

解　函数 $f(x) = \dfrac{x^2-4}{x-2}$ 在点 $x=2$ 处没有定义,所以 $x=2$ 是该函数的间断点.

由于

$$\lim_{x\to2}f(x) = \lim_{x\to2}\frac{x^2-4}{x-2} = \lim_{x\to2}(x+2) = 4,$$

即当 $x\to2$ 时,极限是存在的,所以 $x=2$ 是可去间断点(图 1.5.3).

例 1.5.5　讨论函数 $f(x) = \begin{cases} x-1 & x<0 \\ 0 & x=0 \\ x+1 & x>0 \end{cases}$ 在点 $x=0$ 处的连续性.

解　函数 $f(x)$ 虽在点 $x=0$ 处有定义,但

$$\lim_{x\to0^-}f(x) = \lim_{x\to0^-}(x-1) = -1,$$

$$\lim_{x\to0^+}f(x) = \lim_{x\to0^+}(x+1) = 1,$$

即在 $x=0$ 处左、右极限不相等,所以 $\lim\limits_{x\to0}f(x)$ 不存在,因此 $x=0$ 是函数的跳跃间断点(图 1.5.4).

例 1.5.6　讨论函数 $y = \dfrac{1}{x}$ 的间断点,并判断其类型.

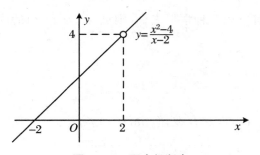

图 1.5.3　可去间断点

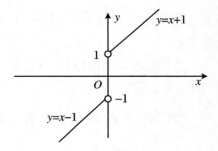

图 1.5.4　跳跃间断点

解　函数 $y = \dfrac{1}{x}$ 在 $x=0$ 处无定义,所以 $x=0$ 是间断点.

由于 $\lim\limits_{x\to 0^+}\dfrac{1}{x}=+\infty$，$\lim\limits_{x\to 0^-}\dfrac{1}{x}=-\infty$，即在点 $x=0$ 处左、右极限都不存在.

所以 $x=0$ 是函数的第二类间断点，叫作**无穷间断点**（图1.5.5）.

例 1.5.7　对于函数 $y=\sin\dfrac{1}{x}$，当 $x\to 0$ 时，$y=\sin\dfrac{1}{x}$ 的值在 -1 与 1 之间振

荡. $\lim\limits_{x\to 0^+}\sin\dfrac{1}{x}$ 和 $\lim\limits_{x\to 0^-}\sin\dfrac{1}{x}$ 都不存在，所以 $x=0$ 是 $y=\sin\dfrac{1}{x}$ 的第二类间断点，叫作

振荡间断点（图1.5.6）.

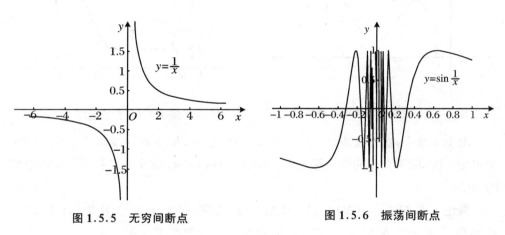

图 1.5.5　无穷间断点　　　　　　　　图 1.5.6　振荡间断点

1.5.4　闭区间上连续函数的性质

闭区间上的连续函数有一些重要性质，这些性质在直观上比较明显，我们在此只做介绍，不予证明.

> **定理 1.5.1**（最值定理）　设函数 $f(x)$ 在闭区间 $[a,b]$ 上连续，则函数 $f(x)$ 在 $[a,b]$ 上一定能取得最大值和最小值.

如图 1.5.7 所示，函数 $y=f(x)$ 在区间 $[a,b]$ 上连续，在 ξ_1 处取得最小值 $f(\xi_1)=m$，在 ξ_2 处取得最大值 $f(\xi_2)=M$.

推论 1.5.1　闭区间上的连续函数是有界的.

> **定理 1.5.2**(介值性定理)　如果 $f(x)$ 在 $[a,b]$ 上连续,u 是介于 $f(x)$ 的最小值和最大值之间的任意一个实数,则在点 a 和 b 之间至少可找到一点 ξ,使得 $f(\xi)=u$(图 1.5.8).

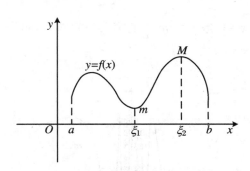

图 1.5.7　函数的最大值和最小值　　　　　图 1.5.8　介值定理

图 1.5.8 中,水平直线 $y=u(m\leqslant u\leqslant M)$ 与 $[a,b]$ 上的连续曲线 $y=f(x)$ 至少相交一次,如果交点的横坐标为 $x=\xi$,则有 $f(\xi)=u$.当 $u=0$ 时,立即有以下常用结论:

推论 1.5.2(零点定理)　如果函数 $f(x)$ 在闭区间 $[a,b]$ 上连续,且 $f(a)$ 与 $f(b)$ 异号,则至少存在一点 $\xi\in(a,b)$ 使得 $f(\xi)=0$(图 1.5.9).

图 1.5.9 中,$f(a)<0$, $f(b)>0$,连续曲线上的点由左到右至少要与 x 轴相交一次.设交点为 ξ,则 $f(\xi)=0$.

例 1.5.8　证明方程 $x^4+x=1$ 至少有一个根介于 0 和 1 之间.

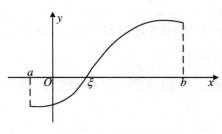

图 1.5.9　零点定理

证明　设 $f(x)=x^4+x-1$,则 $f(x)$ 在 $[0,1]$ 上连续,且

$$f(0)=-1<0 , \quad f(1)=1>0.$$

根据推论 1.5.2,至少存在一点 $\xi\in(0,1)$,使 $f(\xi)=0$,此即说明方程 $x^4+x=1$ 至少有一个根介于 0 和 1 之间.

习　题　1.5

1. 设函数 $f(x) = \begin{cases} x & 0 < x < 1 \\ 2 & x = 1 \\ 2 - x & 1 < x < 2 \end{cases}$ ，讨论

函数 $f(x)$ 在点 $x = 1$ 处的连续性，并求函数的连续区间.

2. 求下列函数的间断点，并判断其类型：

(1) $f(x) = x \cos \dfrac{1}{x}$；

(2) $f(x) = \dfrac{x^2 - 1}{x^2 - 3x + 2}$；

(3) $f(x) = 2^{-\frac{1}{x}} + 1$；

(4) $f(x) = \begin{cases} x + 1 & 0 < x \leqslant 1 \\ 2 - x & 1 < x \leqslant 3 \end{cases}$.

3. 在下列函数中，当 K 取何值时，函数 $f(x)$ 在其定义域内连续？

(1) $f(x) = \begin{cases} K e^x & x < 0 \\ K^2 + x & x \geqslant 0 \end{cases}$；

(2) $f(x) = \begin{cases} \dfrac{\sin 2x}{x} & x < 0 \\ 3x^2 - 2x + K & x \geqslant 0 \end{cases}$.

4. 证明方程 $2^x \cdot x - 1 = 0$ 至少有一个小于 1 的正根.

5. 利用连续函数的介值定理说明：在一金属线材围成的圆圈上，必有一条直径的两端处的温度是相同的.

习　题　1

1. 填空题：

(1) 已知 $f\left(\sin \dfrac{x}{2}\right) = 1 + \cos x$，则 $f\left(\cos \dfrac{x}{2}\right) = $ _____.

(2) $f(x) = \dfrac{e^{\frac{1}{x}} + e^{-\frac{1}{x}}}{e^{\frac{1}{x}} - e^{-\frac{1}{x}}}$，则 $f(x)$ 的连续区间为 _____，$f(+0) = $ _____，$f(-0)$

= _____.

(3) $\lim\limits_{x \to \infty} \dfrac{(4 + 3x)^2}{x(1 - x^2)} = $ _____.

(4) $x \to 0$ 时，$\tan x - \sin x$ 是 x 的 _____ 阶无穷小.

(5) 使 $\lim\limits_{x \to 0} x^k \sin \dfrac{1}{x} = 0$ 成立的 k 为 _____.

(6) $\lim\limits_{x\to-\infty}e^x\arctan x=$ _____.

(7) $f(x)=\begin{cases}e^x+1 & x>0\\ x+b & x\leqslant 0\end{cases}$ 在 $x=0$ 处连续,则 $b=$ _____.

(8) $\lim\limits_{x\to 0}\dfrac{\ln(3x+1)}{6x}=$ _____.

2. 单项选择题:

(1) 设 $f(x),g(x)$ 是 $[-l,l]$ 上的偶函数,$h(x)$ 是 $[-l,l]$ 上的奇函数,则(　　)所给的函数必为奇函数.

A. $f(x)+g(x)$ 　　　　　　B. $f(x)+h(x)$

C. $f(x)[h(x)+g(x)]$ 　　　　D. $f(x)g(x)h(x)$

(2) $\alpha(x)=\dfrac{1-x}{1+x}$,$\beta(x)=1-\sqrt[3]{x}$,则当 $x\to 1$ 时,有(　　).

A. α 是比 β 高阶的无穷小 　　　B. α 是比 β 低阶的无穷小

C. α 与 β 同阶无穷小,但不等价 　　D. $\alpha\sim\beta$

(3) 函数 $f(x)=\begin{cases}\dfrac{\sqrt{1+x}-1}{\sqrt[3]{1+x}-1} & x\neq 0\text{ 且 }x\geqslant -1\\ k & x=0\end{cases}$ 在 $x=0$ 处连续,则 $k=$(　　).

A. $\dfrac{3}{2}$ 　　　　B. $\dfrac{2}{3}$ 　　　　C. 1 　　　　D. 0

(4) 数列极限 $\lim\limits_{n\to\infty}n[\ln(n-1)-\ln n]=$(　　).

A. 1 　　　　B. -1 　　　　C. ∞ 　　　　D. 不存在但非 ∞

(5) $f(x)=\begin{cases}x+\dfrac{\sin x}{x} & x<0\\ 0 & x=0\\ x\cos\dfrac{1}{x} & x>0\end{cases}$,则 $x=0$ 是 $f(x)$ 的(　　).

A. 连续点 　　B. 可去间断点 　　C. 跳跃间断点 　　D. 振荡间断点

3. 计算下列极限:

(1) $\lim\limits_{n\to\infty}2^n\sin\dfrac{x}{2^{n-1}}$;　　　　　　(2) $\lim\limits_{x\to 0}\dfrac{\cos x-\cot x}{x}$;

(3) $\lim\limits_{x\to\infty}x(e^{\frac{1}{x}}-1)$;　　　　　　　(4) $\lim\limits_{x\to\infty}\left(\dfrac{2x+1}{2x-1}\right)^{3x}$;

(5) $\lim\limits_{x\to\frac{\pi}{3}}\dfrac{8\cos^2 x-2\cos x-1}{2\cos^2 x+\cos x-1}$;　　(6) $\lim\limits_{x\to 0}\dfrac{\sqrt{1+x\sin x}-\sqrt{\cos x}}{x\tan x}$;

(7) $\lim\limits_{n\to\infty}\left[\dfrac{1}{1\times2}+\dfrac{1}{2\times3}+\cdots+\dfrac{1}{n(n+1)}\right]$;　　　　(8) $\lim\limits_{x\to2}\dfrac{\ln(1+\sqrt[3]{2-x})}{\arctan\sqrt[3]{4-x^2}}$.

4. 用极限定义证明 $\lim\limits_{x\to a}\sqrt{x}=\sqrt{a}\,(a>0)$.

5. 试确定 a,b 之值,使 $\lim\limits_{x\to\infty}\left(\dfrac{x^2+1}{x+1}ax-b\right)=\dfrac{1}{2}$.

6. 利用极限存在准则求极限:

(1) $\lim\limits_{n\to\infty}\dfrac{1+\dfrac{1}{2}+\dfrac{1}{3}+\cdots+\dfrac{1}{n}+\dfrac{1}{n+1}}{1+\dfrac{1}{2}+\dfrac{1}{3}+\cdots+\dfrac{1}{n}}$;

(2) 设 $x_1>a>0$,且 $x_{n+1}=\sqrt{ax_n}\,(n=1,2,\cdots)$,证明 $\lim\limits_{n\to\infty}x_n$ 存在,并求此极限值.

7. 讨论函数 $f(x)=\lim\limits_{n\to\infty}\dfrac{n^x-n^{-x}}{n^x+n^{-x}}$ 的连续性,若有间断点,指出其类型.

8. 当邮件的重量不超过 100 g 时,每 20 g 邮资为 0.8 元,不足 20 g 计为 20 g. 当邮件重量超过 100 g 时,超过的部分按每 100 g 邮资为 2 元计算,不足 100 g 计为 100 g. 若有一份邮件重量不超过 200 g,求其邮资 y(单位:元)与重量 x(单位:g)之间的函数关系式,并考察所构造的函数在点 $x=20$ 和 $x=100$ 处是否有极限,是否连续.

9. 若函数 $f(x)$ 在闭区间 $[a,b]$ 上连续,$f(a)<a$,$f(b)>b$. 证明至少有一点 $\xi\in(a,b)$,使得 $f(\xi)=\xi$.

10. 假设某种传染病流行 t 天后,传染的人数为
$$N(t)=\dfrac{10^6}{1+5\times10^3\mathrm{e}^{-0.1t}}.$$

求:

(1) 多少天时,会有 50 万人被传染上这种疾病?

(2) 若从长远考虑,将有多少人被传染上这种疾病?

第 2 章　导数与微分

在解决许多实际问题的过程中,函数的概念刻画了因变量随着自变量变化的依赖关系.但很多时候仅知道变量之间的依赖关系还是不够的,还需要进一步掌握因变量随着自变量变化的快慢程度问题,即本章即将介绍的函数在某一点的瞬时变化率问题——导数(微商),并进一步引入微分的概念.

例 2.0.1　一个从平地垂直升空的热气球由离升空点 5 m 处的一台探测器跟踪.当探测器的仰角为 $\frac{\pi}{4}$ 时,角度增加的变化率为 0.15 rad/min.求气球在此时的上升速度是多少?

以上问题的求解将涉及复合函数的求导法则,本章我们主要讨论导数与微分的概念及它们的计算方法.通过本章的学习,学生能轻松解决上述问题.

2.1　导数的概念

从几何学的角度,导数可以解释为曲线的斜率,从物理学的角度,导数可以解释为变化速度.导数可以用来表示很多量,从利率波动到鱼的死亡速度甚至肿瘤的增长速度等.在研究函数时,仅仅求出两个变量之间的函数关系是不够的,还需要进一步研究的是,在已有的函数关系下,由自变量变化引起的函数变化的快慢程度.例如,变速直线运动的速度、曲线切线的斜率、电流强度和化学反应速度等问题.

例 2.1.1(考察质点的自由落体运动)　真空中,在 0 时刻到 t(单位:s)时刻这一时间段内,质点下落的路程 s 由公式 $s = \frac{1}{2}gt^2$ 来确定.现在来求 $t = 1\ \mathrm{s}$ 这一时刻质点的速度.

解 当 Δt 很小时,在 1 到 $1 + \Delta t$ 这段时间内,质点运动的速度变化不大,可以把这段时间内的平均速度作为质点在 $t = 1$ s 时速度的近似.

由表 2.1.1 可看出,平均速度 $\dfrac{\Delta s}{\Delta t}$ 随着 Δt 变化而变化,当 Δt 越小时, $\dfrac{\Delta s}{\Delta t}$ 越接近于一个定值 9.8 m/s. 考察下列各式:

$$\Delta s = \frac{1}{2} g (1 + \Delta t)^2 - \frac{1}{2} g \cdot 1^2 = \frac{1}{2} g \left[2 \Delta t + (\Delta t)^2 \right]$$

$$\frac{\Delta s}{\Delta t} = \frac{1}{2} g \cdot \frac{2 \Delta t + (\Delta t)^2}{\Delta t} = \frac{1}{2} g (2 + \Delta t)$$

当 Δt 越来越接近于 0 时, $\dfrac{\Delta s}{\Delta t}$ 越来越接近于 1 s 时的速度. 现在取 $\Delta t \to 0$ 的极限,得

$\lim\limits_{\Delta t \to 0} \dfrac{\Delta s}{\Delta t} = \lim\limits_{\Delta t \to 0} \dfrac{1}{2} g (2 + \Delta t) = g = 9.8$ m/s, 此即质点在 $t = 1$ s 时的瞬时速度.

表 2.1.1 自由落体运动

Δt(s)	Δs(m)	$\dfrac{\Delta s}{\Delta t}$(m/s)
0.1	1.029	10.29
0.01	0.098 49	9.849
0.001	0.009 804 9	9.804 9
0.0001	0.000 980 049	9.800 49
0.000 01	0.000 098 000 49	9.800 049

一般地,设质点的位移规律是 $s = s(t)$,在时刻 t 时,时间有改变量 Δt,s 相应的改变量为 $\Delta s = s(t + \Delta t) - s(t)$,在时间段 t 到 $t + \Delta t$ 内的平均速度为

$$\bar{v} = \frac{\Delta s}{\Delta t} = \frac{s(t + \Delta t) - s(t)}{\Delta t}.$$

当 Δt 充分小时,可以将此平均速度作为 t 时刻瞬时速度的近似值. 如果令 $\Delta t \to 0$,此平均速度的极限若存在,则此极限值

$$v(t) = \lim_{\Delta t \to 0} \frac{\Delta s}{\Delta t} = \lim_{\Delta t \to 0} \frac{s(t + \Delta t) - s(t)}{\Delta t}$$

就是质点在 t 时刻的瞬时速度.

通过例 2.1.1 我们会发现,在许多实际问题中,需要研究函数 $y = f(x)$ 如下形

式的极限问题:

$$\lim_{\Delta x \to 0} \frac{f(x_0 + \Delta x) - f(x_0)}{\Delta x}.$$

2.1.1 导数的定义

上面所讨论的问题是一物理问题,其中用到的数学方法可归结为:当自变量的改变量趋向于 0 时,求函数的改变量与自变量的改变量之比的极限.类似的问题不难从物理、化学等学科中找到.我们用数学语言归纳出其本质,就得到了函数的导数的定义.

1. 某一点处的导数 $f'(x_0)$

> **定义 2.1.1** 设函数 $y = f(x)$ 在 x_0 及其附近有定义,当自变量 x 在 x_0 处有改变量 $\Delta x(\Delta x \neq 0)$ 时,相应的函数 y 有改变量 $\Delta y = f(x_0 + \Delta x) - f(x_0)$.若函数的改变量与自变量的改变量之比的极限 $\lim\limits_{\Delta x \to 0} \dfrac{\Delta y}{\Delta x}$ 存在,则称函数 $y = f(x)$ 在点 x_0 处可导,并称这个极限值为函数 $y = f(x)$ 在点 x_0 处的导数,记为 $f'(x_0)$,$y'\big|_{x = x_0}$,$\dfrac{\mathrm{d}y}{\mathrm{d}x}\bigg|_{x = x_0}$ 或 $\dfrac{\mathrm{d}f(x)}{\mathrm{d}x}\bigg|_{x = x_0}$,即
>
> $$f'(x_0) = \lim_{\Delta x \to 0} \frac{\Delta y}{\Delta x} = \lim_{\Delta x \to 0} \frac{f(x_0 + \Delta x) - f(x_0)}{\Delta x}. \qquad (2.1.1)$$

若极限 $\lim\limits_{\Delta x \to 0} \dfrac{\Delta y}{\Delta x}$ 不存在,则称函数 $y = f(x)$ 在点 x_0 处没有导数或不可导.

由此可知,例 2.1.1 中的瞬时速度 $v(t) = s'(t)$.

注 导数的定义式可取不同的形式:可设 $x = x_0 + \Delta x$,且当 $\Delta x \to 0$ 时,有 $x \to x_0$,则函数 $y = f(x)$ 在点 x_0 处的导数可记为 $f'(x_0) = \lim\limits_{x \to x_0} \dfrac{f(x) - f(x_0)}{x - x_0}$.

根据导数的定义,求函数 $y = f(x)$ 在点 x_0 处的导数的步骤如下:

(1) 求函数的改变量 $\Delta y = f(x_0 + \Delta x) - f(x_0)$;

(2) 求比值 $\dfrac{\Delta y}{\Delta x} = \dfrac{f(x_0 + \Delta x) - f(x_0)}{\Delta x}$;

(3) 求导数 $f'(x_0) = \lim\limits_{\Delta x \to 0} \dfrac{\Delta y}{\Delta x} = \lim\limits_{x \to x_0} \dfrac{f(x) - f(x_0)}{x - x_0}$.

例 2.1.2 以初速 v_0 竖直上抛的物体,其上升高度 s 与时间 t 的关系是 $s = v_0 t - \dfrac{1}{2} g t^2$,求:

(1) 该物体的速度 $v(t)$;

(2) 该物体达到最高点的时刻.

解 (1) $v(t) = s'(t) = \lim\limits_{t \to 0} \dfrac{s(t + \Delta t) - s(t)}{\Delta t} = v_0 - gt$;

(2) 令 $v(t) = 0$,即 $v_0 - gt = 0$,得 $t = \dfrac{v_0}{g}$,这就是物体达到最高点的时刻.

例 2.1.3 设某工厂生产 x 单位产品所花费的成本是 $f(x)$ 元.此函数 $f(x)$ 称为成本函数,成本函数 $f(x)$ 的导数 $f'(x)$ 在经济学中称为边际成本.试说明边际成本 $f'(x)$ 的实际意义.

解 (1) $f(x + \Delta x) - f(x)$ 表示当产量由 x 改变到 $x + \Delta x$ 时成本的改变量;

(2) $\dfrac{f(x + \Delta x) - f(x)}{\Delta x}$ 表示当产量由 x 改变到 $x + \Delta x$ 时单位产量的成本;

(3) $f'(x) = \lim\limits_{\Delta x \to 0} \dfrac{f(x + \Delta x) - f(x)}{\Delta x}$ 表示当产量为 x 时单位产量的成本.

2. 导函数的概念

> **定义 2.1.2** 如果函数 $y = f(x)$ 在 (a, b) 内处处可导,就称函数 $f(x)$ 在 (a, b) 内可导.此时对于任意 $x \in (a, b)$,都对应着 $f(x)$ 的一个确定的导数值.这样就构造了一个新的函数,这个函数就称为函数 $y = f(x)$ 的导函数,记为 y',$f'(x)$,$\dfrac{\mathrm{d}y}{\mathrm{d}x}$ 或 $\dfrac{\mathrm{d}f(x)}{\mathrm{d}x}$.

将定义 2.1.1 中的 x_0 换成 x 即得到导函数的定义形式:

> $$f'(x) = \lim\limits_{\Delta x \to 0} \dfrac{\Delta y}{\Delta x} = \lim\limits_{\Delta x \to 0} \dfrac{f(x + \Delta x) - f(x)}{\Delta x}.$$

在不致混淆的情况下，导函数也简称为导数.

注　(1) $f'(x)$ 是 x 的函数，而 $f'(x_0)$ 是一个数值；

(2) $f(x)$ 在点 x_0 处的导数 $f'(x_0)$ 就是导函数 $f'(x)$ 在点 x_0 处的函数值；

(3) 如果函数 $y = f(x)$ 在 $[a, b]$ 上处处可导，则可以进一步研究端点 a 和 b 的情况，我们可以定义：

$$f'_{+}(a) = \lim_{\Delta x \to 0^{+}} \frac{f(a + \Delta x) - f(a)}{\Delta x} \quad （右导数），$$

$$f'_{-}(b) = \lim_{\Delta x \to 0^{-}} \frac{f(b + \Delta x) - f(b)}{\Delta x} \quad （左导数）.$$

例 2.1.4　设物体绕定轴旋转，在时间间隔 $[t_0, t_0 + \Delta t]$ 内转过的角度为 θ，从而转角 θ 是 t 的函数，即 $\theta = \theta(t)$. 如果旋转是匀速的，那么称 $\omega = \dfrac{\theta}{t}$ 为该物体旋转的角速度；如果旋转是非匀速的，应怎样确定该物体在时刻 t_0 的角速度呢？

解　在时间间隔 $[t_0, t_0 + \Delta t]$ 内的平均角速度

$$\bar{\omega} = \frac{\Delta \theta}{\Delta t} = \frac{\theta(t_0 + \Delta t) - \theta(t_0)}{\Delta t},$$

故 t_0 时刻的角速度

$$\omega = \lim_{\Delta t \to 0} \bar{\omega} = \lim_{\Delta t \to 0} \frac{\Delta \theta}{\Delta t} = \lim_{\Delta t \to 0} \frac{\theta(t_0 + \Delta t) - \theta(t_0)}{\Delta t} = \theta'(t_0).$$

例 2.1.5　设有一根细棒，取棒的一端作为原点，棒上任意一点的坐标为 x，于是分布在区间 $[0, x]$ 上的细棒的质量 m 是 x 的函数，即 $m = m(x)$. 应怎样确定细棒在点 x_0 处的线密度？（对于均匀细棒来说，单位长度细棒的质量叫作该细棒的线密度）

解　$\Delta m = m(x_0 + \Delta x) - m(x_0)$. 在区间 $[x_0, x_0 + \Delta x]$ 上的平均线密度为

$$\bar{\rho} = \frac{\Delta m}{\Delta x} = \frac{m(x_0 + \Delta x) - m(x_0)}{\Delta x}.$$

所以，在点 x_0 处的线密度为

$$\rho = \lim_{\Delta x \to 0} \frac{\Delta m}{\Delta x} = \lim_{\Delta x \to 0} \frac{m(x_0 + \Delta x) - m(x_0)}{\Delta x} = m'(x_0).$$

例 2.1.6　证明双曲线 $xy = a^2$ 上任意一点处的切线与两坐标轴构成的三角形的面积都等于 $2a^2$.

证明　由 $xy = a^2$ 得 $y = \dfrac{a^2}{x}$，则斜率 $k = y' = -\dfrac{a^2}{x^2}$．设 (x_0, y_0) 为曲线上任意一点，则过该点的切线方程为

$$y - y_0 = -\frac{a^2}{x_0^2}(x - x_0).$$

令 $y = 0$，并注意 $x_0 y_0 = a^2$，解得 $x = \dfrac{y_0 x_0^2}{a^2} + x_0 = 2x_0$，为切线在 x 轴上的截距；令 $x = 0$，并注意 $x_0 y_0 = a^2$，解得 $y = \dfrac{a^2}{x_0} + y_0 = 2y_0$，为切线在 y 轴上的截距．

此切线与两坐标轴构成的三角形的面积为

$$S = \frac{1}{2}|2x_0| \cdot |2y_0| = 2|x_0 y_0| = 2a^2.$$

例 2.1.7　自 2011 年 9 月 1 日起，我国实行的七级超额累进个人所得税税率如例 1.2.3 所示，工资收入起征点是 3 500 元，如果工资在 $[3\,500, 7\,500]$ 之间，则可表示为

$$y = f(x) = \begin{cases} (x - 3\,500) \times 3\% & 3\,500 \leqslant x < 5\,000 \\ (x - 3\,500) \times 10\% - 105 & 5\,000 \leqslant x \leqslant 7\,500 \end{cases},$$

求 y'．

解　当 $3\,500 < x < 5\,000$ 时，有

$$y' = \lim_{\Delta x \to 0} \frac{f(x + \Delta x) - f(x)}{\Delta x} = 0.03.$$

当 $5\,000 < x < 7\,500$ 时，有

$$y' = \lim_{\Delta x \to 0} \frac{f(x + \Delta x) - f(x)}{\Delta x} = 0.1.$$

当 $x = 3\,500$ 时，有

$$y'_+(3\,500) = \lim_{\Delta x \to 0^+} \frac{f(3\,500 + \Delta x) - f(3\,500)}{\Delta x} = 0.03.$$

当 $x = 5\,000$ 时，有

$$y'_+(5\,000) = \lim_{\Delta x \to 0^+} \frac{f(5\,000 + \Delta x) - f(5\,000)}{\Delta x} = 0.1.$$

$$y'_-(5\,000) = \lim_{\Delta x \to 0^-} \frac{f(5\,000 + \Delta x) - f(5\,000)}{\Delta x} = 0.03.$$

因为 $y'_+(5\,000)\neq y'_-(5\,000)$，所以在 $x=5\,000$ 处函数 $f(x)$ 不可导.

当 $x=7\,500$ 时，有

$$y'_-(7\,500) = \lim_{\Delta x\to 0^-}\frac{f(7\,500+\Delta x)-f(7\,500)}{\Delta x} = 0.1.$$

综上所述，有

$$y'(x) = \begin{cases} 0.03 & 3\,500\leqslant x < 5\,000 \\ 0.1 & 5\,000 < x \leqslant 7\,500 \end{cases}.$$

注　$y'(x)$ 是我们通常所说的边际税率，所求的函数 $y'(x)$ 的表达式也是分段函数.

2.1.2　导数的几何意义

设曲线的方程为 $y=f(x)$（图 2.1.1），以下讨论 $\lim\limits_{\Delta x\to 0}\dfrac{f(x+\Delta x)-f(x)}{\Delta x}$ 在 $x=$

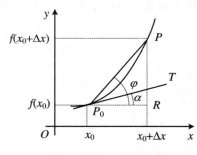

x_0 处的几何意义. 设 $P_0(x_0,y_0)$ 和 $P(x_0+\Delta x,y_0+\Delta y)$ 为曲线 $y=f(x)$ 上的两个点，连接 P_0 与 P 得割线 P_0P，设其倾斜角为 φ，则割线的斜率为

$$\begin{aligned}\tan\varphi &= \frac{PR}{P_0R} \\ &= \frac{f(x_0+\Delta x)-f(x_0)}{\Delta x}\quad\left(\varphi\neq\frac{\pi}{2}\right).\end{aligned}$$

图 2.1.1　导数的几何意义

当 $\Delta x\to 0$ 时，点 P 沿曲线无限趋向于点 P_0，则割线 P_0P 无限趋向于切线 P_0T. 设切线 P_0T 的倾斜角为 α，则切线 P_0T 的斜率为

$$k = \lim_{\Delta x\to 0}\tan\varphi = \lim_{\Delta x\to 0}\frac{f(x_0+\Delta x)-f(x_0)}{\Delta x} = f'(x_0)\quad\left(\alpha\neq\frac{\pi}{2}\right).$$

从而得到导数的几何意义：$f'(x_0)$ 在几何上表示曲线 $y=f(x)$ 在点 $P_0(x_0,y_0)$ 处切线的斜率，即 $k=\tan\alpha=f'(x_0)\left(\alpha\neq\dfrac{\pi}{2}\right)$.

由导数的几何意义及直线的点斜式方程可知，曲线 $y=f(x)$ 在点 $P_0(x_0,y_0)$ 处的切线方程为

$$y-y_0 = f'(x_0)(x-x_0),$$

法线的方程为

$$y - y_0 = -\frac{1}{f'(x_0)}(x - x_0).$$

例 2.1.7　求曲线 $y = x^3$ 在点 $(1,1)$ 处的切线方程和法线方程.

解　由导数的几何意义知, $k = (x^3)'|_{x=1} = 3x^2|_{x=1} = 3$. 所以曲线在点 $(1,1)$ 处的切线方程为 $y - 1 = 3(x - 1)$, 即 $3x - y - 2 = 0$; 法线方程为 $y - 1 = -\frac{1}{3}(x - 1)$, 即 $x + 3y - 4 = 0$.

例 2.1.8　在抛物线 $y = x^2$ 上取横坐标为 $x_1 = 1, x_2 = 3$ 的两点, 作过这两点的割线, 问该抛物线上哪一点的切线平行于这条割线?

解　$y' = 2x$, 过该两点的割线斜率为 $k = \dfrac{y(3) - y(1)}{3 - 1} = \dfrac{9 - 1}{2} = 4$, 令 $2x = 4$, 得 $x = 2$. 因此抛物线 $y = x^2$ 上点 $(2,4)$ 处的切线平行于这条割线.

2.1.3　高阶导数

在例 2.1.1 中, 自由落体路程 $s(t) = \dfrac{1}{2}gt^2$, 通过对 $s(t)$ 进行一次求导得到的

$$v(t) = s'(t) = gt$$

就是质点在时刻 t 的瞬时速度. 通过对 $v(t)$ 进行一次求导得到的

$$v'(t) = g$$

即为质点在时刻 t 的瞬时加速度. 由此得

$$[s'(t)]' = \left[\left(\frac{1}{2}gt^2\right)'\right]' = v'(t) = g.$$

设函数 $y = f(x)$ 的导数 $f'(x)$ 存在, 若 $f'(x)$ 的导数也存在, 则称其为 $y = f(x)$ 的二阶导数, 记作 y'', $f''(x)$, $\dfrac{d^2 y}{dx^2}$ 或 $\dfrac{d^2 f(x)}{dx^2}$, 即 $y'' = (y')' = \dfrac{d}{dx}\left(\dfrac{dy}{dx}\right) = \dfrac{d^2 y}{dx^2}$.

类似地, 二阶导数 $f''(x)$ 的导数称为 $y = f(x)$ 的三阶导数, 记作 y''' 或 $f'''(x)$.

以此类推, $y = f(x)$ 的 $n - 1$ 阶导数的导数, 叫作 $y = f(x)$ 的 n 阶导数, 记作 $y^{(n)}$, $f^{(n)}(x)$, $\dfrac{d^n y}{dx^n}$ 或 $\dfrac{d^n f(x)}{dx^n}$.

> 二阶及二阶以上的导数统称为函数的**高阶导数**.

因此函数 $y = f(x)$ 的 n 阶导数是由 $f(x)$ 连续依次地对 x 求 n 次导数得到的. 函数 $f(x)$ 的 n 阶导数在 x_0 处的导数值记作 $y^{(n)}(x_0)$, $f^{(n)}(x_0)$, $\dfrac{\mathrm{d}^n y}{\mathrm{d} x^n}\Big|_{x=x_0}$ 或 $\dfrac{\mathrm{d}^n f(x)}{\mathrm{d} x^n}\Big|_{x=x_0}$.

例 2.1.9 已知物体的运动规律为 $\dfrac{\mathrm{d}s}{\mathrm{d}t} = A\sin\omega t$ (A, ω 是常数), 求物体运动的加速度, 并验证

$$\frac{\mathrm{d}^2 s}{\mathrm{d}t^2} + \omega^2 s = 0.$$

解　$\dfrac{\mathrm{d}s}{\mathrm{d}t} = A\omega\cos\omega t$, $\dfrac{\mathrm{d}^2 s}{\mathrm{d}t^2} = -A\omega^2\sin\omega t$, 这里 $\dfrac{\mathrm{d}^2 s}{\mathrm{d}t^2}$ 就是物体运动的加速度, 代入则有

$$\frac{\mathrm{d}^2 s}{\mathrm{d}t^2} + \omega^2 s = -A\omega^2\sin\omega t + \omega^2 A\sin\omega t = 0.$$

2.1.4　函数可导与连续的关系

若 $y = f(x)$ 在点 x 可导, 则有 $\lim\limits_{\Delta x \to 0}\dfrac{\Delta y}{\Delta x} = f'(x)$. 由定理 1.3.1 得

$$\frac{\Delta y}{\Delta x} = f'(x) + \alpha(x),$$

其中 $\lim\limits_{\Delta x \to 0}\alpha(x) = 0$. 上式两边同乘以 Δx, 有

$$\Delta y = f'(x)\Delta x + \alpha(x)\Delta x,$$

故当 $\Delta x \to 0$ 时, $\Delta y \to 0$. 也即证明了函数 $y = f(x)$ 在点 x 是连续的. 这就是说, 若函数 $y = f(x)$ 在点 x 可导, 则此函数一定在该点连续. 同时也意味着, 若 $f(x)$ 在点 x 不连续, 则 $f(x)$ 在点 x 不可导.

但函数 $f(x)$ 在某一点连续, 并不意味着 $f(x)$ 在该点就一定可导. 下面举例说明.

例 2.1.10 讨论函数

$$f(x) = \begin{cases} 3x - 2 & x \leqslant 1 \\ x^2 & x > 1 \end{cases}$$

在点 $x = 1$ 处：(1)连续性；(2)可导性.

解　(1) 因为

$$\lim_{x \to 1^-} f(x) = \lim_{x \to 1^-} (3x - 2) = 1, \quad \lim_{x \to 1^+} f(x) = \lim_{x \to 1^+} x^2 = 1,$$

又 $f(1) = 1$，所以函数 $f(x)$ 在点 $x = 1$ 处连续.

(2) 因为

$$f'_-(1) = \lim_{\Delta x \to 0^-} \frac{f(1 + \Delta x) - f(1)}{\Delta x} = \lim_{\Delta x \to 0^-} \frac{3(1 + \Delta x) - 2 - 1}{\Delta x} = 3,$$

$$f'_+(1) = \lim_{\Delta x \to 0^+} \frac{f(1 + \Delta x) - f(1)}{\Delta x} = \lim_{\Delta x \to 0^+} \frac{(1 + \Delta x)^2 - 1}{\Delta x} = 2,$$

所以函数在此点不可导.

习　题　2.1

1. 当物体的温度高于周围介质的温度时，物体就不断冷却. 若物体的温度 T 与时间 t 的函数关系为 $T = T(t)$，应怎样确定该物体在时刻 t 的冷却速度？

2. 设函数 $f(x) = x^2 - 1$，当自变量 x 由 1 变到 1.1 时，求：

(1) 自变量的增量 Δx；

(2) 函数的增量 Δy；

(3) 函数的平均变化率；

(4) 函数在点 $x = 1$ 处的瞬间变化率.

3. 已知函数 $f(x)$ 在点 x_0 处可导，且 $f'(x_0) = A$. 根据导数的定义求下列各极限：

(1) $\lim\limits_{x \to x_0} \dfrac{f(x) - f(x_0)}{x - x_0}$；　　　　　　(2) $\lim\limits_{\Delta x \to 0} \dfrac{f(x_0 + 3\Delta x) - f(x_0)}{\Delta x}$；

(3) $\lim\limits_{\Delta x \to 0} \dfrac{f(x_0 + \Delta x) - f(x_0 - \Delta x)}{\Delta x}$；　　　(4) $\lim\limits_{h \to 0} \dfrac{f(x_0 - h) - f(x_0)}{h}$.

4. 设函数 $f(x)$ 对任意 x 均满足：$f(1 + x) = 2f(x)$，在 $x = 0$ 处可导，且 $f(0) = 1, f'(0) = C$（C 为已知常数），求 $f'(1)$.

5. 讨论函数

$$f(x) = \begin{cases} x^2 + 1 & x < 1 \\ 2x & x \geqslant 1 \end{cases}$$

在点 $x = 1$ 处的连续性与可导性.

6. 血液从心脏由主动脉流向毛细血管,在此过程中收缩压不断降低.假定某名患者的收缩压 P(单位:mmHg,毫米汞柱)与时间 t(单位:s)的关系为 $P(t) = \dfrac{25t^2 + 125}{t^2 + 1}$($0 \leqslant t \leqslant 10$),问血液离开心脏 5 s 时收缩压的变化率是多少?

2.2　导数的运算

用定义来求函数的导数,显然非常麻烦,这就需要探讨求函数导数的方法.本节将介绍导数的四则运算和复合函数的运算法则.根据这些运算知识,就可以解决一般的初等函数求导问题.

2.2.1　导数的四则运算法则

对于函数 $y = 3x^2 + 6$ 的求导问题,很容易直接由 $(3x^2)' = 6x$,$(6)' = 0$ 得到 $y' = 6x$.这正是我们要给出的求导法则中的加法法则.对于函数 $u(x) = x + 1$,$v(x) = x^2$,我们有

$$u'(x) = 1, \quad v'(x) = 2x, \quad [u(x)v(x)]' = [x^2(x + 1)]' = 3x^2 + 2x.$$

从而知道乘积的导数不等于导数的乘积.不妨设函数 $u(x)$ 和 $v(x)$ 在点 x 处都可导.令 $y = u(x)v(x)$,则有

$$\Delta y = u(x + \Delta x)v(x + \Delta x) - u(x)v(x)$$
$$= u(x + \Delta x)v(x + \Delta x) - u(x)v(x + \Delta x) + u(x)v(x + \Delta x) - u(x)v(x),$$
$$\frac{\Delta y}{\Delta x} = \frac{u(x + \Delta x) - u(x)}{\Delta x}v(x + \Delta x) + u(x)\frac{v(x + \Delta x) - v(x)}{\Delta x}.$$

因为 $v(x)$ 在点 x 处可导,所以它在点 x 处连续,于是当 $\Delta x \to 0$ 时,有 $v(x + \Delta x) \to v(x)$,从而

$$y' = \lim_{\Delta x \to 0}\frac{\Delta y}{\Delta x} = \lim_{\Delta x \to 0}\frac{u(x + \Delta x) - u(x)}{\Delta x}v(x + \Delta x)$$

$$+ u(x) \lim_{\Delta x \to 0} \frac{v(x + \Delta x) - v(x)}{\Delta x} = u'(x)v(x) + u(x)v'(x),$$

即

$$[u(x)v(x)]' = u'(x)v(x) + u(x)v'(x).$$

一般情况下我们有下面的运算法则：

> **定理 2.2.1**　设 $u(x), v(x)$ 是可导函数，则
>
> (1) $[u(x) \pm v(x)]' = u'(x) \pm v'(x)$；
>
> (2) $[u(x)v(x)]' = u'(x)v(x) + u(x)v'(x)$，特别地：
> $[Cu(x)]' = Cu'(x)(C$ 是常数$)$；
>
> (3) $\left[\dfrac{u(x)}{v(x)}\right]' = \dfrac{u'(x)v(x) - u(x)v'(x)}{v^2(x)}$ $[v(x) \neq 0]$.

注　定理 2.2.1 中的公式 (1) 和公式 (2)，均可以推广到有限多个函数的情况，即设若 $u_1, u_2, \cdots, u_n$ 均为可导函数，则有

$$(u_1 \pm u_2 \pm \cdots \pm u_n)' = u'_1 \pm u'_2 \pm \cdots \pm u'_n;$$

$$(u_1 u_2 \cdots u_n)' = u'_1 u_2 \cdots u_n + u_1 u'_2 \cdots u_n + \cdots + u_1 u_2 \cdots u'_n.$$

例 2.2.1　求下列函数的导数 y'：

(1) $y = 3x^2 - 5\ln x + \sin 7 - e^3$；　　　(2) $f(x) = \dfrac{(x^2 - 1)^2}{x^2}$；

(3) $y = e^x \sin x$；　　　　　　　　(4) $y = \tan x$.

解　(1) $y' = (3x^2)' - (5\ln x)' + (\sin 7)' - (e^3)' = 6x - \dfrac{5}{x}$；

(2) 因为

$$f(x) = \frac{x^4 - 2x^2 + 1}{x^2} = x^2 - 2 + \frac{1}{x^2},$$

所以

$$f'(x) = 2x - \frac{2}{x^3};$$

(3) $y' = (e^x \sin x)' = (e^x)' \sin x + e^x (\sin x)'$

　　$= e^x \sin x + e^x \cos x$；

(4) $y' = (\tan x)' = \left(\dfrac{\sin x}{\cos x}\right)' = \dfrac{(\sin x)' \cos x - \sin x (\cos x)'}{\cos^2 x}$

$$= \frac{\cos^2 x + \sin^2 x}{\cos^2 x} = \frac{1}{\cos^2 x}.$$

类似地，$(\cot x)' = - \dfrac{1}{\sin^2 x}$.

我们观察(1)，其中像 sin 7 这类常数具有迷惑性，因此在求导的过程中要特别注意；而(2)中的求导，是对函数先做恒等变换，然后再使用和差的求导法则，这是因为乘积和商的求导法则相对和差的求导法则复杂，因此我们在求导的时候，优先考虑使用和差的求导法则.

例 2.2.2　设 $f(x) = \dfrac{\arctan x}{1 + \sin x}$，求 $f'(x)$.

解　$f'(x) = \dfrac{(\arctan x)' \cdot (1 + \sin x) - \arctan x \cdot (1 + \sin x)'}{(1 + \sin x)^2}$

$$= \frac{\dfrac{1}{1 + x^2}(1 + \sin x) - \arctan x \cdot \cos x}{(1 + \sin x)^2}$$

$$= \frac{(1 + \sin x) - (1 + x^2) \cdot \arctan x \cdot \cos x}{(1 + x^2) \cdot (1 + \sin x)^2}.$$

例 2.2.3　设有质量为 5 kg 的物体置于水平面上，受力 F 的作用而开始移动(图 2.2.1).设摩擦系数 $\mu = 0.25$，问力 F 与水平线的交角 a 为多少时，才可使力 F 最小？

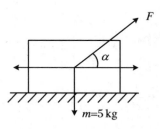

图 2.2.1　物体受力 F 开始移动

解　由 $F\cos \alpha = (mg - F\sin \alpha)\mu$ 得

$$F = \frac{\mu mg}{\cos \alpha + \mu \sin \alpha} \quad \left(0 \leqslant \alpha \leqslant \frac{\pi}{2}\right),$$

$$F' = \frac{\mu mg(\sin \alpha - \mu \cos \alpha)}{(\cos \alpha + \mu \sin \alpha)^2},$$

驻点为 $\alpha = \arctan \mu$.

因为 F 的最小值一定在 $\alpha \in \left(0, \dfrac{\pi}{2}\right)$ 内取得，而 α 在 $\left(0, \dfrac{\pi}{2}\right)$ 内只有一个驻点 $\alpha = \arctan \mu$，所以 $\alpha = \arctan \mu$ 一定也是 F 的最小值点.从而当 $\alpha = \arctan 0.25 \approx 14°$ 时，力 F 最小.

2.2.2　反函数的求导法则

> **定理 2.2.2**　若 $y = f(x)$ 在点 x 的某邻域内连续,并且严格单调,函数 $y = f(x)$ 在 x 处可导,且 $f'(x) \neq 0$,则它的反函数 $x = f^{-1}(y)$ 在 y 处可导,且有
>
> $$[f^{-1}(y)]' = \frac{1}{f'(x)} \quad \text{或} \quad x_y = \frac{1}{y_x}.$$

注　通过此定理我们可以发现:反函数的导数等于原函数导数的倒数.

例 2.2.4　求 $y = \arcsin x$ 的导数.

解　此函数的反函数为 $x = \sin y$,故 $x' = \cos y$,则

$$y' = \frac{1}{x'} = \frac{1}{\cos y} = \frac{1}{\sqrt{1 - \sin^2 y}} = \frac{1}{\sqrt{1 - x^2}}.$$

2.2.3　复合函数的求导法则

我们先来看一个案例:假定一个热气球在充气的过程中形状始终保持球形,半径以 $2\,\mathrm{cm/s}$ 的速度增加,设 r(单位:cm)为热气球的半径,t(单位:s)为充气时间,V(单位:cm^3)表示气球的体积,则 $r = r(t) = 2t$,$V = V(t) = \frac{4}{3}\pi r^3$.

当 $t = 5\,\mathrm{s}$ 时,气球半径相对于时间 t 的变化率为 $\dfrac{\mathrm{d}r}{\mathrm{d}t}\big|_{t=5} = 2\,\mathrm{cm/s}$,这表示 r 的变化为 t 变化的 2 倍.

当 $t = 5\,\mathrm{s}$ 时,半径为 $10\,\mathrm{cm}$,气球体积相对于半径的变化率为

$$\frac{\mathrm{d}V}{\mathrm{d}r}\Big|_{r=10} = 4\pi r^2 \big|_{r=10} = 400\pi \,(\mathrm{cm}^3/\mathrm{cm}),$$

这表示 V 的变化为 t 变化的 400π 倍.

为了计算 $t = 5\,\mathrm{s}$ 时,气球体积相对于时间的变化率,我们先把 V 转化成 t 的函数:

$$V = V[r(t)] = \frac{4}{3}\pi (2t)^3 = \frac{32}{3}\pi t^3.$$

则 $\dfrac{\mathrm{d}V}{\mathrm{d}t}\big|_{t=5} = 32\pi t^2 \big|_{t=5} = 800\pi \,(\mathrm{cm}^3/\mathrm{s})$,这表示当 $t = 5$ 时,V 的变化是 t 的变化的

800π 倍. 而 800π = 2 × 400π = 半径变化相对于时间的倍数 × 体积变化相对于半径的倍数，即体积 V 关于时间 t 的变化率等于体积 V 关于半径 r 的变化率乘以半径 r 关于时间 t 的变化率，也就是

$$\frac{\mathrm{d}V}{\mathrm{d}t} = \frac{\mathrm{d}V}{\mathrm{d}r} \cdot \frac{\mathrm{d}r}{\mathrm{d}t} = 32\pi t^2.$$

一般地，如果 $y = f(u)$，$u = g(x)$，会有 $\dfrac{\mathrm{d}y}{\mathrm{d}x} = \dfrac{\mathrm{d}y}{\mathrm{d}u} \cdot \dfrac{\mathrm{d}u}{\mathrm{d}x}$ 吗?

对于复合函数 $y = \sin 2x$，其导数为

$$y' = (\sin 2x)' = (2\sin x \cos x)' = 2(\cos^2 x - \sin^2 x) = 2\cos 2x.$$

显然，有 $(\sin 2x)' \neq \cos 2x$，即我们不能直接使用求导公式 $(\sin x)' = \cos x$，其原因就在于 $y = \sin 2x$ 不是基本初等函数，而是由函数 $y = \sin u$，$u = 2x$ 复合而成的. 那么 $y = \sin 2x$ 的导数与这两个简单函数 $y = \sin u$，$u = 2x$ 的导数之间到底有什么关系呢? 下面的这个复合函数的求导法则就给出了解答.

> **定理 2.2.3**（复合函数的求导链式法则）　若函数 $u = \varphi(x)$ 在点 x 处可导，函数 $y = f(u)$ 在对应点 $u = \varphi(x)$ 处也可导，则复合函数 $y = f[\varphi(x)]$ 在点 x 处可导，且有
>
> $$\frac{\mathrm{d}y}{\mathrm{d}x} = \frac{\mathrm{d}y}{\mathrm{d}u} \cdot \frac{\mathrm{d}u}{\mathrm{d}x} \quad \text{或} \quad \{f[\varphi(x)]\}' = f'(u)\varphi'(x) \quad \text{或} \quad y' = y'_u u'_x.$$

复合函数的求导法则也称为**链式法则**，这种求导法则实际上是函数关于中间变量的导数乘以中间变量关于自变量的导数. 该法则可以推广到多个有限中间变量的情况. 我们以两个中间变量为例，设 $y = f(u)$，$u = h(v)$，$v = \varphi(x)$ 都可导，复合函数 $y = f\{h[\varphi(x)]\}$ 的导数为 $\dfrac{\mathrm{d}y}{\mathrm{d}x} = \dfrac{\mathrm{d}y}{\mathrm{d}u} \cdot \dfrac{\mathrm{d}u}{\mathrm{d}v} \cdot \dfrac{\mathrm{d}v}{\mathrm{d}x}$.

例 2.2.5　一艘渔船在水中忽上忽下地浮动着，它与水平面的距离 y（单位：m）同时间 t（单位：min）的函数关系为 $y = 5 + \sin(2\pi t)$，求 t 时刻渔船上下浮动的速度.

解　$y = 5 + \sin(2\pi t)$ 相当于渔船上下的位移函数，所求 t 时刻渔船上下浮动的速度为

$$y' = \cos 2\pi t \times (2\pi t)' = 2\pi \cos 2\pi t \, (\mathrm{m/min}).$$

由上述例子可以看出，复合函数求导的关键是要先确定复合函数的复合过程，

然后运用导数基本公式和复合函数的求导法则求出函数的导数.

例 2.2.6(续例 2.0.1).

解 不妨设升空点为 A,距离升空点 5 m 处有一探测器 D,当探测器的仰角为 θ 时,气球上升高度为 y(图 2.2.2).

令 t 表示时间,显然随着气球上升的时间变化,探测器的仰角 θ 以及气球上升高度 y 都在变化,即 $\theta = \theta(t)$,$y = y(t)$,且

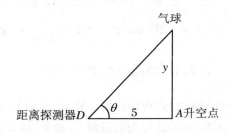

图 2.2.2 探测器仰角 θ 时气球上升的高度

$$\tan \theta = \frac{y}{5}, \quad \frac{\mathrm{d}\theta}{\mathrm{d}t}\Big|_{\theta = \frac{\pi}{4}} = 0.15,$$

从而有

$$\frac{\mathrm{d}y}{\mathrm{d}t} = \frac{\mathrm{d}y}{\mathrm{d}\theta} \cdot \frac{\mathrm{d}\theta}{\mathrm{d}t} = 5\sec^2\theta \cdot \frac{\mathrm{d}\theta}{\mathrm{d}t},$$

$$\frac{\mathrm{d}y}{\mathrm{d}t}\Big|_{\theta = \frac{\pi}{4}} = 5\sec^2\theta\Big|_{\theta = \frac{\pi}{4}} \cdot \frac{\mathrm{d}\theta}{\mathrm{d}t}\Big|_{\theta = \frac{\pi}{4}} = 5(\sqrt{2})^2 \cdot 0.15 \approx 1.5(\mathrm{m/min}).$$

所以当探测器的仰角为 $\frac{\pi}{4}$ 时,气球上升的速度约为 1.5 m/min.

例 2.2.7 求下列函数的导数:

(1) $y = \dfrac{1}{\sqrt{5 - x^3}}$; (2) $y = \ln \sin^2 x$; (3) $y = \cos^2\left(2x + \dfrac{\pi}{6}\right)$.

解 (1) $y' = \left(\dfrac{1}{\sqrt{5 - x^3}}\right)' = \left[(5 - x^3)^{-\frac{1}{2}}\right]' = -\dfrac{1}{2}(5 - x^3)^{-\frac{3}{2}} \cdot (5 - x^3)'$

$\qquad = \dfrac{3}{2}x^2(5 - x^3)^{-\frac{3}{2}}$;

(2) $y' = (\ln \sin^2 x)' = \dfrac{1}{\sin^2 x}(\sin^2 x)' = \left(\dfrac{1}{\sin^2 x}\right) \cdot 2\sin x(\sin x)'$

$\qquad = \left(\dfrac{1}{\sin^2 x}\right) \cdot 2\sin x\cos x = 2\cot x$;

(3) $y' = \left[\cos^2\left(2x + \dfrac{\pi}{6}\right)\right]' = 2\cos\left(2x + \dfrac{\pi}{6}\right) \cdot \left[\cos\left(2x + \dfrac{\pi}{6}\right)\right]'$

$\qquad = 2\cos\left(2x + \dfrac{\pi}{6}\right) \cdot \left[-\sin\left(2x + \dfrac{\pi}{6}\right)\right] \cdot \left(2x + \dfrac{\pi}{6}\right)'$

$$= -4\sin\left(2x + \frac{\pi}{6}\right)\cos\left(2x + \frac{\pi}{6}\right) = -2\sin\left(4x + \frac{\pi}{3}\right).$$

注　上述(2)的求解,也可以先利用对数的性质对函数进行转化,再求导:

$$y = (2\ln\sin x)' = 2 \cdot \frac{1}{\sin x} \cdot (\sin x)' = 2 \cdot \frac{1}{\sin x} \cdot \cos x = 2\cot x.$$

2.2.4　隐函数的求导法则

函数的表现形式是多样的.若函数 y 可以用自变量 x 表示,如 $y = \sin x, y = 2x - 3$ 等,则函数称为**显函数**.一般地,如果函数 y 是由含有 x 和 y 的方程 $F(x,y) = 0$ 所确定的,如 $x^2 + y^2 = a^2, e^x y + \ln y - 1 = 0, xy - e^x + e^y = 0$ 等,则函数称为**隐函数**.

注　有些隐函数不易化为显函数,那么在求其导数时该怎么做呢? 下面让我们来解决这个问题.

若已知 $F(x,y) = 0$,求 $\dfrac{dy}{dx}$ 时,一般按下列步骤进行求解:

(1) 若方程 $F(x,y) = 0$ 能化为 $y = f(x)$ 的形式,则用前面所学的方法进行求导;

(2) 若方程 $F(x,y) = 0$ 不易显化或不能显化为 $y = f(x)$ 的形式,则把 y 看成 x 的函数,即 $y = f(x)$,且方程两边对 x 进行求导,并用复合函数求导法则进行求导.

例 2.2.8　求由方程 $xy - e^x + e^y = 0$ 所确定的隐函数 y 的导数 $\dfrac{dy}{dx}$ 和 $\dfrac{dy}{dx}\Big|_{x=0}$.

解　方程两边对 x 求导,得

$$y + x\frac{dy}{dx} - e^x + e^y\frac{dy}{dx} = 0,$$

解得 $\dfrac{dy}{dx} = \dfrac{e^x - y}{x + e^y}$,由原方程知 $x = 0, y = 0$,所以

$$\frac{dy}{dx}\Big|_{x=0} = \frac{e^x - y}{x + e^y}\Big|_{\substack{x=0 \\ y=0}} = 1.$$

例 2.2.9　设曲线 C 的方程为 $x^3 + y^3 = 3xy$,求过曲线 C 上的点 $\left(\dfrac{3}{2}, \dfrac{3}{2}\right)$ 处的切线方程,并证明该曲线在给定点的法线通过原点.

解　方程两边对 x 求导,得 $3x^2 + 3y^2 y' = 3y + 3xy'$,所以

$$y'\Big|_{\left(\frac{3}{2}, \frac{3}{2}\right)} = \frac{y - x^2}{y^2 - x}\Big|_{\left(\frac{3}{2}, \frac{3}{2}\right)} = -1.$$

所求切线方程为 $y - \dfrac{3}{2} = - \left(x - \dfrac{3}{2} \right)$，即 $x + y - 3 = 0$；法线方程为 $y - \dfrac{3}{2} = x - \dfrac{3}{2}$

即 $y = x$，显然通过原点.

2.2.5　对数的求导法则

观察函数 $y = x^{\sin x}$，$y = \sqrt[3]{\dfrac{(x+1)^2}{(x-1)(x+2)}}$，显然用直接求导法很难求出 $\dfrac{\mathrm{d}y}{\mathrm{d}x}$. 可

以考虑在方程两边取对数，然后利用隐函数的求导法则求出导数.

例 2.2.10　设 $y = x^{\sin x}(x > 0)$，求 y'.

解　等式两边取对数得

$$\ln y = \sin x \cdot \ln x.$$

上式两边对 x 求导得

$$\frac{1}{y}y' = \cos x \cdot \ln x + \sin x \cdot \frac{1}{x},$$

所以

$$y' = y \left(\cos x \cdot \ln x + \sin x \cdot \frac{1}{x} \right) = x^{\sin x} \left(\cos x \cdot \ln x + \frac{\sin x}{x} \right).$$

一般地，$f(x) = u(x)^{v(x)} [u(x) > 0]$. 因为

$$\ln f(x) = v(x) \cdot \ln u(x),$$

又

$$\frac{\mathrm{d}}{\mathrm{d}x} \ln f(x) = \frac{1}{f(x)} \cdot \frac{\mathrm{d}}{\mathrm{d}x} f(x),$$

所以

$$f'(x) = f(x) \cdot \frac{\mathrm{d}}{\mathrm{d}x} \ln f(x),$$

从而

$$f'(x) = u(x)^{v(x)} \left[v'(x) \cdot \ln u(x) + \frac{v(x) u'(x)}{u(x)} \right].$$

适用范围：多个函数相乘和幂指数 $u(x)^{v(x)}$ 的情形.

例 2.2.11　设 $y = \dfrac{(x-1)^2 \sqrt[3]{x+1}}{(x+4)^2 \mathrm{e}^x}$，求 y'.

解　等式两边取对数得

$$\ln y = 2\ln(x-1) + \frac{1}{3}\ln(x+1) - 2\ln(x+4) - x.$$

上式两边对 x 求导,得

$$\frac{y'}{y} = \frac{2}{x-1} + \frac{1}{3(x+1)} - \frac{2}{x+4} - 1,$$

所以

$$y' = \frac{(x-1)^2 \sqrt[3]{x+1}}{(x+4)^2 \mathrm{e}^x} \left[\frac{2}{x-1} + \frac{1}{3(x+1)} - \frac{2}{x+4} - 1 \right].$$

2.2.6　参数方程的求导法则

参数方程 $\begin{cases} x = \varphi(t) \\ y = \psi(t) \end{cases}$ 确定了 y 和 x 之间的函数关系,求 $\dfrac{\mathrm{d}y}{\mathrm{d}x}$.

例如,由 $\begin{cases} x = 2t \\ y = t^2 \end{cases}$ 得 $t = \dfrac{x}{2}$,消去参数 t,则可得 $y = t^2 = \left(\dfrac{x}{2}\right)^2 = \dfrac{x^2}{4}$,所以 $y' = \dfrac{1}{2}x$.

那么,消参困难或无法消参如何求导?

定理 2.2.4　设函数 $x = \varphi(t)$,$y = \psi(t)$ 均可导,且 $\varphi'(t) \neq 0$,求证 $\dfrac{\mathrm{d}y}{\mathrm{d}x} = \dfrac{\psi'(t)}{\varphi'(t)}$.

证明　由于 $\varphi'(t) \neq 0$,因此 $\varphi'(t) > 0$ 或 $\varphi'(t) < 0$.故可以进一步设函数 $x = \varphi(t)$ 具有单调连续的反函数 $t = \varphi^{-1}(x)$,从而有 $y = \psi[\varphi^{-1}(x)]$.

由复合函数及反函数的求导法则得

$$\frac{\mathrm{d}y}{\mathrm{d}x} = \frac{\mathrm{d}y}{\mathrm{d}t} \cdot \frac{\mathrm{d}t}{\mathrm{d}x} = \frac{\mathrm{d}y}{\mathrm{d}t} \cdot \frac{1}{\dfrac{\mathrm{d}x}{\mathrm{d}t}} = \frac{\psi'(t)}{\varphi'(t)},$$

即

$$\frac{\mathrm{d}y}{\mathrm{d}x} = \frac{\mathrm{d}y}{\mathrm{d}t} \bigg/ \frac{\mathrm{d}x}{\mathrm{d}t}.$$

若函数 $\begin{cases} x = \varphi(t) \\ y = \psi(t) \end{cases}$ 二阶可导,即

$$\frac{\mathrm{d}^2 y}{\mathrm{d}x^2} = \frac{\mathrm{d}}{\mathrm{d}x}\left(\frac{\mathrm{d}y}{\mathrm{d}x}\right) = \frac{\mathrm{d}}{\mathrm{d}t}\left(\frac{\psi'(t)}{\varphi'(t)}\right)\frac{\mathrm{d}t}{\mathrm{d}x} = \frac{\psi''(t)\varphi'(t) - \psi'(t)\varphi''(t)}{\varphi'^2(t)} \cdot \frac{1}{\varphi'(t)}.$$

即

$$\frac{\mathrm{d}^2 y}{\mathrm{d}x^2} = \frac{\psi''(t)\varphi'(t) - \psi'(t)\varphi''(t)}{\varphi'^3(t)}.$$

例 2.2.12　如图 2.2.3 所示,不计空气阻力,以初速度 v_0,发射角 α 发射炮弹,其运动方程为

$$\begin{cases} x = v_0 t \cos \alpha \\ y = v_0 t \sin \alpha - \dfrac{1}{2} g t^2 \end{cases},$$

求:(1)炮弹在 t_0 时刻的运动方向;(2)炮弹在 t_0 时刻的速度大小.

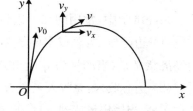

图 2.2.3　炮弹的运动轨迹

解　(1)在 t_0 时刻的运动方向即运动轨迹在 t_0 时刻的切线方向,可由切线的斜率来反映:

$$\begin{aligned}
\frac{\mathrm{d}y}{\mathrm{d}x}\Big|_{t=t_0} &= \frac{\left(v_0 t \sin \alpha - \dfrac{1}{2} g t^2\right)'}{(v_0 t \cos \alpha)'}\Bigg|_{t=t_0} \\
&= \frac{v_0 \sin \alpha - gt}{v_0 \cos \alpha}\Bigg|_{t=t_0} = \frac{v_0 \sin \alpha - g t_0}{v_0 \cos \alpha}.
\end{aligned}$$

(2)炮弹在 t_0 时刻沿 x, y 轴方向的分速度分别为

$$v_x = \frac{\mathrm{d}x}{\mathrm{d}t}\Big|_{t=t_0} = (v_0 t \cos \alpha)'\big|_{t=t_0} = v_0 \cos \alpha,$$

$$v_y = \frac{\mathrm{d}y}{\mathrm{d}t}\Big|_{t=t_0} = \left(v_0 t \sin\alpha - \frac{1}{2} g t^2\right)'\Big|_{t=t_0} = v_0 \sin \alpha - g t_0.$$

所以在 t_0 时刻炮弹的速度为

$$v = \sqrt{v_x^2 + v_y^2} = \sqrt{v_0^2 - 2 v_0 g t_0 \sin \alpha + g^2 t_0^2}.$$

2.2.7　边际分析、弹性分析

导数是函数关于自变量的变化率,在工程、技术、科研、国防、医学、环保和经济管理等许多领域都有广泛的应用.在经济学中,微观经济学的很多问题都可归结到数学中,而导数在经济领域中的应用主要就是做经济分析.

边际和弹性是经济学中的两个重要概念.用导数来研究经济变量的边际与弹

性的方法,称为边际分析与弹性分析.

1. 边际分析

若某经济指标 y 与影响指标的因素 x 间有函数关系式 $y = f(x)$,则称 $y' = f'(x)$ 为 $f(x)$ 的**边际函数**,记作 My. 随着 y, x 含义不同,边际函数的含义也不一样.

在经济学中,常用的几个边际概念如下:

(1) 边际成本:总成本函数 $C = C(q)$ 的导数 $MC = C'(q)$ 称为边际成本. 它的经济意义是:当产量为 q 时,再生产一个单位产品所增加的总成本为 $C'(q)$.

(2) 边际收入:总收入函数 $R = R(q)$ 的导数 $MR = R'(q)$ 称为边际收入. 它的经济意义是:当销售量达到 q 时,再多销售一个单位产品所增加的销售收入为 $R'(q)$.

(3) 边际利润:利润函数 $L = L(q)$ 的导数 $ML = L'(q)$ 称为边际利润. 它的经济意义是:当销售量达到 q 时,再销售一个单位产品所增加的利润为 $L'(q)$.

对于一个具体的公司,经济活动的目的,除了考虑社会效益外,决策者更多的是要考虑经营的成果、如何降低成本、提高利润等问题.

例 2.2.13　某种产品的总成本 C(万元)与产量 q(万件)之间的函数关系式(即总成本函数)为 $C = C(q) = 100 + 4q - 0.2q^2 + 0.01q^3$,求生产水平为 $q = 10$(万件)时的平均成本和边际成本,并从降低成本角度分析,继续提高产量是否合适?

解　当 $q = 10$ 时,总成本为
$$C = C(10) = 100 + 4 \times 10 - 0.2 \times 10^2 + 0.01 \times 10^3 = 130(\text{万元}),$$
所以平均成本(单位成本)为 $C(10) \div 10 = 13$(元/件),边际成本 $MC \mid_{q=10} = C'(q) \mid_{q=10} = 4 - 0.4q + 0.03q^2 \mid_{q=10} = 4 - 0.4 \times 10 + 0.03 \times 10^2 = 3$(元/件).

因此在生产水平为 10 万件时,每增加一件产品总成本增加 3 元,远低于当前的单位成本,从降低成本角度看,应该继续提高产量.

例 2.2.14　某公司总利润 L(万元)与日产量 q(吨)之间的函数关系式(即利润函数)为 $L = L(q) = 2q - 0.005q^2 - 150$,求:每天生产 150 吨、200 吨、350 吨时的边际利润,并说明经济含义.

解　边际利润 $ML = L'(q) = 2 - 0.01q$,所以
$$ML \mid_{q=150} = L'(150) = 2 - 0.01 \times 150 = 0.5(\text{万元}),$$
$$ML \mid_{q=200} = L'(200) = 2 - 0.01 \times 200 = 0(\text{万元}),$$

$$ML \mid_{q=350} = L'(350) = 2 - 0.01 \times 350 = -1.5(万元).$$

上面的结果表明:当日产量在 150 吨时,每天增加 1 吨产量可增加总利润 0.5 万元;当日产量在 200 吨时,再增加产量,总利润已经不会增加;而当日产量在 350 吨时,每天再增加 1 吨产量反而使总利润减少 1.5 万元.由此可见,该公司应该把日产量定在 200 吨,此时的总利润最大,为 $L(200) = 2 \times 200 - 0.005 \times 200^2 - 150 = 50(万元).$

从上例可以发现,公司获利最大的时候,边际利润为 0.

从上面这些例子可以看出,导数对经济学边际问题的分析尤为重要,边际问题的分析对企业的决策者做出正确的决策有十分重要的作用!

2. 弹性分析

弹性是用来描述一个经济变量相对另一个经济变量变化的强弱程度.即弹性是描述一个量对另一个量的相对变化率的量.

若函数 $y = f(x)$ 在任意一点 x 的某邻域内有定义,且 $f'(x) \neq 0$,则称 Δx 和 Δy 分别是 x 和 y 在点 x 处的**绝对增量**,并称 $\dfrac{\Delta x}{x}$ 与 $\dfrac{\Delta y}{y} = \dfrac{f(x + \Delta x) - f(x)}{f(x)}$ 分别为自变量 x 与 $f(x)$ 在点 x 处的**相对增量**.

> **定义 2.2.1**　设函数 $y = f(x)$ 可导,则 $\lim\limits_{\Delta x \to 0} \dfrac{\Delta y / y}{\Delta x / x} = \dfrac{x}{y} y'$ 称为函数 $f(x)$ 在点 x 处的**弹性**,记为 $E(x) = \dfrac{x}{y} y'$.

由弹性的定义可知:

(1) $E(x_0)$ 的经济意义是:在 x_0 处,当 x 发生 1% 的改变时,$f(x)$ 就会改变 $E(x_0)\%$.当 $E(x_0) > 0 [E(x_0) < 0]$ 时,x 与 y 的变化方向相同(相反);

(2) 弹性是一个无量纲的数值,这一数值与计量单位无关.

经济学中常用的几个弹性概念:

(1) 需求弹性:由需求函数 $Q = Q(p)$ 可得,需求弹性 $E_d = \dfrac{p \mathrm{d}Q}{Q \mathrm{d}p}$.它的经济意义是:当价格为 p_0 时,若价格增加 1%,则需求减少 $|E_d|\%$.

(2) 供给弹性:由供给函数 $S = S(p)$ 可得供给弹性 $E_s = \dfrac{p \mathrm{d}S}{S \mathrm{d}p}$.它的经济意义

是：当价格为 p_0 时，若价格增加 1%，则供给增加 $E_s\%$．

例 2.2.15　设函数 $y = x^3 \mathrm{e}^{2x}$，求其弹性函数以及在 $x = 2$ 处的弹性．

解　因为 $y' = 2x^3 \mathrm{e}^{2x} + 3x^2 \mathrm{e}^{2x} = x^2 \mathrm{e}^{2x}(3 + 2x)$，所以弹性函数

$$E(x) = y' \cdot \frac{x}{f(x)} = x^2 \mathrm{e}^{2x}(3 + 2x) \cdot \frac{x}{x^3 \mathrm{e}^{2x}} = 3 + 2x,$$

从而 $E(2) = (3 + 2x)|_{x=2} = 7$，即该函数在 $x = 2$ 处的弹性为 $E(2) = 7$．

例 2.2.16　某日用消费品需求量 Q(件)与单价 p(元)的关系为

$$Q(p) = a\left(\frac{1}{2}\right)^{\frac{p}{3}} \quad (a \text{ 是常数}),$$

求：(1) 需求弹性函数；(2) 当单价分别是 4 元、4.35 元和 5 元时的需求弹性．

解　(1) $Q'(p) = \dfrac{1}{3} a \left(\dfrac{1}{2}\right)^{\frac{p}{3}} \ln \dfrac{1}{2}$，则

$$E_\mathrm{d} = Q'(p) \cdot \frac{p}{Q(p)} = \frac{p}{a\left(\dfrac{1}{2}\right)^{\frac{p}{3}}} \cdot \frac{1}{3} a \left(\frac{1}{2}\right)^{\frac{p}{3}} \ln \frac{1}{2} \approx -0.23p;$$

(2) $E_\mathrm{d}|_{p=4} = -0.92$，$E_\mathrm{d}|_{p=4.35} \approx -1$，$E_\mathrm{d}|_{p=5} = -1.15$．

2.2.8　导数的基本公式

为了方便后面的导数计算，下面给出一些常用的基本初等函数的导数公式：

(1) $C' = 0$；	(2) $(x^\alpha)' = \alpha x^{\alpha-1}$（$\alpha$ 为任意实数）；
(3) $(a^x)' = a^x \ln a$；	(4) $(\mathrm{e}^x)' = \mathrm{e}^x$；
(5) $(\log_a x)' = \dfrac{1}{x \ln a}$；	(6) $(\ln x)' = \dfrac{1}{x}$；
(7) $(\sin x)' = \cos x$；	(8) $(\cos x)' = -\sin x$；
(9) $(\tan x)' = \sec^2 x$；	(10) $(\cot x)' = -\csc^2 x$；
(11) $(\sec x)' = \sec x \tan x$；	(12) $(\csc x)' = -\csc x \cot x$；
(13) $(\arcsin x)' = \dfrac{1}{\sqrt{1-x^2}}$；	(14) $(\arccos x)' = \dfrac{-1}{\sqrt{1-x^2}}$；
(15) $(\arctan x)' = \dfrac{1}{1+x^2}$；	(16) $(\operatorname{arccot} x)' = \dfrac{-1}{1+x^2}$．

习　题　2.2

1. 判断对错：

(1) $(\ln a)' = \dfrac{1}{a}$（a 为常数）；

(2) 若 $f(x)$ 在 x_0 处可导，$g(x)$ 在 x_0 处不可导，则 $f(x) + g(x)$ 在 x_0 处必不可导；

(3) 若 $f(x)$ 和 $g(x)$ 在 x_0 处都不可导，则 $f(x) + g(x)$ 在 x_0 处也不可导.

2. 设函数 $f(x) = x(x-1)(x-2)\cdots(x-5)$，求 $f'(0)$.

3. 求下列函数的导数：

(1) $y = 2x^5 - \dfrac{1}{x} + \arcsin x$；

(2) $y = \dfrac{\sqrt[5]{x^2}}{x^3}$；

(3) $y = \sqrt{x\sqrt{x\sqrt{x}}}$；

(4) $y = \dfrac{5x^3 - 2x^2 + \sqrt{x} + 1}{\sqrt{x}}$；

(5) $y = x^3 \tan x + \ln 3$；

(6) $y = \mathrm{e}^x (\tan x + \cos x)$；

(7) $y = \dfrac{2x}{1-x^3}$；

(8) $y = \dfrac{3}{x + \sin x}$；

(9) $y = (3x^5 - 2x^2 + x - 5)^{10}$；

(10) $y = x\sqrt{1+x^3}$；

(11) $y = \dfrac{1}{\sqrt{2x+1}}$；

(12) $y = \tan(2x^3 - 1)$；

(13) $y = \sqrt{x + \sqrt{x}}$；

(14) $y = \sqrt[3]{1 - 2\sin x}$；

(15) $y = \dfrac{\mathrm{e}^{-x}}{\mathrm{e}^x - v^{-x}}$；

(16) $y = \ln(\sin 3x + 2^x)$.

4. 求下列方程所确定的隐函数 y 的导数：

(1) $x^2 + xy + y^2 - 6 = 0$；

(2) $\mathrm{e}^{x-y} - x^2 y = 2\mathrm{e}$；

(3) $xy = \ln(x + y)$；

(4) $\operatorname{arccot} \dfrac{x}{y} = \ln \sqrt{x^2 + y^2}$.

5. 设 $x^4 - xy + y^4 = 1$，求 y'' 在点 $(0,1)$ 的值.

6. 求下列参数方程所确定的导数 $\dfrac{\mathrm{d}y}{\mathrm{d}x}$：

(1) $\begin{cases} x = a\cos^3 t \\ y = a\sin^3 t \end{cases}$；

(2) $\begin{cases} x = \dfrac{t}{1+t} \\ y = \dfrac{1-t}{1+t} \end{cases}$；

(3) $\begin{cases} x = a(t - \sin t) \\ y = a(1 - \cos t) \end{cases}$;　　　　　(4) $\begin{cases} x = t^2 - 2t - 3 \\ y - xe^y \sin t - 1 = 0 \end{cases}$.

7. 一个气球从距观察员 500 m 处离地面垂直上升,其速率为 140 m/s. 当气球高度为 500 m时,观察员的视线仰角增加率是多少?

8. 求函数 $y = x^4 - 3x^2 + 7$ 在点 $x = 3$ 处的边际函数值.

9. 某工厂日产能力最高为 1 000 吨,每日产品的总成本 C(元)是日产量 x(吨)的函数:

$$C(x) = 1\,000 + 7x + 50\sqrt{x} \quad (x \in [0, 1\,000]),$$

求当日产量为 100 吨时的边际成本,并解释经济意义.

10. 求 $y = 2e^x + e^{2x}$ 的弹性函数及在 $x = 3$ 处的弹性.

11. 设某商品的需求函数为 $Q(p) = 800 - 10p$(其中 p 为价格,Q 为需求量),求边际收入函数、需求弹性函数以及 $Q = 150$ 和 $Q = 400$ 时的边际收入.

2.3　函数的微分

微分是与导数紧密相关的概念. 导数表示,函数在一点处,自变量变化所引起的函数变化的快慢程度,微分是函数在一点处,自变量的微小变化所引起的函数改变的近似值. 两者研究的都是函数的局部性质.

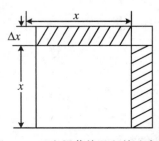

图 2.3.1　金属薄片面积的改变量

首先分析一个具体的问题. 假设正方形金属薄片受热后边长由 x_0 变成 $x_0 + \Delta x$(图 2.3.1),问金属薄片面积的改变量是多少?

设金属薄片受热前的面积为 $S = x_0^2$. 受热后边长由 x_0 变成 $x_0 + \Delta x$,则面积的改变量 ΔS 为

$$\Delta S = (x_0 + \Delta x)^2 - x_0^2 = 2x_0\Delta x + (\Delta x)^2.$$

从上式中可见,ΔS 分成两部分,第一部分 $2x_0\Delta x$ 是 Δx 的线性部分,即图 2.3.1中阴影的两个矩形的面积之和;而第二部分 $(\Delta x)^2$ 是关于 Δx 的高阶无穷小. 由此可见,当 Δx 很小时,$(\Delta x)^2$ 可以忽略不计,ΔS 可用 $2x_0\Delta x$ 近似它,即 $\Delta S \approx 2x_0\Delta x$. 由于 $S'(x_0) = 2x_0$,所以该式可写成 $\Delta S \approx S'(x_0)\Delta x$.

在许多实际问题中,函数 $y = f(x)$ 的增量 $\Delta y = f(x_0 + \Delta x) - f(x_0)$ 可以表示

成为 Δx 的一个线性函数 $f'(x_0)\Delta x$ 与 Δx 的高阶无穷小之和,由此我们引入微分的定义.

2.3.1　微分的定义

> **定义 2.3.1**　设函数 $y = f(x)$ 在点 x_0 处可导,且当自变量 x 由 x_0 改变到 $x_0 + \Delta x$ 时,相应的函数增量 $\Delta y = f(x_0 + \Delta x) - f(x_0) = f'(x_0)$ $\Delta x + \alpha$(其中 α 为高阶无穷小量),我们把 Δy 的主要部分 $f'(x_0)\Delta x$ 称为函数 $y = f(x)$ 在点 x_0 的微分,记为
> $$\mathrm{d}y = f'(x_0)\Delta x.$$

此时,称函数 $y = f(x)$ 在点 x_0 处是可微的.

函数 $y = f(x)$ 在某区间 I 内的任意一点 x 处的微分记为 $\mathrm{d}y = f'(x)\Delta x$.

当 $y = x$ 时,$\mathrm{d}y = \mathrm{d}x = (x)'\Delta x = \Delta x$,即 $\mathrm{d}y = \Delta x$.所以函数 $y = f(x)$ 的微分又可记为 $\mathrm{d}y = f'(x)\mathrm{d}x$.

由此,函数 $y = f(x)$ 的导数也可以被看作是函数的微分 $\mathrm{d}y$ 与自变量的微分 $\mathrm{d}x$ 之商,所以导数也称为微商,即 $\dfrac{\mathrm{d}y}{\mathrm{d}x} = f'(x)$.

可把导函数称为可微函数,把函数在某点可导也称为在某点可微,即可导与可微是等价的.因此我们在求函数微分的时候,可以通过先求函数的导数,再通过 $\mathrm{d}y = f'(x)\mathrm{d}x$ 计算微分.

例 2.3.1　求 $y = x^3$ 在 $x_0 = 1$ 处,$\Delta x = 0.01$ 时函数 y 的改变量 Δy 及微分 $\mathrm{d}y$.

解　$\Delta y = (x_0 + \Delta x)^3 - x_0^3 = (1 + 0.01)^3 - 1^3 = 0.030\,301$,而 $\mathrm{d}y = (x^3)'\Delta x = 3x^2\Delta x$,则

$$\mathrm{d}y\Big|_{\substack{x_0 = 1 \\ \Delta x = 0.01}} = 3 \times 1^2 \times 0.01 = 0.03.$$

由此可以看出,$\Delta y \approx \mathrm{d}y$,这个近似公式就是用来计算 x_0 附近点 $x_0 + \Delta x$ 的函数值 $f(x_0 + \Delta x)$ 的.

例 2.3.2　设函数 $y = \tan x$,求 $\mathrm{d}y$.

解　$\mathrm{d}y = (\tan x)'\mathrm{d}x = \sec^2 x\mathrm{d}x$.

例 2.3.3　设函数 $y = \mathrm{e}^x \sin x$,求 $\mathrm{d}y$.

解 因为
$$y' = (e^x \sin x)' = \sin x (e^x)' + e^x (\sin x)' = e^x \sin x + e^x \cos x,$$
所以
$$dy = e^x (\sin x + \cos x) dx.$$

例 2.3.4 设函数 $y = \ln \sin x$,求 dy.

解 因为
$$y' = (\ln \sin x)' = \frac{1}{\sin x} \cdot (\sin x)' = \frac{1}{\sin x} \cdot \cos x = \cot x,$$
所以
$$dy = \cot x dx.$$

2.3.2 微分的运算

1. 基本初等函数的微分公式

由基本初等函数的导数公式,可以直接写出基本初等函数的微分公式.

(1) $d(C) = 0 (C$ 为常数);　　(2) $d(x^\alpha) = \alpha x^{\alpha-1} dx (\alpha$ 为常数);

(3) $d(a^x) = a^x \ln a dx (a > 0, a \neq 1)$;　　(4) $d(e^x) = e^x dx$;

(5) $d(\log_a x) = \frac{1}{x \ln a} dx (a > 0, a \neq 1)$;　　(6) $d(\ln x) = \frac{1}{x} dx$;

(7) $d(\sin x) = \cos x dx$;　　(8) $d(\cos x) = -\sin x dx$;

(9) $d(\tan x) = \frac{dx}{\cos^2 x}$;　　(10) $d(\cot x) = -\frac{dx}{\sin^2 x}$.

2. 微分的四则运算法则

由函数和、差、积、商的求导法则,可推得相应的微分法则. 设函数 $u = u(x)$, $v = v(x)$ 可微,则

(1) $d(u \pm v) = du \pm dv$;　　(2) $d(uv) = v du + u dv$;

(3) $d(Cu) = C du (C$ 为常数);　　(4) $d\left(\frac{u}{v}\right) = \frac{v du - u dv}{v^2} (v \neq 0)$.

3. 复合函数的微分法则

如果 u 是自变量,根据微分的定义,函数 $y = f(u)$ 的微分是 $dy = f'(u) du$. 现设 $y = f(u), u = \varphi(x)$ 且都可导,则复合函数 $y = f[\varphi(x)]$ 的微分为
$$dy = y'_x dx = f'(u) \varphi'(x) dx = f'(u) du.$$

注 最后的结果与 u 是自变量的形式相同,这说明,对于函数 $y = f(u)$,不论 u 是自变量还是中间变量,y 的微分都有 $f'(u)\mathrm{d}u$ 的形式.该性质称为**微分形式的不变性**.

例 2.3.5 设 $y = \sin(2x + 1)$,求 $\mathrm{d}y$.

解 把 $2x + 1$ 看作中间变量 u,则

$$\mathrm{d}y = \mathrm{d}(\sin u) = \cos u\,\mathrm{d}u = \cos(2x + 1)\mathrm{d}(2x + 1)$$
$$= \cos(2x + 1) \cdot 2\mathrm{d}x = 2\cos(2x + 1)\mathrm{d}x.$$

和求复合函数的导数一样,求复合函数的微分也可不写出中间变量.

2.3.3 微分的几何意义

如图 2.3.2 所示,设曲线 $y = f(x)$ 上有 $P_0(x_0, y_0)$ 与 $Q(x_0 + \Delta x, y_0 + \Delta y)$ 两个点,$P_0 T$ 是点 P_0 处的切线,倾斜角为 α.

由图可知,$P_0 P = \Delta x$,$PQ = \Delta y$,则在直角三角形 $P_0 PT$ 中,有

$$PT = P_0 P\tan\alpha = P_0 Pf'(x_0)$$
$$= f'(x_0)\Delta x,$$

即 $PT = \mathrm{d}y$. 函数 $y = f(x)$ 在点 x_0 处的微分 $\mathrm{d}y$ 在几何上等于曲线 $y = f(x)$ 在点 P_0 处切线的纵坐标相对于 Δx 的改变量.

显然,当 $|\Delta x| \to 0$ 时,$\Delta y = PQ$ 可以用 $PT = \mathrm{d}y$ 来近似,即 $\Delta y \approx \mathrm{d}y$. 表明

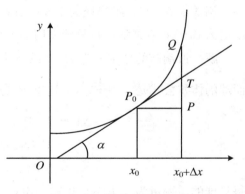

图 2.3.2 微分的几何意义

在点 (x_0, y_0) 附近可以用切线段 $P_0 T$ 近似代替曲线段 $P_0 Q$,这就是微积分常用的"以直代曲"思想.

2.3.4 微分在近似计算中的应用

对于给定的函数 $y = f(x)$,如果在某点 x_0 处有一个自变量的增量 Δx,则可以相应地得到函数值的增量 $\Delta y = f(x_0 + \Delta x) - f(x_0)$. 一般来说,$\Delta y$ 与 Δx 的关系非常复杂,这给 Δy 的计算带来一定的误差,我们希望寻求一种简便的方法来近似

计算 Δy.

在工程问题中,经常会遇到许多复杂的计算公式,如果直接利用公式计算会非常麻烦,在精度要求不是很高的情况下,可以利用微分把一些计算复杂的公式改为简单的近似公式来计算.

设函数 $y = f(x)$ 在 x_0 处的导数 $f'(x_0) \neq 0$,由上述微分的几何意义知,当 $|\Delta x|$ 充分小时,有

$$\Delta y \approx \mathrm{d}y \quad [\Delta y = f(x_0 + \Delta x) - f(x_0), \mathrm{d}y = f'(x_0)\Delta x],$$
$$\Delta y \approx f'(x_0)\Delta x,$$
$$f(x_0 + \Delta x) \approx f(x_0) + f'(x_0)\Delta x,$$
$$f(x) \approx f(x_0) + f'(x_0)(x - x_0), x \in U^o(x_0).$$

注　只要 x 充分接近 x_0,函数 $f(x)$ 可用线性函数 $f(x_0) + f'(x_0)(x - x_0)$ 来替代,即"以直代曲"的思想.

例 2.3.6　有一批半径为 1 cm 的球,为了提高球面光洁度,要镀上一层铜,厚度定为 0.01 cm,试估计每只球需用多少克铜(铜的密度是 8.9 g/cm^3)?

解　镀铜前的球半径为 $R_0 = 1$ cm,镀铜后球的半径的增量为 $\Delta R = 0.01$ cm,而球的体积公式是 $V = \dfrac{4\pi R^3}{3}$,这里 R 是球的半径.镀铜层的体积为

$$\Delta V = V(R_0 + \Delta R) - V(R_0)$$
$$\approx V'(R_0)\Delta R = 4\pi R^2 \Delta R$$
$$= 0.04\pi \approx 0.13(\mathrm{cm}^3).$$

每只球的需铜量为 $0.13 \times 8.9 \approx 1.16(\mathrm{g})$.

当 $|x - x_0|$ 充分小时,可取 $x_0 = 0$,则 $f(x) \approx f(x_0) + f'(x_0)(x - x_0)$,可简化为

$$f(x) \approx f(0) + f'(0) \cdot x.$$

当 $|x|$ 充分小时,利用上式,可以得到以下几个工程中常用的近似计算公式:

(1) $\sqrt[n]{1+x} \approx 1 + \dfrac{x}{n}$;(2) $\sin x \approx x$;(3) $\tan x \approx x$;(4) $\mathrm{e}^x \approx x$;(5) $\ln(1+x) \approx x$.

前四个公式的证明较容易,留给同学们自行验证,在此仅证公式(5).取

$$f(x) = \ln(1+x), \quad f(0) = 0, \quad f'(0) = \frac{1}{1+x}\Big|_{x=0} = 1,$$

故有

$$\ln(1 + x) \approx f(0) + f'(0)x = x.$$

例 2.3.7　求 $\sin 29°30'$ 的近似值.

解　设 $f(x) = \sin x, x = \dfrac{\pi}{6} - \dfrac{\pi}{360}, x_0 = \dfrac{\pi}{6}, \Delta x = -\dfrac{\pi}{360}$, 则有

$$\sin 29°30' = f(x) \approx f(x_0) + f'(x_0) \cdot \Delta x$$

$$= \sin\left(\frac{\pi}{6}\right) - \cos\left(\frac{\pi}{6}\right) \times \frac{\pi}{360}$$

$$= \frac{1}{2} - \frac{\sqrt{3}}{2} \times \frac{\pi}{360} \approx 0.4924.$$

例 2.3.8　计算 $\sqrt[3]{30}$ 的近似值.

解　$\sqrt[3]{30} = \sqrt[3]{27 + 3} = \sqrt[3]{27\left(1 + \dfrac{1}{9}\right)} = 3\left(1 + \dfrac{1}{9}\right)^{\frac{1}{3}}.$

由近似公式 $\sqrt[n]{1 + x} = (1 + x)^{\frac{1}{n}} \approx 1 + \dfrac{x}{n}$, 有 $3\left(1 + \dfrac{1}{9}\right)^{\frac{1}{3}} \approx 3\left(1 + \dfrac{1}{3} \cdot \dfrac{1}{9}\right) \approx 3.111.$

错解　$\sqrt[3]{30} = \sqrt[3]{1 + 29} \approx 1 + \dfrac{1}{3} \times 29 \approx 10.66.$ 这里 $|x|$ 显然不满足充分小.

注　近似计算关键是选择点 x_0, 其选取标准有以下两条:

(1) $f(x_0), f'(x_0)$ 易于计算;

(2) $|\Delta x|$ 或 $|x - x_0|$ 尽可能地小.

2.3.5　微分在误差估计中的应用

1. 误差估计中的几个概念

设某个量的精确值为 A, 它的近似值为 a, 则称 $|A - a|$ 为 a 的**绝对误差**, 而比值 $\dfrac{|A - a|}{|a|}$ 称为 a 的**相对误差**.

一般来说, 由于受测量仪器的精度、测量的条件和测量的方法等各种因素的影响, 测量的数据必然带有误差, 某个量的精确值往往是无法知道的, 于是绝对误差和相对误差就无法求得. 因此在误差估计中, 常常只能确定误差的范围: 若 $|A - a| \leqslant \delta_A$, 则 δ_A 称为 A 的**绝对误差限**, 而比值 $\dfrac{\delta_A}{|A|}$ 称为 A 的**相对误差限**.

例 2.3.9　测得圆钢截面的直径 $d = 60.03 \text{ mm}, d$ 的绝对误差限 $\delta_d = 0.05 \text{ mm}.$

试估计面积 A 的绝对误差限和相对误差限.

解　将测量 d 时所产生的误差当作自变量 d 的增量 Δd,将利用 $A = \dfrac{\pi}{4}d^2$ 计算的 A 的误差看作函数 A 的对应增量 ΔA. 当 $|\Delta d|$ 充分小时,可以用 $\mathrm{d}A$ 近似代替 ΔA,即

$$\Delta A \approx \mathrm{d}A = \frac{\pi}{2}d\Delta d,$$

而 d 的绝对误差限为 $\delta_d = 0.05\ \mathrm{mm}$,即 $|\Delta d| \leqslant \delta_d$,从而

$$|\Delta A| \approx \mathrm{d}A = \frac{\pi}{2}d\,|\Delta d| \leqslant \frac{\pi}{2}d \cdot \delta_d,$$

故 A 的绝对误差限为

$$\delta_A = \frac{\pi}{2}d \cdot \delta_d = \frac{\pi}{2} \times 60.03 \times 0.05 \approx 4.715,$$

A 的相对误差限为

$$\frac{\delta_A}{A} = \frac{\dfrac{\pi}{2}d \cdot \delta_d}{\dfrac{\pi d^2}{4}} = \frac{2\delta_d}{d} \approx 0.001\,7.$$

2. 误差限的计算公式

仿例 2.3.9,若测量值为 x,按公式 $y = f(x)$ 计算,可给出其误差限 δ_y 的确定公式.

设测量 x 的误差限为 δ_x,即 $|\Delta x| \leqslant \delta_x$,当 $y' = f'(x) \neq 0$ 时,有

$$|\Delta y| \approx |\mathrm{d}y| = |y'\Delta x| \leqslant |y'|\delta_x,$$

从而 y 的绝对误差限为 $\delta_y = |y'|\delta_x$,y 的相对误差限为 $\dfrac{\delta_y}{|y|} = \dfrac{|y'|}{|y|}\delta_x$.

习　题　2.3

1. 某厂生产如图所示的扇形板,半径 $R = 200\ \mathrm{mm}$,要求中心角 α 为 $55°$.产品检验时,一般用测量弦长的办法来间接测量中心角 α,如果测量弦长时的误差 $\delta_l = 0.1\ \mathrm{mm}$,问由此而引起的中心角测量误差 δ_α 是多少?

2. 判断题:

(1) 若函数 $y = f(x)$ 在点 x_0 处可导,则 $y = f(x)$ 在点 x_0 处一定可微;

(2) 函数的微分等于函数的增量.

3. 已知 $y = x^3 + 1$,在点 $x = 1$ 处分别计算当 $\Delta x = 1, 0.1, 0.001$ 时的 Δy 和 $\mathrm{d}y$.

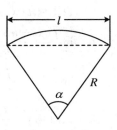

4. 如图所示,设扇形的圆心角 $\alpha = 60°$,半径 $R = 100$ cm,如果 R 不变,α 减少 $30'$,问扇形面积大约改变了多少? 又如果 α 不变,R 增加 1 cm,问扇形面积大约改变了多少?

5. 计算球体体积时,要求精确度在 2% 以内,问这时直径 D 的测量值相对误差不能超过多少?

题 1、题 4 图

6. 求 $\sin 30°30'$ 的近似值.

习　题　2

1. 填空题:

(1) 函数 $f(x) = \dfrac{1}{\sqrt{x^2 - 4}}$ 的定义域是＿＿＿＿＿＿,连续区间是＿＿＿＿＿＿.

(2) 已知生产某种产品的成本函数为 $C(q) = 80 + 2q$,则当产量 $q = 50$ 时,该产品的平均成本为＿＿＿＿＿＿.

(3) $y = \cos x$ 上点 $\left(\dfrac{\pi}{3}, \dfrac{1}{2}\right)$ 处的切线方程为＿＿＿＿＿＿.

(4) 曲线 $y = \dfrac{x-1}{x}$ 上切线斜率等于 $\dfrac{1}{4}$ 的点是＿＿＿＿＿＿.

(5) $f(x) = \sin x + \ln x$,则 $f''(1) = $ ＿＿＿＿＿＿.

(6) 设 $y = x^n$,则 $y^{(n)} = $ ＿＿＿＿＿＿.

(7) $\mathrm{d}(\sin x + 5^x) = $ ＿＿＿＿＿＿ $\mathrm{d}x$.

(8) 已知供给函数 $Q = P^2 + 6P - 27$,则供给价格弹性 $E_s = $ ＿＿＿＿＿＿,当 $P = 4$ 时的 $E_s = $ ＿＿＿＿＿＿.

2. 选择题:

(1) 函数 $f(x)$ 在 $x = 0$ 处连续的有(　　).

A. $f(x) = \begin{cases} \dfrac{x}{|x|} & x \neq 0 \\ 0 & x = 0 \end{cases}$ 　　　　　　B. $f(x) = \begin{cases} \dfrac{\sin x}{x} & x \neq 0 \\ 1 & x = 0 \end{cases}$

C. $f(x) = \begin{cases} |x| & x \neq 0 \\ -1 & x = 0 \end{cases}$　　　　　　　　D. $f(x) = \begin{cases} e^x & x \neq 0 \\ 0 & x = 0 \end{cases}$

(2) 设函数 $f(x)$ 在点 x_0 处可导,则 $f'(x_0) = ($　　$)$.

A. $\lim\limits_{h \to 0} \dfrac{f(x_0 - h) - f(x_0)}{h}$　　　　　　B. $\lim\limits_{h \to 0} \dfrac{f(x_0 - h) - f(x_0)}{2h}$

C. $\lim\limits_{h \to 0} \dfrac{f(x_0) - f(x_0 - h)}{h}$　　　　　　D. $\lim\limits_{h \to 0} \dfrac{f(x_0 + h) - f(x_0 - h)}{h}$

(3) 双曲线 $y = \dfrac{1}{x}$ 在点 $\left(\dfrac{1}{2}, 2\right)$ 处的切线方程为($\quad$).

A. $x + 4y - 4 = 0$　　　　　　　　B. $4x + y - 4 = 0$

C. $x + 4y + 4 = 0$　　　　　　　　D. $4x + y + 4 = 0$

(4) 设 $f(x) = x(x-1)(x-2)(x-3)\cdots(x-99)$,则 $f'(0) = ($　　$)$.

A. 999　　　　B. -999　　　　C. $99!$　　　　D. $-99!$

(5) 设 $y = \ln|x|$,则 $\mathrm{d}y = ($　　$)$.

A. $\dfrac{1}{|x|}\mathrm{d}x$　　　　B. $-\dfrac{1}{|x|}\mathrm{d}x$　　　　C. $\dfrac{1}{x}\mathrm{d}x$　　　　D. $-\dfrac{1}{x}\mathrm{d}x$

(6) 设 $y = f(e^x)$,$f'(x)$ 存在,则 $y' = ($　　$)$.

A. $f'(x)$　　　　B. $e^x f'(x)$　　　　C. $e^x f'(e^x)$　　　　D. $f'(e^x)$

3. 计算下列函数的导数:

(1) $y = x^3 + 5\cos x + 3x + 1$;　　　　　　(2) $y = x^3 \ln x$;

(3) $y = \dfrac{1-x}{x}$;　　　　　　　　　　　(4) $y = \cos^2(2x+1)$;

(5) $y = \ln(1 + x^2)$;　　　　　　　　　　(6) $y = \ln^3 x + e^{-5x}$;

(7) $y = x^3 e^{\frac{1}{x}}$;　　　　　　　　　　(8) $y = 5^{2\cos x}$;

(9) $y = (\sin x)^{\ln x}$;　　　　　　　　　(10) $y = \sqrt[5]{\dfrac{(x-1)^2(x-2)^2}{(x+2)(4-x)^5}}$.

4. 求下列函数的二阶导数:(1) $y = (1 + x^2)\arctan x$;(2) $y = xe^x$.

5. 求下列函数的 n 阶导数:(1) $y = xe^x$;(2) $y = \sin x$.

6. 计算下列函数的微分:(1) $y = \dfrac{1}{x} + 2\sqrt{x} - \ln x$;(2) $y = \tan(x^3 + 1)$.

7. 求下列方程所确定的隐函数 y 的导数:(1) $\sin 2x - y^2\cos x + \sqrt{1 + y} = 0$;(2) $e^{x+y} + x + y^2 - 2 = 0$.

8. 设 $y = y(x)$ 由方程 $\begin{cases} x = \cos t \\ y = \sin t - t\cos t \end{cases}$ 确定,求 $\dfrac{\mathrm{d}y}{\mathrm{d}x}, \dfrac{\mathrm{d}^2 y}{\mathrm{d}x^2}$.

9. 设方程 $y = 1 + x\mathrm{e}^y$ 能确定隐函数 $y = y(x)$,求 $\dfrac{\mathrm{d}y}{\mathrm{d}x}, \dfrac{\mathrm{d}^2 y}{\mathrm{d}x^2}$.

10. 应用题:

(1) 设某企业的利润函数为 $L(q) = 10 + 2q - 0.1q^2$,求使利润最大的产量 q.

(2) 设生产 x 个某种产品的成本函数为 $C(x) = 100 + 0.25x^2 + 6x$(万元),求 $x = 10$ 时的总成本、平均成本和边际成本.

(3) 某厂生产一批产品,其固定成本为 $2\,000$ 元,每生产 1 吨产品的成本为 60 元,对这种产品的市场需求规律为 $Q = 1\,000 - 10p$(Q 为需求量,p 为价格),求成本函数.

(4) 落在平静水面上的石头使水产生同心波纹,若最外一圈波半径的增大率总是 6 m/s,问在 2 s 末扰动水面面积的增大率为多少?

(5) 向深 8 m、上顶直径 8 m 的正圆锥形容器中注水,其速率为 4 m³/min,当水深为 5 m 时,其水表面上升的速率为多少?

(6) 一辆轿车消耗的汽油量 G(单位:gal;1 gal≈ 4.546 L)取决于它行驶的路程 s(单位:mile;1 mile$\approx 1.609\,31$ km),而 s 又取决于行驶的时间 t(单位:h). 如果每行驶 1 mile 消耗 0.05 gal 汽油,且汽车以 30 mile/h 的速度行驶,汽油的消耗率是多少?

(7) 溶液自深 18 cm、直径 12 cm 的正圆锥形漏斗中漏入一直径为 10 cm 的圆柱形筒中,开始时,漏斗中盛满了溶液. 已知当溶液在漏斗中深为 12 cm 时,其表面下降的速率为 1 cm/min,问此时圆柱形筒中溶液表面上升的速率为多少?

第 3 章　微分中值定理与导数的应用

第 2 章介绍了微分学的两个基本概念——导数与微分. 导数能反映函数在某一点的性质, 是研究函数在某一点处性态的有力工具, 而中值定理能够借助导数研究函数在某一区间上的性质. 本章以一元函数的微分中值定理为基础, 进一步利用导数和微分的相关知识解决理论和实际中的一些应用问题, 尤其研究导数在函数极限、函数的单调性和凹凸性、函数的极值、函数的最大(小)值、函数作图以及近似计算等方面的广泛应用. 先看如下两个例子:

例 3.0.1　对于函数 $y = x^3 - x^2 - x + 1$, 在未知图形的情况下, 如何确定该函数的单调区间、凹凸区间、极值点和拐点等函数特征?

例 3.0.2　计算数 $e^{0.8}$ 的近似值, 使其误差不超过 10^{-8}.

在第 2 章微分的近似计算中, 我们曾给出公式 $e^x \approx x$, 且要求 $|x|$ 充分小. 那么到底多小属于充分小? 若要求误差不超过给定值, 显然仅用前述的知识无法很好地解决这些问题.

本章将以导数为重要工具, 研究函数的性态, 通过本章的学习有望解决上述问题.

3.1　微分中值定理

如图 3.1.1 所示, 函数 $y = f(x)$ 的图形在点 x_1, x_3 出现"峰", 即函数值 $f(x_1)$, $f(x_3)$ 是局部最大值; 在点 x_2, x_4 出现"谷", 即函数值 $f(x_2), f(x_4)$ 是局部最小值. 对于这种点和对应的函数值, 定义如下:

定义 3.1.1　设函数 $f(x)$ 在区间 I 有定义,若 $x_0 \in I$,且存在 x_0 的某邻域 $U(x_0) \subset I$,使得对于任意的 $x \in U(x_0)$,有 $f(x) \leqslant f(x_0)$[或 $f(x) \geqslant f(x_0)$],则称 $f(x)$ 在点 x_0 取得**极大(小)值**,点 x_0 是 $f(x)$ 的**极大(小)值点**.

由图 3.1.1 可以看出,$y = f(x)$ 在点 x_1, x_3 取得极大值,在点 x_2, x_4 取得极小值.在极值点,如果有切线,则切线与 x 轴平行.也就是说,若 $y = f(x)$ 在这些极值点存在导数,则导数为 0.但反之不成立,如 $y = x^3$ 在点 $(0,0)$ 可导且导数为 0,但 $(0,0)$ 不是其极值点.另外,我们还要强调,极值点未必是可导点,如对于 $y =$

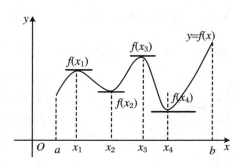

图 3.1.1　函数 $y = f(x)$ 在区间 $[a, b]$ 上极值示意图

$-|x|$,显然 $(0,0)$ 是极值点,但是其在点 $(0,0)$ 不可导.把我们所看到的现象用严格的定理表述如下:

定理 3.1.1［费马(Fermat)定理］　设函数 $f(x)$ 在点 x_0 的某邻域 $U(x_0)$ 内有定义,且在 x_0 处可导,如果对于任意的 $x \in U(x_0)$,有 $f(x) \leqslant f(x_0)$ 或 $f(x) \geqslant f(x_0)$,那么 $f'(x_0) = 0$.

证明　(1) 如果 $f(x)$ 是常函数,则 $f'(x) \equiv 0$,定理的结论显然成立.

(2) 如果 $f(x)$ 不是常函数,不妨设 x_0 是 $f(x)$ 的极大值点,即对任意的 $x \in U(x_0)$,有 $f(x) \leqslant f(x_0)$ 或 $f(x) - f(x_0) \leqslant 0$.又 $f(x)$ 在 x_0 处可导,从而

$$f'(x_0) = f'_-(x_0) = f'_+(x_0).$$

当 $x < x_0$ 时,有

$$f'(x_0) = f'_-(x_0) = \lim_{x \to x_0^-} \frac{f(x) - f(x_0)}{x - x_0} \geqslant 0;$$

当 $x > x_0$ 时,有

$$f'(x_0) = f'_+(x_0) = \lim_{x \to x_0^+} \frac{f(x) - f(x_0)}{x - x_0} \leqslant 0;$$

所以 $f'(x_0) = 0$.

> **注**　该定理可简述为：函数 $f(x)$ 在点 x_0 可导且取极值，则有 $f'(x_0) = 0$.

若 $f'(x_0) = 0$，则称点 x_0 为函数 $f(x)$ 的**驻点**(或稳定点，临界点).

3.1.1　罗尔中值定理

引例 3.1.1　图 3.1.2 中曲线弧 $\overset{\frown}{AB}$ 是函数 $y = f(x)$ ($x \in [a, b]$) 的图形. 这

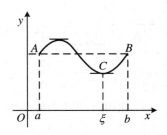

是一条连续的曲线弧，除端点外，处处具有不垂直于 x 轴的切线，且两端点处的纵坐标相等，即 $f(a) = f(b)$. 现把过 A，B 两点的直线(显然平行于 x 轴)向上或向下平行移动，会发现总可以到达该曲线上某个点(如图 3.1.2 中的 C 点)，使移动后的直线成为该点的切线. 换言之，曲线在该点的切线平行于 x 轴，即函

图 3.1.2　函数 $y = f(x)$ 的图形　数 $y = f(x)$ 在该点的导数为 0.

用严格的数学语言描述上述现象，便是下面的罗尔中值定理：

> **定理 3.1.2**[罗尔(Rolle)中值定理]　如果函数 $f(x)$ 满足下列三个条件：
>
> (1) 在闭区间 $[a, b]$ 上连续；
>
> (2) 在开区间 (a, b) 内可导；
>
> (3) $f(a) = f(b)$；
>
> 则至少存在一点 ξ ($a < \xi < b$)，使得 $f'(\xi) = 0$.

证明　因为 $f(x)$ 在 $[a, b]$ 上连续，所以有最大值和最小值，分别用 M 与 m 表示，现分两种情况来讨论：

(1) 若 $m = M$，则 $f(x)$ 在 $[a, b]$ 上必为常数，从而结论显然成立；

(2) 若 $m < M$，则因 $f(a) = f(b)$，最大值 M 与最小值 m 至少有一个在 (a, b) 内某点 ξ 处取得，从而 ξ 是 $f(x)$ 的极值点，由条件 $f(x)$ 在 (a, b) 内可导，$f(x)$ 在点 ξ 处可导，故由费马定理推知 $f'(\xi) = 0$.

注　罗尔中值定理的几何意义如图 3.1.3 所示,即罗尔中值定理的应用条件是:(1) 函数 $f(x)$ 在闭区间 $[a,b]$ 上连续;(2) 在开区间 (a,b) 内可导;(3) 端点值 $f(a)=f(b)$,则 $f(x)$ 在 (a,b) 内必有水平切线.

关于罗尔中值定理,应注意以下几点:

(1) 罗尔中值定理的前提条件缺一不可,当缺少条件时,罗尔中值定理不一定成立.例如:

① $f(x)=\begin{cases} x & 0\leqslant x<1 \\ 0 & x=1 \end{cases}$ 在 $x=1$ 处不连续点,结论不成立;

② $f(x)=|x|(x\in[-1,1])$ 在 $x=0$ 处不可导,结论不成立;

③ $f(x)=x(x\in[0,1])$ 有 $f(0)\neq f(1)$,结论不成立.

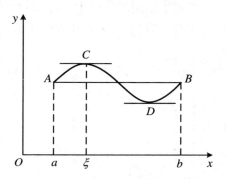

图 3.1.3　罗尔中值定理的几何意义

(2) 罗尔中值定理的结论只强调点 ξ 的存在性.

(3) 罗尔中值定理的结论中,满足 $f'(\xi)=0$ 的点 ξ 并不一定是唯一的.

例 3.1.1　判断函数 $f(x)=(x-1)(x-2)(x-3)$ 的一阶导数 $f'(x)$ 零点个数及这些零点的取值区间.

解　因为 $f(1)=f(2)=f(3)=0$,易知 $f(x)$ 在 $[1,2]$ 上满足罗尔中值定理的三个条件,所以在 $(1,2)$ 内至少存在一点 ξ_1,使 $f'(\xi_1)=0$,即 ξ_1 是 $f'(x)$ 的一个零点.同理,在 $(2,3)$ 内至少存在一点 ξ_2,使 $f'(\xi_2)=0$,即 ξ_2 是 $f'(x)$ 的一个零点.

又 $f'(x)$ 为二次多项式,最多只能有两个零点,故 $f'(x)$ 恰好有两个零点,分别在 $(1,2)$ 和 $(2,3)$ 内.

例 3.1.2　证明方程 $x^5-5x+1=0$ 有且仅有一个小于 1 的正实根.

证明　(1) 存在性.设 $f(x)=x^5-5x+1$,则 $f(x)$ 在 $[0,1]$ 连续 , $f(0)=1$, $f(1)=-3$.

由罗尔中值定理知,存在 $x_0\in(0,1)$,使 $f(x_0)=0$,即方程有小于 1 的正根.

(2) 唯一性:假设 x_0 是一个小于 1 的正实根,另有 $x_1\in(0,1)\neq x_0$ 使 $f(x_1)=0$.因为 $f(x)$ 在以 x_0,x_1 为端点的区间内满足罗尔中值定理的应用条件,所以 x_0

与 x_1 之间至少存在一点 ξ 使 $f'(\xi) = 0$. 但 $f'(x) = 5(x^4 - 1) < 0, x \in (0,1)$，故假设错误.

3.1.2　拉格朗日中值定理

罗尔中值定理的应用条件 (3) $f(a) = f(b)$ 是相当特殊的，它使罗尔中值定理的应用受到限制. 为了推广罗尔中值定理，不妨讨论下面的实例：

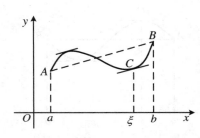

图 3.1.4　函数 $y = f(x)$ 的图形

引例 3.1.2　图 3.1.4 中，曲线弧 $\overparen{AB}$ 是引例 3.1.1 中的曲线旋转一定的角度得到的，这时两端点处的函数值不再相等，即 $f(a) \neq f(b)$，从而过点 A, B 的直线不再平行于 x 轴. 然而，当图形不变，将该虚线 AB 向上或向下平行移动，也会发现总可以到达该曲线上某个点（如图 3.1.4 中的点 C），使移动后的直线成为该点的切线，即曲线在该点的切线平行于弦 AB.

若记点 C 的横坐标为 ξ，则曲线在点 C 处切线的斜率为 $f'(\xi)$，而弦 AB 的斜率为 $\dfrac{f(b) - f(a)}{b - a}$. 因此 $\dfrac{f(b) - f(a)}{b - a} = f'(\xi)$.

总结上述结果，就得到了在微分学中具有重要地位的拉格朗日中值定理：

> **定理 3.1.3** ［拉格朗日（Lagrange）中值定理］　如果函数 $f(x)$ 满足：
>
> （1）在闭区间 $[a, b]$ 上连续；
>
> （2）在开区间 (a, b) 内可导；
>
> 则至少存在一点 $\xi \in (a, b)$，使 $f(b) - f(a) = f'(\xi)(b - a)$.

证明　作辅助函数：

$$F(x) = f(x) - f(b) - \frac{f(b) - f(a)}{b - a}(x - a).$$

显然，$F(a) = F(b)$ 且 F 在 $[a, b]$ 上满足罗尔中值定理的另外两个条件，故存在 $\xi \in (a, b)$，使

$$F'(\xi) = f'(\xi) - \frac{f(b) - f(a)}{b - a} = 0,$$

移项后,即得到所要证明的表达式.

注 几何意义:若连续曲线 $y = f(x)$ 的弧 $\overparen{AB}$ 上除端点外,处处具有切线,那么该弧上至少有一点 C,使曲线在点 C 处的切线平行于直线 AB(图 3.1.5).

由几何图形可以看出,若把坐标系 xOy 逆时针旋转适当的角度 α,使得 OX 平行于弦 AB,得新直角坐标系 XOY,则在新的坐标系下 $f(x)$ 满足罗尔中值定理.作转轴变换 $x = X\cos \alpha - Y\sin \alpha$,$y = X\sin \alpha + Y\cos \alpha$,由此得拉格朗日中值定理的证明.

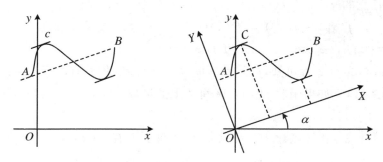

图 3.1.5 拉格朗日中值定理的几何意义

注 当 $f(a) = f(b)$ 时,此定理即为罗尔中值定理,故罗尔中值定理是拉格朗日中值定理的特殊情形.

由于 ξ 是介于 a 与 b 之间的一个数,故 $0 < \theta = \dfrac{\xi - a}{b - a} < 1$,从而 ξ 可表示为

$$\xi = a + \theta(b - a) \quad (0 < \theta < 1).$$

因此拉格朗日中值定理的结论又可改写成

$$f(b) - f(a) = f'[a + \theta(b - a)](b - a) \quad (0 < \theta < 1).$$

设 $x, x + \Delta x \in [a, b]$,在以 x 与 $x + \Delta x$ 为端点的闭区间内应用拉格朗日中值定理,得

$$f(x + \Delta x) - f(x) = f'(x + \theta\Delta x)\Delta x,$$

即

$$\Delta y = f'(x + \theta\Delta x)\Delta x \quad (0 < \theta < 1).$$

将上式与近似公式 $\Delta y \approx \mathrm{d}y = f'(x)\Delta x$ 比较,可以看出,函数的微分 $f'(x)\Delta x$ 一般只是函数增量 Δx 的近似表达式,当 Δx 为有限时,其误差一般不为 0,而 Δx 为有限增量时,$\Delta y = f'(x + \theta\Delta x)\Delta x$ 为精确表达式.所以拉格朗日中值定理又称作有

限增量定理,也称作微分中值定理.

拉格朗日中值定理是微分学的一个基本定理,在理论和应用上都有很重要的价值,它建立了函数在一个区间内的改变量和函数在这个区间内某点处的导数之间的联系,从而使我们有可能用某点处的导数去研究函数在区间内的性态.

如果函数 $f(x)$ 在某一区间上是一个常数,则 $f(x)$ 在该区间上的导数恒为 0.那么它的逆命题是否成立呢?

对于任意的 $x_1, x_2 \in I$(设 $x_1 < x_2$),由拉格朗日公式都有

$$f(x_2) - f(x_1) = f'(\xi)(x_2 - x_1) \quad (x_1 < \xi < x_2).$$

由 $f'(\xi) = 0$,有 $f(x_2) \equiv f(x_1)$,所以 $f(x) \equiv C (x \in I)$.

由 x_1, x_2 的任意性可知,$f(x)$ 在区间 I 上为常数.据此有以下结论:

推论 3.1.1　如果函数 $f(x)$ 在区间 I 上的导数恒为 0,则 $f(x) \equiv C (x \in I, C$ 为常数).

推论 3.1.2　连续函数 $f(x), g(x)$ 在区间 I 上有 $f'(x) = g'(x)$,则 $f(x) = g(x) + C$.

证明　对于任意的 $x \in I$,设 $F(x) = f(x) - g(x)$,则 $F'(x) = f'(x) - g'(x) = 0$,所以 $F(x) = C$,即 $f(x) = g(x) + C$.

例 3.1.3　证明 $\arcsin x + \arccos x = \dfrac{\pi}{2} (-1 \leqslant x \leqslant 1)$.

证明　设 $f(x) = \arcsin x + \arccos x$,则在 $(-1, 1)$ 内 $f'(x) = 0$,由推论 3.1.1 可知

$$f(x) = \arcsin x + \arccos x = C,$$

令 $x = 0$,得 $C = \dfrac{\pi}{2}$.又因为 $f(\pm 1) = \dfrac{\pi}{2}$,故所证等式在定义域 $[-1, 1]$ 上成立.

例 3.1.4　证明当 $x > 0$ 时,$\dfrac{x}{1+x} < \ln(1+x) < x$.

证明　设 $f(x) = \ln(1+x)$,则 $f(x)$ 在 $[0, x]$ 上连续,在 $(0, x)$ 内可导,所以至少有一点 $\xi \in (0, x)$,使 $f(x) - f(0) = f'(\xi)(x - 0)$,即 $\ln(1+x) = f'(\xi) \cdot x$.因为 $f'(x) = \dfrac{1}{1+x}$,当 $\xi \in (0, x)$ 时,$\dfrac{1}{1+x} < f'(\xi) < 1$,所以 $\dfrac{x}{1+x} < \ln(1+x) < 1 \cdot x = x$.

例 3.1.5　设 $f(x)$ 在 $[a, b]$ 上连续,在 (a, b) 内二阶可导,连接点 $(a, f(a))$,$(b, f(b))$ 的直线和曲线 $y = f(x)$ 交于点 $(c, f(c))$,$a < c < b$,证明在 (a, b) 内至

少存在一点 ξ，使 $f''(\xi)=0$.

证明　因为 $f(x)$ 在 $[a,b]$ 上连续，在 (a,b) 内可导，又因为 $a<c<b$，所以至少存在一点 $\xi_1\in(a,c)$，使 $f'(\xi_1)=\dfrac{f(c)-f(a)}{c-a}$，且至少存在一点 $\xi_2\in(c,b)$，使 $f'(\xi_2)=\dfrac{f(b)-f(c)}{b-c}$. 因为点 $(a,f(a))$，$(b,f(b))$，$(c,f(c))$ 在同一直线上，所以 $f'(\xi_1)=f'(\xi_2)$. 又因为 $y'=f'(x)$ 在 (a,b) 内可导，故在 (ξ_1,ξ_2) 内可导，且在 $[\xi_1,\xi_2]$ 上连续. 由罗尔中值定理知，至少有一点 ξ，使 $[f'(x)]'|_{x=\xi}=f''(\xi)=0$，$\xi\in[\xi_1,\xi_2]\subset(a,b)$.

例 3.1.6　设小张上午 8:00 驾车从某收费站上高速公路，上午 9:30 从另一收费站下高速公路，两收费站相距 190 km，该段高速公路最高限速为 120 km/h. 刚下高速公路，一位交警拦住小张，向其递交了超速罚款单. 如果在这段行程中没人测量过该车的速度，试用拉格朗日中值定理说明对小张递交罚款单是否合理.

解　不妨记 8:00 为时刻 0，9:30 为时刻 1.5，则该车的路程函数可表示为 $s(t)$（$t\in[0,1.5]$）. 依题意，有 $s(0)=0$，$s(1.5)=190$. $s(t)$ 在 $[0,1.5]$ 上连续，在 $(0,1.5)$ 内可导（导数即为速度），则由拉格朗日中值定理，必有一点 $\xi\in(0,1.5)$ 满足

$$s'(\xi)=\frac{s(1.5)-s(0)}{1.5-0}=\frac{190}{1.5}\approx126.7,$$

即在某个时刻车速为 126.7 km/h，所以向小张递交超速罚单是合理的.

3.1.3　柯西中值定理

> **定理 3.1.4**［柯西（Cauchy）中值定理］　设函数 $f(x)$ 和 $g(x)$ 满足：
> (1) $f(x)$ 和 $g(x)$ 在闭区间 $[a,b]$ 上连续；
> (2) $f(x)$ 和 $g(x)$ 在开区间 (a,b) 内可导；
> (3) $f'(x)$ 和 $g'(x)$ 不同时为 0；
> (4) $g(a)\neq g(b)$，则存在 $\xi\in(a,b)$，使得 $\dfrac{f'(\xi)}{g'(\xi)}=\dfrac{f(b)-f(a)}{g(b)-g(a)}$.

注　该定理的证明只需构造辅助函数

$$F(x)=f(x)-f(b)-\frac{f(b)-f(a)}{g(b)-g(a)}[g(x)-g(a)],$$

应用罗尔中值定理即可证明.

在这个定理中,若取 $g(x) = x$,则

$$g(b) - g(a) = b - a, \quad g'(x) = 1,$$

于是柯西中值定理的结论变为

$$f'(\xi) = \frac{f(b) - f(a)}{b - a}.$$

这就是拉格朗日中值定理,可见拉格朗日中值定理是柯西中值定理的一个特例,柯西中值定理是拉格朗日中值定理的推广.

三个中值定理的关系:

　　　　　　　　　　　　推广
罗尔中值定理 ←————————→ 拉格朗日中值定理
　　　　　　　特例:$f(a) = f(b)$

　　　　　　　　推广
　　　←————————→ 柯西中值定理.
　　　特例:$F(x) = x$

例 3.1.7　设函数 $f(x)$ 在 $[0,1]$ 上连续, 在 $(0,1)$ 内可导,试证明至少存在一点 $\xi \in (0,1)$,使 $f'(\xi) = 2\xi[f(1) - f(0)]$.

证明　问题转化为证

$$\frac{f(1) - f(0)}{1 - 0} = \frac{f'(\xi)}{2\xi} = \left. \frac{f'(x)}{(x^2)'} \right|_{x = \xi}.$$

设 $F(x) = x^2$,则 $f(x)$, $F(x)$ 在 $[0,1]$ 上满足柯西中值定理的条件. 因此在 $(0,1)$ 内至少存在一点 ξ,使

$$\frac{f(1) - f(0)}{1 - 0} = \frac{f'(\xi)}{2\xi},$$

即 $f'(\xi) = 2\xi[f(1) - f(0)]$.

柯西中值定理的一个经典应用是用来推出求极限的一个重要法则——洛必达法则,相关内容将在下一节阐述.

习　题　3.1

1. 对函数 $y = \ln \sin x$ 在区间 $\left[\dfrac{\pi}{6}, \dfrac{5\pi}{6} \right]$ 上验证罗尔定理的正确性.

2. 证明:函数 $f(x) = px^2 + qx + r(p,q,r$ 为常数)在区间 $[a,b]$ 上应用拉格朗日中值定理所求得的点 ξ 是该区间的中点.

3. 设 $a_1, a_2, a_3, \cdots, a_n$ 为满足 $a_1 - \dfrac{a_2}{3} + \cdots + (-1)^{n-1} \dfrac{a_n}{2n-1} = 0$ 的实数. 试证:方程 $a_1 \cos x + a_2 \cos 3x + \cdots + a_n \cos(2n-1)x = 0$ 在 $\left(0, \dfrac{\pi}{2}\right)$ 内至少存在一个实根.

4. 设 $f(x)$ 在 $[a,b]$ 上连续,在 (a,b) 内可导,且 $f(a) = f(b) = 0$. 证明:存在 $\xi \in (a, b)$,使 $f'(\xi) = f(\xi)$ 成立.

5. 设函数 $f(x)$ 在 $[a,b]$ 上连续,在 (a,b) 内可导,且 $f(a) \cdot f(b) > 0$. 若存在常数 $c \in (a,b)$,使得 $f(a) \cdot f(c) < 0$. 试证:至少存在一点 $\xi \in (a,b)$,使得 $f'(\xi) = 0$.

6. 证明:

(1) $\arctan x + \operatorname{arccot} x = \dfrac{\pi}{2}, x \in [-\infty, +\infty]$;

(2) $\arcsin x + \arcsin \sqrt{1-x^2} = \dfrac{\pi}{2}, x \in [0,1]$;

(3) $\arcsin x - \arcsin \sqrt{1-x^2} = -\dfrac{\pi}{2}, x \in [-1,0]$;

(4) $|\tan x - \tan y| \geqslant |x-y|, x, y \in \left[-\dfrac{\pi}{2}, \dfrac{\pi}{2}\right]$;

(5) 当 $x > 1$ 时,$e^x > ex$.

7. 能否用下面的方法证明柯西中值定理? 为什么?

证　对 $f(x)$ 和 $g(x)$ 应用拉格朗日中值定理,可得

$$\frac{f(b) - f(a)}{g(b) - g(a)} = \frac{f'(\xi)(b-a)}{g'(\xi)(b-a)} = \frac{f'(\xi)}{g'(\xi)}.$$

3.2　洛必达法则

当 $x \to a$(或 $x \to \infty$)时,函数 $f(x)$ 与 $g(x)$ 都趋于 0 或都趋于 ∞,那么极限 $\lim\limits_{\substack{x \to a \\ (x \to \infty)}} \dfrac{f(x)}{g(x)}$ 可能存在,也可能不存在. 我们称此类极限为不定式(或待定型、未定式),分别记为 $\dfrac{0}{0}$ 型或 $\dfrac{\infty}{\infty}$ 型. 不定式的极限往往需要经过适当的变形,转化成可利用极限运算法则或重要极限的形式才能进行计算.

3.2.1　$\dfrac{0}{0}$ 型不定式

定理 3.2.1$\left[洛必达(\text{L'Hospital})法则\left(\dfrac{0}{0}型\right)(x\to a)\right]$　若：

(1) $\lim\limits_{x\to a}f(x)=0,\lim\limits_{x\to a}g(x)=0;$

(2) $f(x)$ 与 $g(x)$ 在点 a 的某个去心邻域中可导,且 $g'(x)\ne0;$

(3) $\lim\limits_{x\to a}\dfrac{f'(x)}{g'(x)}$ 存在(可以为有限值、∞、$+\infty$ 或 $-\infty$);

那么 $\lim\limits_{x\to a}\dfrac{f(x)}{g(x)}=\lim\limits_{x\to a}\dfrac{f'(x)}{g'(x)}.$

证明　由于 $f(x),g(x)$ 在点 a 的某去心邻域中可导,所以可假设 $f(a)=g(a)=0.$ 这样,$f(x),g(x)$ 就都在点 a 连续了.据此,由柯西中值定理得

$$\frac{f(x)}{g(x)}=\frac{f(x)-f(a)}{g(x)-g(a)}=\frac{f'(\xi)}{g'(\xi)}\quad[\xi\in(x,a)].$$

当 $x\to a$ 时,$\xi\to a$,则 $\lim\limits_{x\to a}\dfrac{f'(x)}{g'(x)}$ 存在,所以

$$\lim_{x\to a}\frac{f(x)}{g(x)}=\lim_{\xi\to a}\frac{f'(\xi)}{g'(\xi)}=\lim_{x\to a}\frac{f'(x)}{g'(x)}.$$

注　(1) 定理 3.2.1 中,将 $x\to a$ 换为

$$x\to a^{+},\quad x\to a^{-},\quad x\to\infty,\quad x\to+\infty,\quad x\to-\infty,$$

之一,只需条件(2)作相应的修改,定理 3.2.1 仍然成立.

(2) 若 $x\to a$ 时,$\dfrac{f'(x)}{g'(x)}$ 仍为 $\dfrac{0}{0}$ 型不定式,且 $f'(x),g'(x)$ 满足定理 3.2.1 中 $f(x),g(x)$ 所要满足的条件,那么可以继续使用洛必达法则.以此类推,即

$$\lim_{x\to a}\frac{f(x)}{g(x)}=\lim_{x\to a}\frac{f'(x)}{g'(x)}=\lim_{x\to a}\frac{f''(x)}{g''(x)}=\cdots$$

例 3.2.1　求 $\lim\limits_{x\to0}\dfrac{\sin ax}{\sin bx}(b\ne0).$

解　$\lim\limits_{x\to0}\dfrac{\sin ax}{\sin bx}=\lim\limits_{x\to0}\dfrac{a\cos ax}{b\cos bx}=\dfrac{a}{b}.$

例 3.2.2 求 $\lim\limits_{x\to 1}\dfrac{x^3-3x+2}{x^3-x^2-x+1}$.

解 $\lim\limits_{x\to 1}\dfrac{x^3-3x+2}{x^3-x^2-x+1}=\lim\limits_{x\to 1}\dfrac{3x^2-3}{3x^2-2x-1}=\lim\limits_{x\to 1}\dfrac{6x}{6x-2}=\dfrac{3}{2}$.

例 3.2.3 求 $\lim\limits_{x\to 0}\dfrac{x-\sin x}{x^3}$.

解 $\lim\limits_{x\to 0}\dfrac{x-\sin x}{x^3}=\lim\limits_{x\to 0}\dfrac{1-\cos x}{3x^2}=\lim\limits_{x\to 0}\dfrac{\sin x}{6x}=\dfrac{1}{6}$.

3.2.2　$\dfrac{\infty}{\infty}$ 型不定式

定理 3.2.2 $\left[\text{洛必达(L'Hospital)法则}\left(\dfrac{\infty}{\infty}\right)(x\to a)\right]$ 若：

(1) $\lim\limits_{x\to a}f(x)=\infty,\lim\limits_{x\to a}g(x)=\infty$；

(2) $f(x)$ 与 $g(x)$ 在点 a 的某个去心邻域中可导,且 $g'(x)\neq 0$；

(3) $\lim\limits_{x\to a}\dfrac{f'(x)}{g'(x)}$ 存在(可以为有限值、∞、$+\infty$ 或 $-\infty$)；

那么 $\lim\limits_{x\to a}\dfrac{f(x)}{g(x)}=\lim\limits_{x\to a}\dfrac{f'(x)}{g'(x)}$.

例 3.2.4 求 $\lim\limits_{x\to +\infty}\dfrac{\dfrac{\pi}{2}-\arctan x}{\dfrac{1}{x}}$.

解 $\lim\limits_{x\to +\infty}\dfrac{\dfrac{\pi}{2}-\arctan x}{\dfrac{1}{x}}=\lim\limits_{x\to +\infty}\dfrac{-\dfrac{1}{1+x^2}}{-\dfrac{1}{x^2}}=\lim\limits_{x\to +\infty}\dfrac{x^2}{1+x^2}=1$.

例 3.2.5 求 $\lim\limits_{x\to +\infty}\dfrac{3x^2-2x-1}{2x^3-x^2+5}$.

解 $\lim\limits_{x\to +\infty}\dfrac{3x^2-2x-1}{2x^3-x^2+5}=\lim\limits_{x\to +\infty}\dfrac{6x-2}{6x^2-2x}=\lim\limits_{x\to +\infty}\dfrac{6}{12x-2}=0$.

例 3.2.6 $\lim\limits_{x\to +\infty}\dfrac{\ln x}{x^n}(n>0)$.

解 $\lim\limits_{x\to +\infty}\dfrac{\ln x}{x^n}=\lim\limits_{x\to +\infty}\dfrac{\dfrac{1}{x}}{nx^{n-1}}=\lim\limits_{x\to +\infty}\dfrac{1}{nx^n}=0$.

即 $x \to +\infty$ 时,对数函数比指数函数趋近于无穷大的速度慢.

例 3.2.7　求 $\lim\limits_{x \to +\infty} \dfrac{x^n}{e^{\lambda x}}$($n$ 为正整数,$\lambda > 0$).

解　$\lim\limits_{x \to +\infty} \dfrac{x^n}{e^{\lambda x}} = \lim\limits_{x \to +\infty} \dfrac{nx^{n-1}}{\lambda e^{\lambda x}} = \lim\limits_{x \to +\infty} \dfrac{n(n-1)x^{n-2}}{\lambda^2 e^{\lambda x}} = \cdots = \lim\limits_{x \to +\infty} \dfrac{n!}{\lambda^n e^{\lambda x}} = 0.$

即当 $x \to +\infty$ 时,指数函数比幂函数趋近无穷大的速度慢.

3.2.3　其他类型不定式

除了 $\dfrac{0}{0}$ 和 $\dfrac{\infty}{\infty}$ 型不定式外,还有 $0 \cdot \infty$,$\infty - \infty$(同时为 $+\infty$ 或同时为 $-\infty$ 型),

0^0,1^∞,∞^0 型等不定式,这些不定式可以转化为 $\dfrac{0}{0}$ 或 $\dfrac{\infty}{\infty}$ 型不定式来计算:通过取倒

数、通分、取对数等方法将其转化为 $\dfrac{0}{0}$ 或 $\dfrac{\infty}{\infty}$ 型,再运用洛必达法则求解.

例 3.2.8　求 $\lim\limits_{x \to 0^+} x^n \ln x$($n > 0$)($0 \cdot \infty$ 型).

解　$\lim\limits_{x \to 0^+} x^n \ln x = \lim\limits_{x \to 0^+} \dfrac{\ln x}{x^{-n}} = \lim\limits_{x \to 0^+} \dfrac{\dfrac{1}{x}}{-nx^{-n-1}}$

$\qquad\qquad = \lim\limits_{x \to 0^+} \dfrac{-1}{nx^{-n}} = \lim\limits_{x \to 0^+} \dfrac{-x^n}{n} = 0$　$\left(\text{这里化为} \dfrac{\infty}{\infty} \text{型}\right).$

注　$0 \cdot \infty$ 型不定式可以化为 $\dfrac{0}{0}$ 或 $\dfrac{\infty}{\infty}$ 型不定式,但为计算简便,一般把它化为

易求导的类型$\left(\text{如在例 3.2.8 不易化为} \dfrac{0}{0} \text{型,就化为} \dfrac{\infty}{\infty} \text{型}\right).$

例 3.2.9　求 $\lim\limits_{x \to \frac{\pi}{2}} (\sec x - \tan x).$

解　$\lim\limits_{x \to \frac{\pi}{2}} (\sec x - \tan x) = \lim\limits_{x \to \frac{\pi}{2}} \dfrac{1 - \sin x}{\cos x} = \lim\limits_{x \to \frac{\pi}{2}} \dfrac{-\cos x}{-\sin x} = 0.$

注　0^0,∞^0,1^∞ 型不定式的计算,一般对 $y = f(x)^{g(x)}$ 两边同时取对数,则右边

$g(x) \cdot \ln f(x)$ 为 $0 \cdot \infty$ 型,再化为 $\dfrac{0}{0}$ 或 $\dfrac{\infty}{\infty}$ 型.

例 3.2.10　求 $\lim\limits_{x \to 0^+} x^x$($0^0$ 型).

解　设 $y = x^x$,两边取对数,得

$$\ln y = x \ln x.$$

又

$$\lim_{x \to 0^+} \ln y = \lim_{x \to 0^+} x \cdot \ln x = \lim_{x \to 0^+} \frac{\ln x}{x^{-1}} = \lim_{x \to 0^+} \frac{\frac{1}{x}}{-x^{-2}} = \lim_{x \to 0^+} (-x) = 0,$$

所以

$$\lim_{x \to 0^+} y = \lim_{x \to 0^+} e^{\ln y} = e^0 = 1.$$

例 3.2.11　求 $\lim_{x \to \infty} \left(1 + \frac{a}{x}\right)^x$.

解　令 $y = \left(1 + \frac{a}{x}\right)^x$，则 $\ln y = x \ln \left(1 + \frac{a}{x}\right)$，故

$$\lim_{x \to \infty} \ln y = \lim_{x \to \infty} \left[\frac{\ln \left(1 + \frac{a}{x}\right)}{x^{-1}}\right] = \lim_{x \to \infty} \frac{\frac{1}{1 + \frac{a}{x}} \cdot \left(-\frac{a}{x^2}\right)}{-\frac{1}{x^2}} = a,$$

从而

$$\lim_{x \to \infty} y = \lim_{x \to \infty} e^{\ln y} = e^{\lim_{x \to \infty} \ln y} = e^a.$$

注　在使用洛必达法则求极限时，应注意以下两点：

(1) 每次使用法则前，必须检查不定式是否属于 $\frac{0}{0}$ 或 $\frac{\infty}{\infty}$ 型；

(2) 洛必达法则是确定不定式极限的一种有效的方法，但若与其他求极限的方法相结合〔如等价无穷小代换，重要极限、非零极限值的因子用其极限值代替，分子(分母)有理化，分子与分母同时除以两者的最高次项，约分等〕，则可使运算更简捷.

例 3.2.12　求 $\lim_{x \to 0} \frac{\tan x - x}{x^2 \sin x}$.

解　$\lim_{x \to 0} \frac{\tan x - x}{x^2 \sin x} = \lim_{x \to 0} \left(\frac{\tan x - x}{x^3} \cdot \frac{x}{\sin x}\right) = \lim_{x \to 0} \frac{\tan x - x}{x^3}$

$$= \lim_{x \to 0} \frac{\sec^2 x - 1}{3x^2} = \lim_{x \to 0} \frac{1 - \cos^2 x}{3x^2 \cos^2 x} = \lim_{x \to 0} \frac{\sin^2 x}{3x^2 \cos^2 x} = \frac{1}{3}.$$

例 3.2.13　求 $\lim_{x \to 0} \frac{3x - \sin x}{(1 - \cos x)\ln(1 + 2x)}$.

解　$\lim\limits_{x\to0}\dfrac{3x-\sin x}{(1-\cos x)\ln(1+2x)}=\lim\limits_{x\to0}\dfrac{3x-\sin 3x}{\dfrac{1}{2}x^2\cdot 2x}=\lim\limits_{x\to0}\dfrac{3x-\sin 3x}{x^3}$

$$=\lim_{x\to0}\frac{3-3\cos 3x}{3x^2}=\lim_{x\to0}\frac{3\sin 3x}{2x}=\frac{9}{2}.$$

例 3.2.14　求　$\lim\limits_{x\to0^+}\left(\dfrac{\sin x}{x}\right)^{\csc x}$.

解　因为

$$\lim_{x\to0^+}\left(\frac{\sin x}{x}\right)^{\csc x}=\mathrm{e}^{\lim\limits_{x\to0^+}\ln\left(\frac{\sin x}{x}\right)^{\csc x}},$$

且

$$\lim_{x\to0^+}\ln\left(\frac{\sin x}{x}\right)^{\csc x}=\lim_{x\to0^+}\csc x\ln\left(\frac{\sin x}{x}\right)=\lim_{x\to0^+}\frac{\ln\left(\dfrac{\sin x}{x}\right)}{\sin x}$$

$$=\lim_{x\to0^+}\left\{\frac{\ln\left[\left(\dfrac{\sin x}{x}-1\right)+1\right]}{\dfrac{\sin x}{x}-1}\cdot\frac{\dfrac{\sin x}{x}-1}{\sin x}\right\}$$

$$=\lim_{x\to0^+}\frac{\sin x-x}{\sin x\cdot x}=\lim_{x\to0^+}\frac{-\sin x}{-x\sin x+2\cos x}=0,$$

所以

$$\lim_{x\to0^+}\left(\frac{\sin x}{x}\right)^{\csc x}=\mathrm{e}^{\lim\limits_{x\to0^+}\ln\left(\frac{\sin x}{x}\right)^{\csc x}}=\mathrm{e}^0=1.$$

(3) 洛必达法则只是充分条件而不是必要条件,遇到 $\lim\dfrac{f'(x)}{g'(x)}$ 不存在且不为无穷大时,并不能断定 $\lim\dfrac{f(x)}{g(x)}$ 不存在,这时需用其他方法求极限.

例 3.2.15　求　$\lim\limits_{x\to\infty}\dfrac{x+\sin x}{x-\sin x}$.

解　因为

$$\frac{(x+\sin x)'}{(x-\sin x)'}=\frac{1+\cos x}{1-\cos x}=\frac{2\cos^2\dfrac{x}{2}}{2\sin^2\dfrac{x}{2}}=\cot^2\frac{x}{2}$$

而 $\lim\limits_{x\to\infty}\cot^2\dfrac{x}{2}$ 不存在,所以需用其他方法求解,如

$$\lim_{x \to \infty} \frac{x + \sin x}{x - \sin x} = \lim_{x \to \infty} \frac{1 + \dfrac{\sin x}{x}}{1 - \dfrac{\sin x}{x}} = 1.$$

注　例 3.2.15 中,虽然 $\dfrac{f'(x)}{g'(x)}$ 的极限不存在,但是 $\dfrac{f(x)}{g(x)}$ 的极限依然可能存在. 洛必达法则只是求极限的一种工具,当极限满足洛必达法则的应用条件时,才能应用洛必达法则结论,否则会导致错误结果.

习 题 3.2

1. 验证 $\lim\limits_{x \to 0} \dfrac{x^2 \sin \dfrac{1}{x}}{\sin x}$ 存在,但不能用洛必达法则计算.

2. 利用洛必达法则计算下列极限:

(1) $\lim\limits_{x \to 0} \dfrac{e^{2x} - 1}{\sin x}$;　　　　(2) $\lim\limits_{x \to +\infty} (\ln x)^{\frac{1}{x}}$;　　　(3) $\lim\limits_{x \to \infty} x e^{\frac{1}{x^2}}$;

(4) $\lim\limits_{x \to 0} \dfrac{e^x - e^{\sin x}}{x - \sin x}$;　　　(5) $\lim\limits_{x \to +\infty} \left(\dfrac{2}{\pi} \arctan x \right)^x$;　(6) $\lim\limits_{x \to \infty} \left[x - x^2 \ln \left(1 + \dfrac{1}{x} \right) \right]$;

(7) $\lim\limits_{x \to 1} x^{\frac{1}{1-x}}$;　　　　(8) $\lim\limits_{n \to \infty} \left(n \tan \dfrac{1}{n} \right)^{n^2}$;　　(9) $\lim\limits_{x \to 0} \left(\dfrac{\sin x}{x} \right)^{\frac{1}{1 - \cos x}}$;

(10) $\lim\limits_{x \to +0} (\cos \sqrt{x})^{\frac{\pi}{x}}$;　(11) $\lim\limits_{x \to 0^+} (\cot x)^{\frac{1}{\ln x}}$;　　　(12) $\lim\limits_{x \to +\infty} (e^{3x} - 5x)^{\frac{1}{x}}$.

3. 设 $f(x) = \begin{cases} \dfrac{g(x)}{x} & x \neq 0 \\ 0 & x = 0 \end{cases}$ 且 $g(0) = g'(0) = 0, g''(0) = 3$,求 $f'(0)$.

4. 设函数 $f(x)$ 有连续的二阶导数,证明

$$\lim_{h \to 0} \frac{f(x + h) - 2f(x) + f(x - h)}{h^2} = f''(x).$$

5. 设函数 $f(x)$ 在 $[a, +\infty]$ 上有界,$f'(x)$ 存在,且 $\lim\limits_{x \to +\infty} f'(x) = b$,证明 $b = 0$.

3.3　泰 勒 公 式

在第 2 章中,我们利用"以直代曲"的思想,把复杂的函数简化为直线函数,取得了近似计算公式:当 $|x - x_0|$ 充分小时,有 $f(x) \approx f(x_0) + f'(x_0)(x - x_0)$. 解决

了一些近似计算问题,但是这些近似计算还存在明显的不足之处:精度不高,所产生的误差仅仅是 $x - x_0$ 的高阶无穷小;用它来做近似计算时,无法估计误差的大小.那么,对于精度要求较高且需要控制误差的情况,如何构造计算相对简单的高次多项式,通过"以直代曲"思想来近似函数 $f(x)$,使其误差是 $(x - x_0)^n$ 的高阶无穷小,且随着 n 的增大,其误差越来越小? 此时,给出误差估计公式成为迫切需要解决的问题.下面介绍的泰勒公式(图 3.3.1)将解决上述问题.

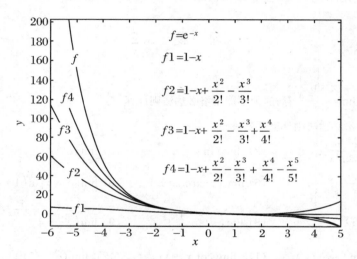

图 3.3.1　在 $x = 0$ 附近泰勒展开逼近 e^{-x} 的效果

　　将 n 次多项式

$$f(x) = c_0 + c_1 x + c_2 x^2 + \cdots + c_n x^n$$

改写成

$$f(x) = a_0 + a_1(x - x_0) + a_2(x - x_0)^2 + \cdots + a_n(x - x_0)^n,$$

则有

$$a_k = \frac{f^{(k)}(x_0)}{k!} \quad [k = 0,1,2,\cdots,n; f^{(0)}(x_0) = f(x_0)],$$

于是将 n 次多项式 $f(x)$ 按 $x - x_0$ 的幂次展开,它的各项系数 a_k 由 $\dfrac{f^{(k)}(x_0)}{k!}$ 唯一确定,即

$$f(x) = f(x_0) + f'(x_0)(x - x_0) + \frac{f''(x_0)}{2!}(x - x_0)^2 + \cdots + \frac{f^{(n)}(x_0)}{n!}(x - x_0)^n.$$

实际上,任何一个函数 $f(x)$(不局限于多项式函数),只要存在 n 阶导数,则总可以相应地写出一个多项式,记作 $P_n(x)$,则

$$P_n(x) = f(x_0) + \frac{f'(x_0)}{1!}(x - x_0) + \frac{f''(x_0)}{2!}(x - x_0)^2 + \cdots + \frac{f^{(n)}(x_0)}{n!}(x - x_0)^n.$$

我们称 $P_n(x)$ 为 $f(x)$ 在点 x_0 的 n 次泰勒多项式.那么 $f(x)$ 与 $P_n(x)$ 之间有什么关系呢?

3.3.1　泰勒中值定理

> **定理 3.3.1**［泰勒(Taylor)中值定理］　如果函数 $f(x)$ 在含有 x_0 的某个开区间 (a,b) 内具有 $n+1$ 阶导数,则对于任意的 $x \in (a,b)$,$f(x)$ 都可以表示为 $x - x_0$ 的一个 n 次多项式与一个余项 $R_n(x)$ 之和:
>
> $$f(x) = f(x_0) + f'(x_0)(x - x_0) + \frac{f''(x_0)}{2!}(x - x_0)^2$$
> $$+ \cdots \frac{f^{(n)}(x_0)}{n!}(x - x_0)^n + R_n(x).$$
>
> 该式称为 $f(x)$ 按 $x - x_0$ 的幂展开的 n 阶泰勒公式.其中:
>
> (1) $R_n(x) = \dfrac{f^{(n+1)}(\xi)}{(n+1)!}(x - x_0)^{n+1}$($\xi$ 是 x_0 与 x 之间的某个值)
>
> 称为**拉格朗日型余项**;
>
> (2) $R_n(x) = o[(x - x_0)^n]$ 称为**佩亚诺型余项**.

证明从略.

注　(1) 当 $n = 0$ 时,泰勒公式变为拉格朗日公式:

$$f(x) = f(x_0) + f'(\xi)(x - x_0).$$

可记 $\xi = x_0 + \theta(x - x_0)(0 < \theta < 1)$,故泰勒中值定理是拉格朗日中值定理的推广.

(2) 当 $n = 1$ 时,泰勒公式变为

$$f(x) = f(x_0) + f'(x_0)(x - x_0) + \frac{f''(\xi)}{2!}(x - x_0)^2.$$

当 x 与 x_0 充分接近时,有一阶微分的近似计算公式:

$$f(x) \approx f(x_0) + f'(x_0)(x - x_0),$$

误差为

$$R_1(x) = \frac{f''(\xi)}{2!}(x - x_0)^2.$$

(3)$\left| R_n(x) \right|$称为用多项式$P_n(x)$近似代替$f(x)$时的误差. 如果对某个固定的n, 当$x \in (a, b)$时, 都有$\left| f^{(n+1)}(x) \right| \leqslant M$($M$为常数), 则有**误差估计公式**为

$$\left| R_n(x) \right| = \left| \frac{f^{(n+1)}(\xi)}{(n+1)!}(x - x_0)^{n+1} \right| \leqslant \frac{M}{(n+1)!} \left| x - x_0 \right|^{n+1}.$$

3.3.2　麦克劳林公式

取$x_0 = 0$时, 泰勒公式可称为麦克劳林(Maclaurin)公式, 即

> (1)$f(x) = f(0) + f'(0)x + \dfrac{f'(0)}{2!}x^2 + \cdots + \dfrac{f^{(n)}(0)}{n!}x^n + $
>
> $\dfrac{f^{(n+1)}(\theta x)}{(n+1)!}x^{n+1}$($0 < \theta < 1$)称为**带有拉格朗日型余项的麦克劳林公式**.
>
> (2)$f(x) = f(0) + f'(0)x + \cdots + \dfrac{f^{(n)}(0)}{n!}x^n + o(x^n)$称为**带有佩**
>
> **亚诺型余项的麦克劳林公式**.

例 3.3.1　(1)写出函数$f(x) = e^x$的带有拉格朗日型余项的麦克劳林公式;
(2)(续例3.0.1)给出$e^{0.8}$的近似值, 使其误差不超过10^{-8}.

解　(1)因

$$f'(x) = e^x, f''(x) = e^x, f'''(x) = e^x, \cdots, f^{(n)}(x) = e^x,$$

故

$$f(0) = f'(0) = f''(0) = \cdots = f^{(n)}(0) = 1,$$

且

$$R_n(x) = \frac{f^{(n+1)}(\theta x)}{(n+1)!}x^{n+1} = \frac{e^{\theta x}}{(n+1)!}x^{n+1} \quad (0 < \theta < 1),$$

从而$f(x) = e^x$的带有拉格朗日型余项的n阶麦克劳林公式为

$$e^x = 1 + x + \frac{x^2}{2!} + \cdots + \frac{x^n}{n!} + \frac{e^{\theta x}}{(n+1)!}x^{n+1} \quad (0 < \theta < 1);$$

(2)当$x = 0.8$时, 有

$$e^{0.8} = 1 + 0.8 + \frac{0.8^2}{2!} + \cdots + \frac{0.8^n}{n!} + \frac{e^{0.8\theta}}{(n+1)!} 0.8^{n+1} \quad (0 < \theta < 1),$$

误差估计为

$$R_n(0.8) = \frac{e^{0.8\theta}}{(n+1)!} 0.8^{n+1} < \frac{3 \times 0.8^{n+1}}{(n+1)!},$$

经计算,当 $n = 10$ 时,有

$$R_{10}(0.8) < \frac{3 \times 0.8^{11}}{11!} < 10^{-8},$$

从而略去 $R_{10}(0.8)$,得

$$e^{0.8} \approx 1 + 0.8 + \frac{0.8^2}{2!} + \cdots + \frac{0.8^{10}}{10!} \approx 2.225\,540\,93.$$

例 3.3.2 写出 $f(x) = \sin x$ 的带有佩亚诺型余项的麦克劳林公式.

解 因 $f^{(n)}(x) = \sin\left(x + \frac{n\pi}{2}\right)$,故

$$f^{(n)}(0) = \sin\frac{n\pi}{2} = \begin{cases} 0 & n = 2k \\ (-1)^k & n = 2k+1 \end{cases},$$

即有 $f(0) = 0, f'(0) = 1, f''(0) = 0, f'''(0) = -1, f^{(4)}(0) = 0, \cdots$ 此后依次按照 $0, 1,$ $0, -1$ 循环出现,故带有佩亚诺型余项的麦克劳林公式为

$$\sin x = x - \frac{x^3}{3!} + \frac{x^5}{5!} + \cdots + (-1)^{m-1} \frac{x^{2m-1}}{(2m-1)!} + o(x^{2m+1}).$$

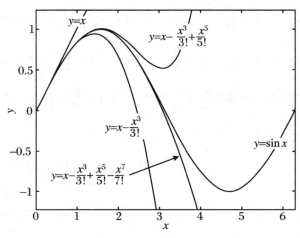

图 3.3.2 $\sin x$ 在 $x = 0$ 右侧泰勒展开逼近效果

例 3.3.3 设 $\lim\limits_{x\to 0}\dfrac{f(x)}{x}=1$，且 $f''(x)>0$，证明 $f(x)\geqslant x$.

证明 易知 $\lim\limits_{x\to 0}f(x)=0$，则 $f(0)=0$，所以 $\lim\limits_{x\to 0}\dfrac{f(x)-f(0)}{x-0}=f'(0)=1$.

由麦克劳林公式得

$$f(x)\approx f(0)+f'(0)x+\frac{f''(\xi)}{2!}x^2=x+\frac{f''(\xi)}{2!}x^2,$$

因为 $f''(x)>0$，故 $f(x)\geqslant x$.

例 3.3.4 利用带有佩亚诺型余项的麦克劳林公式，求下列极限：

$$\lim_{x\to 0}\frac{\sin x-x\cos x}{\sin^3 x}.$$

解 $\sin x=x-\dfrac{x^3}{3!}+o(x^3)$，$x\cos x=x-\dfrac{x^3}{2!}+o(x^3)$，故

$$\lim_{x\to 0}\frac{\sin x-x\cos x}{\sin^3 x}=\lim_{x\to 0}\frac{\dfrac{1}{3}x^3+o(x^3)}{x^3}=\frac{1}{3}.$$

注 $o(x^3)-o(x^3)\neq 0$，$o(x^3)-o(x^3)$ 仍然为 $o(x^3)$.

几个常用初等函数的麦克劳林公式：

(1) $e^x=1+x+\dfrac{x^2}{2!}+\cdots+\dfrac{x^n}{n!}+o(x^n)\,(0<\theta<1)$；

(2) $\sin x=x-\dfrac{x^3}{3!}+\dfrac{x^5}{5!}-\cdots+(-1)^n\dfrac{x^{2n+1}}{(2n+1)!}+o(x^{2n+2})$；

(3) $\cos x=1-\dfrac{x^2}{2!}+\dfrac{x^4}{4!}-\dfrac{x^6}{6!}+\cdots+(-1)^n\dfrac{x^{2n}}{(2n)!}+o(x^{2n})$；

(4) $\ln(1+x)=x-\dfrac{x^2}{2}+\dfrac{x^3}{3}-\cdots+(-1)^n\dfrac{x^{n+1}}{n+1}+o(x^{n+1})$；

(5) $\dfrac{1}{1-x}=1+x+x^2+\cdots+x^n+o(x^n)$；

(6) $(1+x)^\alpha=1+\alpha x+\dfrac{\alpha(\alpha-1)}{2!}x^2+\cdots+\dfrac{\alpha(\alpha-1)\cdots(\alpha-n+1)}{n!}$
$x^n+o(x^n)$.

习 题 3.3

1. 求函数 $f(x) = \tan x$ 的带有拉格朗日型余项的三阶麦克劳林公式.

2. 求函数 $f(x) = x\mathrm{e}^x$ 的带有佩亚诺型余项的 n 阶麦克劳林公式.

3. 利用三阶泰勒展开式求下列各数的近似值:(1) $\sqrt[3]{30}$;(2) $\ln 1.2$.

4. 应用泰勒公式计算极限:

(1) $\lim\limits_{x\to 0}\dfrac{\mathrm{e}^{x^2} + 2\cos x - 3}{x^4}$; (2) $\lim\limits_{x\to 0}\dfrac{\mathrm{e}^x\sin x - x(1+x)}{x^2\sin x}$; (3) $\lim\limits_{x\to 0}\dfrac{\cos x\ln(1+x) - x}{x^2}$.

5. 证明:当 $x > 0$ 时,$\ln(1+x) > x - \dfrac{1}{2}x^2$.

6. 证明:当 $0 < x < \dfrac{\pi}{2}$ 时,$2x < \sin x + \tan x$.

3.4 函数的极值与最值

很多实际问题都与函数的单调性、极值以及最值紧密相关.举例如下:

例 3.4.1 铁路线上 AB 段长 100 km,工厂 C 到铁路的距离 CA 为 20 km (图 3.4.1).现要在 AB 上某一点 D 处向 C 修一条公路,已知铁路每千米的运费与公路每千米的运费之比为 $3:5$.为了使原料从供应站 B 运到工厂 C 的运费最少,D 点应选在何处?

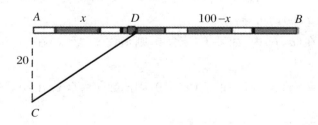

图 3.4.1 铁路线图

这是一个与函数最小值有关的实际问题,那么如何寻找函数的最小值呢? 我们首先研究函数的单调性,然后在函数的单调性基础上研究函数极值,最后再探讨函数的最值问题.

3.4.1 函数的单调性

设函数 $y = f(x)$ 在 $[a,b]$ 上可导,先从几何图形(图 3.4.2)直观地观察并分析函数单调性的特点.

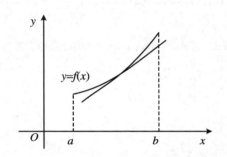 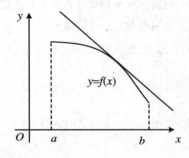

图 3.4.2 函数曲线的单调性

从图 3.4.2 中可以发现,如果函数 $y = f(x)$ 在 $[a,b]$ 上单调递增,则它的图形是一条沿 x 轴正向上升的曲线,曲线上各点处的切线斜率是非负的,即 $y' = f'(x) \geqslant 0$. 如果函数 $y = f(x))$ 在 $[a,b]$ 上单调递减,则它的图形是一条沿 x 轴正向下降的曲线,曲线上各点处的切线斜率是非正的,即 $y' = f'(x) \leqslant 0$. 由此可见,函数的单调性与导数的符号有着紧密的联系,那么能否用导数的符号来判定函数的单调性呢? 回答是肯定的.

> **定理 3.4.1**(函数单调性的判定法) 设函数 $y = f(x)$ 在 $[a,b]$ 上连续,在 (a,b) 内可导,则:
>
> (1) 在 (a,b) 内,如果 $f'(x) > 0$,则函数 $y = f(x)$ 在 $[a,b]$ 上单调递增;
>
> (2) 在 (a,b) 内,如果 $f'(x) < 0$,则函数 $y = f(x)$ 在 $[a,b]$ 上单调递减.

证明 (1) 对于任意的 $x_1, x_2 \in (a,b)$,设 $x_1 < x_2$,则 $f(x)$ 在 $[x_1, x_2]$ 上连续,在 (x_1, x_2) 内可导,且 $f(x_2) - f(x_1) = f'(\xi)(x_2 - x_1)(x_1 < \xi < x_2)$. 因 $f'(\xi) > 0, x_2 - x_1 > 0$,故 $f(x_2) > f(x_1)$,即 $y = f(x)$ 在 $[a,b]$ 上单调递增.

同理可证情形(2).

注 定理 3.4.1 中的区间 $[a,b]$ 可改为任意区间;若在区间 (a,b) 内个别点处 $f'(x)=0$,在其余各处 $f'(x)$ 均为正(或负),则 $f(x)$ 在该区间上仍是单调递增(或减少)的.

例 3.4.2 判定函数 $y=\mathrm{e}^{-x}$ 的单调性.

解 函数的定义域为 $(-\infty,+\infty)$, $y'=-\mathrm{e}^{-x}=-\dfrac{1}{\mathrm{e}^x}<0$,故 $y=\mathrm{e}^{-x}$ 在 $(-\infty,+\infty)$ 上单调递减.

例 3.4.3 判定函数 $y=x^3$ 的单调性.

解 函数的定义域为 $(-\infty,+\infty)$, $y'=3x^2\geqslant0$,且除了点 $x=0$ 处, $y'=3x^2\big|_{x=0}=0$ 外,在其他的各点处均有 $y'=3x^2\big|_{x\neq0}>0$.所以 $y=x^3$ 是单调递增函数(图 3.4.3).

有时,函数在它的定义域上不是单调的.这时就需要把考察范围划分为若干个单调区间.如图 3.4.4 所示,在考察范围 $[a,b]$ 上,函数 $f(x)$ 并不是单调的,但可以将 $[a,b]$ 划分为 $[a,x_1]$, $[x_1,x_2]$, $[x_2,b]$ 三个小区间,在 $[a,x_1]$, $[x_2,b]$ 上 $f(x)$ 单调递增,而在 $[x_1,x_2]$ 上单调递减.由此可看出,A,B 两点的左、右两边函数的单调性是不同的.

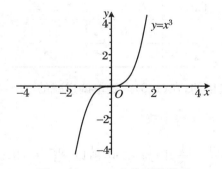

图 3.4.3 $y=x^3$ 的函数图形

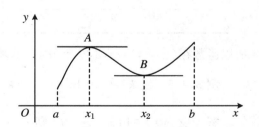

图 3.4.4 分段考察函数的单调性

注 如果 $f(x)$ 在 $[a,b]$ 上可导,那么在单调区间的分界点处导数为 0,即 $f'(x_1)=f'(x_2)=0$.对于可导函数,为了确定函数的单调区间,只要求出在 (a,b) 内的导数为 0 的点.一般称使得 $f'(x)=0$ 的点为函数 $f(x)$ 的驻点.

> 确定可导函数 $f(x)$ 单调区间的方法:
>
> (1) 求出函数 $f(x)$ 在考察范围 I(除指定范围外,一般是指函数的定义域)内部的全部驻点;
>
> (2) 用这些驻点将 I 分成若干个子区间;
>
> (3) 在每个子区间上用定理 3.4.1 判断函数 $f(x)$ 的单调性,此时常列表表示结论.

注　划分单调区间的点,不一定全都是驻点,某些不可导点的左、右两边的单调性也不同.如 $x=0$ 是 $f(x)=\sqrt[3]{x^2}$ 的不可导点,但当 $x<0$ 时,$f'(x)<0$;当 $x>0$ 时,$f'(x)>0$.因此 $x<0$ 时,$f(x)$ 单调递减;当 $x>0$ 时,$f(x)$ 单调递增.

例 3.4.4　判定函数 $y=\dfrac{1}{3}x^3-2x^2+3x$ 的单调性.

解　函数的定义域为 $(-\infty,+\infty)$,且
$$y'=x^2-4x+3=(x-1)(x-3).$$
令 $y'=0$,得 $x_1=1,x_2=3$.这两个点把定义域 $(-\infty,+\infty)$ 分成三个小区间(表 3.4.1).

表 3.4.1　三个小区间内函数的单调性

x	$(-\infty,1)$	1	$(1,3)$	3	$(3,+\infty)$
y'	+	0	−	0	+
y	↗		↘		↗

所以函数在 $(-\infty,1)\bigcup(3,+\infty)$ 内是单调递增的,在 $(1,3)$ 内是单调递减的.

例 3.4.5　设 $k>0$,求 $\ln x-\dfrac{x}{e}+k=0$ 的实根个数.

解　设 $f(x)=\ln x-\dfrac{x}{e}+k$,则 $f'(x)=\dfrac{1}{x}-\dfrac{1}{e}$,因为 $x>0$,所以:当 $x\in(0,e)$ 时,$f'(x)>0$,$f(x)$ 在 $(0,e)$ 单调递增;当 $x\in(e,+\infty)$ 时,$f'(x)<0$,$f(x)$ 在 $(e,+\infty)$ 上单调递减.

因为
$$f(e)=\ln e-1+k=k>0,\quad \lim_{x\to 0^+}f(x)=\lim_{x\to 0^+}\left(\ln x-\frac{x}{e}+k\right)=-\infty,$$

$$\lim_{x \to +\infty} f(x) = \lim_{x \to +\infty} \left(\ln x - \frac{x}{e} + k \right) = \lim_{x \to +\infty} \left(\ln x - \ln e^{\frac{x}{e}} \right)$$

$$= \lim_{x \to +\infty} \left(\ln \frac{x}{e^{\frac{x}{e}}} \right),$$

$$\lim_{x \to +\infty} \frac{x}{e^{\frac{x}{e}}} = \lim_{x \to +\infty} \frac{1}{e^{\frac{x}{e}} \cdot \frac{1}{e}} = 0 \quad \text{且} \quad \frac{x}{e^{\frac{x}{e}}} > 0,$$

所以 $\lim\limits_{x \to +\infty} f(x) = -\infty$. 如图 3.4.5 所示, 在 $(0, e)$ 及 $(e, +\infty)$ 上各有一实根, 即有两个实根.

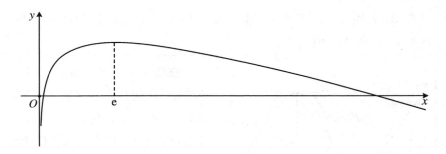

图 3.4.5 曲线 $y = \ln x - \dfrac{x}{e} + k(k > 0)$ 的示意图

3.4.2 函数的极值

函数极值的定义在 3.1 节中已经给出. 我们已经知道极值是局部概念: 极值只是极值点附近的最值, 而不是整个定义域上的最值; 甚至有时候函数的极大值不一定大于极小值. 那么到底如何判断极值点呢?

在图 3.4.6 中, $f(x_1)$ 是 $f(x)$ 的一个极大值, 但并不是 $f(x)$ 在 $[a, b]$ 上的最大值, 且极小值 $f(x_4)$ 大于极大值 $f(x_1)$. 从图 3.4.6 还可以看出, 对于可导函数, 曲线在极值点处具有水平切线. 事实上, 有如下定理:

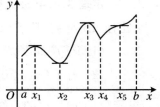

图 3.4.6 函数 $f(x)$ 的图形

定理 3.4.2[可导函数取得极值的必要条件：费马（Fermat）定理] 设函数 $f(x)$ 在点 x_0 处可导，且在 x_0 处取得极值，则 $f'(x_0)=0$.

定理 3.4.3（极值存在的第一充分条件）　如图 3.4.7 所示，设函数 $y=f(x)$ 在点 x_0 的某去心邻域内可导[$f'(x_0)$ 可以不存在]，则：

（1）若当 $x<x_0$ 时，$f'(x)>0$，当 $x>x_0$ 时，$f'(x)<0$，则 $f(x)$ 在 x_0 处取得极大值；

（2）若当 $x<x_0$ 时，$f'(x)<0$，当 $x>x_0$ 时，$f'(x)>0$，则 $f(x)$ 在 x_0 处取得极小值；

（3）若当 $x<x_0$ 及 $x>x_0$ 时，都有 $f'(x)>0$ 或都有 $f'(x)<0$，则 $f(x)$ 在 x_0 处无极值.

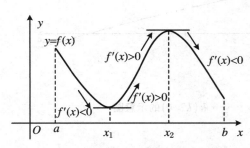

图 3.4.7　极值存在第一充分条件判别示意图

证明　（1）由函数的单调性可知，存在点 x_0 的某去心邻域 δ，使得 $f(x)$ 在 $(x_0-\delta,x_0)$ 上递增，在 $(x_0,x_0+\delta)$ 上递减，故对于任意的 $x\in U^o(x_0,\delta)$，总有 $f(x)<f(x_0)$，即 $f(x)$ 在点 x_0 处取得极大值.

同理可证（2），（3）.

注　$y=x^3$ 在点 $(0,0)$ 处无极值，从图 3.4.3 也可以直观地发现函数在此点无极值.

定理 3.4.4（极值存在的第二充分条件）　设函数 $y=f(x)$ 在点 x_0 处有二阶导数，且 $f'(x_0)=0,f''(x_0)\neq0$：

（1）若 $f''(x_0)<0$，则 $f(x)$ 在点 x_0 处取得极大值 $f(x_0)$；

（2）若 $f''(x_0)>0$，则 $f(x)$ 在点 x_0 处取得极小值 $f(x_0)$.

求函数 $f(x)$ 极值的一般步骤如下：

（1）写出函数的定义域；

（2）求函数的导数 $f'(x)$，并找出驻点和不可导点；

（3）用驻点和不可导点把定义域分成若干区间，列表，根据定理 3.4.3 和定理

3.4.4以及极值的定义判断驻点和不可导点是否为极值点;

（4）求出函数的极值.

从例 3.4.4 可知,函数 $y = \frac{1}{3}x^3 - 2x^2 + 3x$ 有 $x_1 = 1, x_2 = 3$ 两个驻点:点 $x_1 = 1$ 为函数的极大值点,其极大值为 $f(1) = \frac{1}{3} \times 1^3 - 2 \times 1^2 + 3 \times 1 = \frac{4}{3}$;点 $x_2 = 3$ 为函数的极小值点,其极小值为 $f(3) = \frac{1}{3} \times 3^3 - 2 \times 3^2 + 3 \times 3 = 0$.

例 3.4.6　求函数 $y = 4x^2 - 2x^4$ 的极值.

解法 1　函数的定义域为 $(-\infty, +\infty)$,且 $y' = 8x - 8x^3 = 8x(1-x)(1+x)$. 令 $y' = 0$,得三个驻点:$x_1 = -1, x_2 = 0, x_3 = 1$(表 3.4.2).所以函数在 $x_1 = -1$ 处有极大值 $f(-1) = 2$;在 $x_3 = 1$ 处也有极大值 $f(1) = 2$;而在 $x_2 = 0$ 处有极小值 $f(0) = 0$.

表 3.4.2　三个驻点分割的小区间

x	$(-\infty, -1)$	-1	$(-1, 0)$	0	$(0, 1)$	1	$(1, +\infty)$
y'	$+$	0	$-$	0	$+$	0	$-$
y	↗	极大值 2	↘	极小值 0	↗	极大值 2	↘

解法 2　函数的定义域为 $(-\infty, +\infty)$,且 $y' = 8x - 8x^3 = 8x(1-x)(1+x)$, 令 $y' = 0$,得三个驻点:$x_1 = -1, x_2 = 0, x_3 = 1$. 又因为 $y'' = 8 - 24x^2$,则 $y''(-1) = -16 < 0, y''(0) = 8 > 0, y''(1) = -16 < 0$.由定理 3.4.4 得,函数在 $x_1 = -1$ 处有极大值 $f(-1) = 2$;在 $x_3 = 1$ 处也有极大值 $f(1) = 2$;而在 $x_2 = 0$ 处有极小值 $f(0) = 0$.

例 3.4.7　求函数 $f(x) = \sqrt[3]{6x^2 - x^3}$ 的极值.

解　函数 $f(x)$ 的定义域为 $(-\infty, +\infty)$,且 $f'(x) = \dfrac{4-x}{\sqrt[3]{x}\sqrt[3]{(6-x)^2}}$. 令 $f'(x) = 0$,得驻点 $x = 4$,且 $f(x)$ 的不可导点为 $x = 0$ 及 $x = 6$(表 3.4.3).所以函数 $f(x)$ 有极大值 $f(4) = 2\sqrt[3]{4}$,极小值 $f(0) = 0$.

表 3.4.3　驻点及不可导点分割的小区间

x	$(-\infty,0)$	0	$(0,4)$	4	$(4,6)$	6	$(6,+\infty)$
y'	$-$	不存在	$+$	0	$-$	不存在	$-$
y	↘	极小值 0	↗	极大值 $2\sqrt[3]{4}$	↘	无极值	↘

3.4.3　函数的最大值和最小值

在很多学科领域与实际问题中,经常提出在一定条件下用料最省、成本最低、时间最短、效益最大等问题.例如,企业在生产易拉罐时,为了用最低的成本获得最大的利润,需要考虑在体积一定的情况下用料最省的问题.我们称这类问题为最优化问题.这些问题归纳到数学上就是求某一函数(称为目标函数)在给定条件下的最值问题.这里我们仅研究一些简单的最值问题.

1. 在 $[a,b]$ 上连续的函数 $y=f(x)$ 的最大值和最小值

在 $[a,b]$ 上连续的函数 $y=f(x)$,一定有最大值和最小值,但它可能出现在区间的端点,也可能出现在区间的内部.当出现在区间的内部时,最大(小)值一定是极大(小)值.于是最大(小)值可能在区间的端点取得,也可能在驻点或不可导点取得.

综上所述,在 $[a,b]$ 上连续的函数 $y=f(x)$ 的最大值和最小值求法归结如下:

(1) 求出 $y=f(x)$ 在 (a,b) 内所有的驻点与不可导点,并求出它们的函数值;

(2) 求出两个端点处的函数值 $f(a)$ 与 $f(b)$;

(3) 比较各函数值的大小,其中最大(小)的就是函数 $y=f(x)$ 的最大(小)值.

例 3.4.8　求函数 $f(x)=x^2-4x+1$ 在 $[-3,3]$ 上的最大值和最小值.

解　因为 $f'(x)=2x-4$,所以令 $f'(x)=0$,可得 $x_1=2$. $f(2)=-3$, $f(-3)=22$, $f(3)=-2$,比较得,函数的最大值为 $f(-3)=22$,最小值为 $f(2)=-3$.

2. 实际问题中的最大值和最小值

在实际问题中,如果函数在 (a,b) 内仅有唯一的驻点 x_0,则 $f(x_0)$ 即为所求的最大值或最小值.

在实际问题中,常常会遇到一些特殊情况:

(1)′ 若 $f(x)$ 是 $[a,b]$ 上的单调函数,则其最大(小)值必在区间 $[a,b]$ 的端点处取得;

（2）若 $f(x)$ 在$[a,b]$上连续,且在$[a,b]$内只有一个极大值点（或极小值点）x_0,则点 x_0 就是函数 $f(x)$ 在$[a,b]$上的最大值点（或最小值点）;

（3）若目标函数 $f(x)$ 在定义区间内可导,且只有一个驻点 x_0,并且也存在最大值（或最小值）,就可断定 $f(x_0)$ 一定是最大值（或最小值）.

例 3.4.9　如图 3.4.8 所示,将一块边长为 a 的正方形铁皮,从每个角截去同样的小正方形,然后把四边折起来,成为一个无盖的方盒,为使其容积最大,问截去的小正方形的边长应为多少?

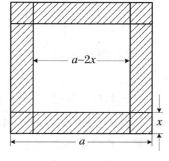

图 3.4.8　正方形铁皮

解　设截去的小正方形的边长为 x,则方盒的容积

$$V = (a - 2x)^2 x \quad \left[x \in \left(0, \frac{a}{2}\right) \right],$$

由此可得

$$V' = (a - 2x)(a - 6x).$$

令 $V' = 0$,得驻点 $x = \dfrac{a}{2}$（不合题意舍去）或 $x = \dfrac{a}{6}$. 由于 V 在$\left[0, \dfrac{a}{2}\right]$内只有一个驻点,且盒子的最大容积是存在的,所以当 $x = \dfrac{a}{6}$ 时,V 取得最大值,即此时方盒的容积最大.

例 3.4.10　一房地产公司有 50 套公寓房要出租,当租金定为 180 元/（套·月）时,公寓可全部租出;租金每提高 10 元/（套·月）,租不出的公寓就增加 1 套;已租出的公寓整修维护费用为 20 元/（套·月）.问租金定为多少时可获得最大月收入?

解　设租金为 P[元/（套·月）],并设 $P > 180$. 此时未租出公寓为 $\dfrac{1}{10}(P - 180)$（套）,租出公寓为

$$50 - \frac{1}{10}(P - 180) = 68 - \frac{P}{10} \text{（套）},$$

从而月收入

$$R(P) = \left(68 - \frac{P}{10}\right) \cdot (P - 20) = -\frac{P^2}{10} + 70P - 1\,360,$$

则

$$R'(P) = -\frac{P}{5} + 70, \quad R''(P) = -\frac{1}{5},$$

令 $R'(P) = 0$,得唯一解 $P = 350$(元).

因为 $R''(350) = -\frac{1}{5} < 0$,所以 $P = 350$(元)为极大值点. 由于这是唯一的极大值,该极大值必定是最大值,所以租金定为 350 元/(套·月)时,可获得最大月收入.

例 3.4.11　某公司估算生产 x 件产品的成本 $C(x) = 2\,560 + 2x + 0.001x^2$(元),问产量为多少时平均成本最低,平均成本的最低值为多少?

解　平均成本函数为

$$\bar{C}(x) = \frac{2\,560}{x} + 2 + 0.001x \quad (x \in [0, +\infty)).$$

由 $\bar{C}'(x) = -\frac{2\,560}{x^2} + 0.001 = 0$,得 $x = 1\,600$(件),从而 $\bar{C}(1\,600) = 5.2$(元/件). 所以产量为 1 600 件时平均成本最低,且平均成本的最低值为 5.2(元/件).

注　(1) $f(x)$ 在定义域内(有限或无限,开或闭)可导,且只有一个驻点 x_0,则 x_0 是 $f(x)$ 的极值点,且极值就为最值[即 $f(x_0)$]. 若该值是极大值,则该值为最大值.

(2) 实际问题中,由问题性质可判定可导函数一定有最大(小)值,且一定在区间内取得,则此区间内 $f(x)$ 的唯一驻点即为最大(小)值点,不必讨论 $f(x_0)$ 是否是极值.

例 3.4.12(续例 3.4.1).

解　设 $AD = x$(km),则 $DB = 100 - x$.单位铁路运费为 $3k$,单位公路运费为 $5k$,设总运费为 y,则有

$$y = 3k \cdot (100 - x) + 5k \sqrt{20^2 + x^2} \quad (0 \leqslant x \leqslant 100),$$

令 $y' = -3k + \frac{5kx}{\sqrt{400 + x^2}} = 0$,解得 $x = 15$.比较

$$y|_{x=15} = 380k, \quad y|_{x=0} = 400k, \quad y|_{x=100} = 500k \sqrt{1 + \frac{1}{5^2}},$$

得当 $AD = 15$ km 时,总费用最省.

例 3.4.13　把一根直径为 d 的圆木锯成截面为矩形的梁,问矩形截面的高 h

和宽 b 应如何选择才能使梁的抗弯截面模量最大?

解　矩形梁的抗弯截面模量为 $W = \dfrac{1}{6} bh^2$,即

$$W = \frac{1}{6} b(d^2 - b^2) = \frac{1}{6} d^2 b - \frac{1}{6} b^3,$$

所以 $W' = \dfrac{1}{6} d^2 - \dfrac{1}{2} b^2$,当 $W' = 0$ 时,得唯一驻点 $b = \sqrt{\dfrac{1}{3}} \cdot d$. 因为当 $b \in (0, d)$ 时梁的最大抗弯截面模量一定存在,所以当 $b = \sqrt{\dfrac{1}{3}} \cdot d$ 时,W 的值最大. 此时 $h = \sqrt{d^2 - b^2} = \sqrt{\dfrac{2}{3}} \cdot d$. 综上,$d : h : b = \sqrt{3} : \sqrt{2} : 1$.

例 3.4.14　假设某工厂生产某产品 x 单位的成本是 $C(x) = x^3 - 6x^2 + 15x$,售出该产品 x 单位的收入是 $r(x) = 9x$,问何时取得最大利润?

解　售出 x 单位产品的利润为
$$p(x) = R(x) - C(x) = -x^3 + 6x^2 - 6x,$$
则
$$p'(x) = -3x^2 + 12x - 6 = -3(x^2 - 4x + 2).$$
令 $p'(x) = 0$,得 $x_1 = 2 + \sqrt{2} \approx 0.586$,$x_2 = 2 - \sqrt{2} \approx 3.414$. 又
$$p''(x) = -6x + 12, \quad p''(x_1) > 0, \quad p''(x_2) < 0,$$
所以,在 $x_2 = 3.414$ 单位处达到最大利润,而在 $x_1 = 0.586$ 单位处发生局部最大亏损.

习　题　3.4

1. 下列说法是否正确? 为什么?

(1) 若 $f'(x_0) = 0$,则 x_0 为 $f(x)$ 的极值点;

(2) 若 x_0 左侧有 $f'(x) > 0$,x_0 右侧有 $f'(x) < 0$,则 x_0 一定是 $f(x)$ 的极大值点;

(3) $f(x)$ 的极值点一定是驻点或不可导点,反之则不成立.

2. 求下列函数的单调区间:

(1) $y = 2x^3 + 3x^2 - 12x + 1$;　　　　　(2) $y = x^4 - 2x^2 - 5$;

(3) $y = (x + 2)^2 (x - 1)^3$;　　　　　　(4) $y = x - \ln(1 + x)$.

3. 求下列函数的极值点和极值:

(1) $y = x + \dfrac{1}{x}$;　　　　　　　　　　(2) $y = x + \sqrt{1-x}$;

(3) $y = x^3 - 6x^2 + 9x - 4$;　　　　　　(4) $y = -x^4 + 2x^2$.

4. 求下列函数在给定区间上的最大值和最小值:

(1) $y = x + 2\sqrt{x}, x \in [0,4]$;　　　　　(2) $y = x^2 - 4x + 6, x \in [-3,10]$;

(3) $y = x + \dfrac{1}{x}, x \in [1,10]$;　　　　(4) $y = \sqrt{5-4x}, x \in [-1,1]$.

5. 将 8 分成两数之和,使其立方之和最小.

6. 某厂生产某种产品 x 个单位时,费用 $C(x) = 5x + 200$(元),所得的收入 $R(x) = 10x - 0.01x^2$(元),问生产多少个单位产品能使利润最大?

7. 设某产品价格函数为 $p = 60 - \dfrac{x}{1\,000}(x \geqslant 10^4)$,其中 x 为销量. 又设生产 x 件这种产品的总成本为 $C(x) = 60\,000 + 20x$,试问产量为多少时利润最大? 并求最大利润.

8. 所谓经济订货量,就是使总费用最少的订货量. 而总费用包括订货费用和储存费用. 现设某单位每年需要 2 元/千克的原料 10 000 千克,与订货量无关的订货手续费是每次 40 元,储存费是平均库存原料价值的 10%. 设平均库存量是批量的一半:(1) 写出总费用 T 关于每次订货量 x 的函数;(2) 求经济订货量.

9. 某人计划用围墙围成面积为 300 m² 的矩形土地,并在中间用一堵墙将矩形分割成为两块,问这块矩形土地的长和宽如何选取,才能使建筑用材最节省?

10. 制作一个容积为定值 V 的圆柱形水桶,问如何设计底面半径和高,才能使用料最节省?

3.5　曲线的凹凸性与拐点

前述的函数的单调性、极值和最值问题,对函数的性态的描述有很大作用,为了更深入和更精确地描述函数图形的主要特征,很有必要研究图形的另一重要性态——凹凸性.

引例 3.5.1　已知函数 $y = f(x)$ 在区间 $[a,b]$ 上连续且单调递增,在 (a,b) 内可导,而且知道在区间端点的函数值 $f(a) = c_1, f(b) = c_2$,讨论在区间 $[a,b]$ 上函数 $y = f(x)$ 图形的大体形状.

解　由于不知道函数 $y=f(x)$ 在区间 $[a,b]$ 上的弯曲方向，所以其图形可能有多种不同的形状，图 3.5.1 中的各种形式都有可能是 $y=f(x)$ 在 $[a,b]$ 上的图形.

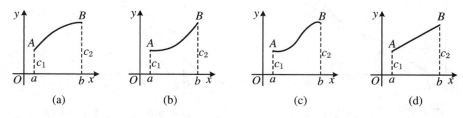

(a)　　　　　　　　(b)　　　　　　　　(c)　　　　　　　　(d)

图 3.5.1　$y=f(x)$ 图形的不同形式

由此可见，准确掌握函数的图形，还必须掌握曲线的弯曲方向以及不同弯曲方向的分界点. 为此给出以下定义：

定义 3.5.1　设 $f(x)$ 在区间 I 上连续，如果对任意的 x_1,x_2，恒有

$$f\left(\frac{x_1+x_2}{2}\right) > \frac{f(x_1)+f(x_2)}{2},$$

那么称 $f(x)$ 在 I 上的图形是凸的（或称凸弧）（图 3.5.2）.

反之若恒有

$$f\left(\frac{x_1+x_2}{2}\right) < \frac{f(x_1)+f(x_2)}{2},$$

那么称 $f(x)$ 在 I 上的图形是凹的（或称凹弧）（图 3.5.3）.

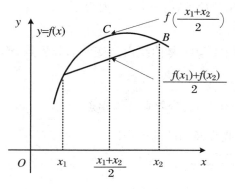

图 3.5.2　凸函数

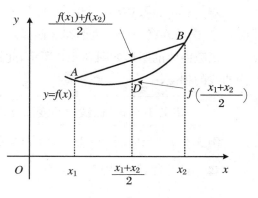

图 3.5.3　凹函数

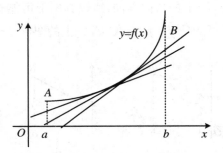
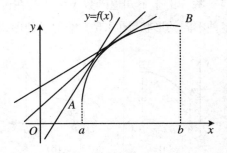

图 3.5.4　$f'(x)$递增,$f''(x)>0$　　　　　　图 3.5.5　$f'(x)$递减,$f''(x)<0$

定理 3.5.1(利用二阶导数符号判别函数凹凸性)　设 $f(x)$ 在$[a,b]$上连续,在(a,b)内具有一阶和二阶导数,那么

(1) 若在(a,b)内,$f''(x)>0$,则 $f(x)$ 在$[a,b]$上的图形是凹的(图 3.5.4);

(2) 若在(a,b)内,$f''(x)<0$,则 $f(x)$ 在$[a,b]$上的图形是凸的(图 3.5.5).

例 3.5.1　判断曲线 $y=\ln x$ 的凹凸性.

解　$y'=\dfrac{1}{x}$,$y''=-\dfrac{1}{x^2}$.因定义域为$(0,+\infty)$,故在$(0,+\infty)$内,$y''<0$,故曲线为凸弧.

例 3.5.2　判断曲线 $y=x^3$ 的凹凸性.

解　$y'=3x^2$,$y''=6x$.当 $x<0$ 时,$y''<0$,故曲线在$(-\infty,0)$内为凸弧;当 $x>0$ 时,$y''>0$,故在$(0,+\infty)$内曲线为凹弧.

函数曲线的图形如图 3.4.3 所示,此题中$(0,0)$是曲线由凸变凹的分界点,称为曲线的拐点.

定义 3.5.2　曲线由凸变凹(或凹变凸)的分界点称为**拐点**.

例 3.5.3　求曲线 $y=3x^4-4x^3+1$ 的拐点及凹凸的区间.

解　$y'=12x^3-12x^2$,$y''=36x^2-24x=36x\left(x-\dfrac{2}{3}\right)$.令 $y''=0$,得 $x_1=0$,$x_2=\dfrac{2}{3}$.因 $x<0$ 时,$y''>0$,故在$(-\infty,0)$上曲线是凹的;$0<x<\dfrac{2}{3}$ 时,$y''<0$,故

在 $\left[0,\dfrac{2}{3}\right]$ 上曲线是凸的；$x>\dfrac{2}{3}$ 时，$y''>0$，故在 $\left(\dfrac{2}{3},+\infty\right)$ 上曲线是凹的. 据此得 $(0,1)$ 及 $\left(\dfrac{2}{3},\dfrac{11}{27}\right)$ 是曲线的拐点.

例 3.5.4　曲线 $y=x^4$ 是否有拐点？

解　$y'=4x^3$，$y''=12x^2$. 令 $y''=0$，得 $x=0$，因 $x<0$ 及 $x>0$ 时，$y''>0$，故 $(0,0)$ 不是其拐点，在 $(-\infty,+\infty)$ 内曲线是凹弧.

例 3.5.5　求曲线 $y=\sqrt[3]{x}$ 的拐点.

解　$y'=\dfrac{1}{3}\dfrac{1}{\sqrt[3]{x^2}}$，$y''=-\dfrac{2}{9x\sqrt[3]{x^2}}$. 由此可见 $x=0$ 是 y'' 不存在的点. 又 $x>0$ 时，$y''<0$；$x<0$ 时 $y''>0$，故 $(0,0)$ 是曲线的拐点.

注　若 $f''(x_0)=0$ 或 $f''(x_0)$ 不存在 $\left[$但 $f(x)$ 在 x_0 处连续$\right]$：在 x_0 左、右两侧领域内 $f''(x)$ 异号，则点 $(x_0,f(x_0))$ 为 $f(x)$ 的拐点；在 x_0 左、右两侧领域内 $f''(x)$ 同号，则点 $(x_0,f(x_0))$ 不是 $f(x)$ 的拐点.

习　题　3.5

1. 求下列函数图形的拐点及凹凸区间：

(1) $y=x^3-5x^2+3x+5$；　　(2) $y=\ln(x^2+1)$.

2. 证明：曲线 $y=\dfrac{x-1}{x^2+1}$ 有三个拐点，且三个拐点在同一条直线上.

3.6　函数图形的描绘

为了更准确地把握函数的性质，我们必须借助于函数的图形. 而描绘函数的图形是非常繁琐的事情. 在中学数学中已介绍了用描点法描绘简单函数的图形. 若再结合函数的单调性、凹凸性、极值、拐点等知识，可使描绘的图形更加准确. 但是当函数的定义域和值域含有无穷区间时，那描绘函数图形时就必须要知道在这一无穷区间上曲线的变化趋势.

3.6.1　曲线的渐近线

有些函数的图形只落在平面上的有限范围内,而有些函数的图形却远离原点向无穷远延伸.向无穷远延伸的曲线,如果呈现出越来越接近于某一直线的性态,则称该直线为曲线的**渐近线**.渐近线描述了曲线无限延伸时的走向和趋势.例如,双曲线 $y = \dfrac{1}{x}$,当动点沿双曲线无限远离原点时,曲线就无限接近直线 $x = 0$ 和 $y = 0$,所以直线 $x = 0$ 和 $y = 0$ 就是双曲线的渐近线.下面给出三种渐近线的定义:

> (1) **水平渐近线**:若 $\lim\limits_{x \to +\infty} f(x) = b$(常数),则称直线 $y = b$ 为水平渐近线;
>
> (2) **铅直渐近线**:若 $\lim\limits_{x \to x_0} f(x) = \infty$,则称直线 $x = x_0$ 为铅直渐近线(即在间断点处);
>
> (3) **斜渐近线**:若 $\lim\limits_{\substack{x \to +\infty \\ (x \to -\infty)}} \dfrac{f(x)}{x} = k$(常数),$\lim\limits_{\substack{x \to +\infty \\ (x \to -\infty)}} \left[f(x) - kx \right] = b$(常数),则称直线 $y = kx + b$ 为斜渐近线.

例 3.6.1　求曲线 $y = \dfrac{1}{x-1} + 2$ 的渐近线.

解　因为 $\lim\limits_{x \to \infty} \left(\dfrac{1}{x-1} + 2 \right) = 2$,所以 $y = 2$ 为水平渐近线.又因为 $\lim\limits_{x \to 1} \left(\dfrac{1}{x-1} + 2 \right) = \infty$,可以 $x = 1$ 为铅直渐近线(图 3.6.1).

例 3.6.2　　求曲线 $y = \dfrac{x^3}{x^2 + 2x - 3}$ 的渐近线.

解　易得

$$y = \frac{x^3}{(x+3)(x-1)}, \quad \lim\limits_{x \to -3} y = \infty, \quad \lim\limits_{x \to 1} y = \infty,$$

所以有曲线铅直渐近线 $x = -3$ 及 $x = 1$.

又

$$k = \lim\limits_{x \to \infty} \frac{f(x)}{x} = \lim\limits_{x \to \infty} \frac{x^2}{x^2 + 2x - 3} = 1,$$

$$b = \lim_{x \to \infty}[f(x) - x] = \lim_{x \to \infty}\frac{-2x^2 + 3x}{x^2 + 2x - 3} = -2,$$

所以 $y = x - 2$ 为曲线的斜渐近线(图 3.6.2).

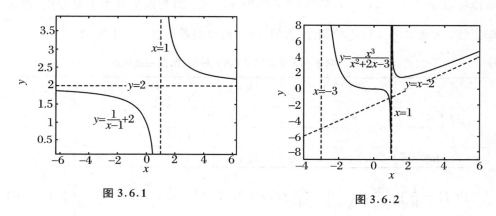

图 3.6.1　　　　　　　　　　　　　　　　　图 3.6.2

3.6.2　描绘函数图形的一般步骤

函数的图形有助于我们直观地了解函数的性态,所以研究函数图形的描绘方法很有必要. 为了更准确、更全面地描绘平面曲线,必须确定出反映曲线主要特征的点与线. 我们知道:利用 $f'(x)$ 符号可判定 $f(x)$ 的上升、下降区间及极值点;利用 $f''(x)$ 符号,可以确定曲线的凹凸性及拐点;利用函数的极限,可以确定曲线的渐进线;通过考察函数的奇偶性及周期性等几何特征以及某些特殊点的坐标,可以比较全面地掌握函数的性态,从而准确地描绘出函数的几何图形. 综合上述对函数性态的研究,可以得出以下用微分法描绘函数图形的一般步骤:

(1) 确定 $y = f(x)$ 的定义域(函数的奇偶性、周期性),求 $f'(x)$, $f''(x)$;

(2) 在定义域内求出 $f'(x) = 0$ 及 $f''(x) = 0$ 的所有根及不可导点,将定义域划分为若干个小区间,确定函数的单调区间、极值点、凹凸区间及其拐点;

(3) 确定函数的水平渐近线、铅直渐近线及斜渐近线;

(4) 确定某些特殊点(如与坐标轴的交点)的坐标;

(5) 在坐标系中描出这些特殊点,结合点与点之间的单调性与凹凸性、极值点、拐点、曲线与坐标轴交点等性质,用光滑的曲线连接这些点,描绘出图形的大致轮廓.

例 3.6.3(续例 3.01)　画出函数 $y = x^3 - x^2 - x + 1$ 的图形.

解 定义域为$(-\infty, +\infty)$,且可得

$$y' = 3x^2 - 2x - 1 = (3x+1)(x-1), \quad y'' = 6x - 2 = 2(3x-1),$$

所以驻点 $x_1 = -\dfrac{1}{3}, x_2 = 1$. $f''(x) = 0$ 的根 $x_3 = \dfrac{1}{3}$. 因此该函数无不可导点,也无渐近线,列表3.6.1讨论单调性、极值、凹凸性及拐点如表3.6.1所示:

表 3.6.1 例 3.6.3 函数的单调性、极值、凹凸性及拐点

x	$\left(-\infty, -\dfrac{1}{3}\right)$	$-\dfrac{1}{3}$	$\left(-\dfrac{1}{3}, \dfrac{1}{3}\right)$	$\dfrac{1}{3}$	$\left(\dfrac{1}{3}, 1\right)$	1	$(1, +\infty)$
$f'(x)$	+	0	−		−	0	+
$f''(x)$	−	−	−	0	+	+	+
$y=f(x)$的图形	∩↑	极大	∩↓	拐点	∪↓	极小	∪↑

由 $f\left(-\dfrac{1}{3}\right) = \dfrac{32}{27}, f\left(\dfrac{1}{3}\right) = \dfrac{16}{27}, f(1) = 0$,得 $A\left(-\dfrac{1}{3}, \dfrac{32}{27}\right), B\left(\dfrac{1}{3}, \dfrac{16}{27}\right), C(1, 0)$ 三点. 适当添加某些辅助的点,如 $D(0, 1)$, $E(-1, 0), F\left(\dfrac{3}{2}, \dfrac{5}{8}\right)$ 等. 结合点与点之间曲线的单调性、凹凸性和极值、拐点等,用光滑曲线连接这些点(图3.6.3).

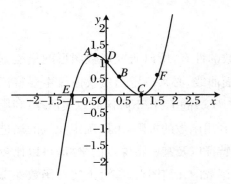

图 3.6.3 $y = x^3 - x^2 - x + 1$ 的图形

例 3.6.4 画出函数 $y = \dfrac{4(x+1)}{x^2} - 2$ 的图形.

解 定义域为$(-\infty, 0) \bigcup (0, +\infty)$, 由 $y' = -\dfrac{4(x+2)}{x^3}, y'' = \dfrac{8(x+3)}{x^4}$,得驻点 $x_1 = -2$. $f''(x) = 0$ 的根 $x_2 = -3$. 由于使 y' 和 y'' 不存在的点 $x=0$ 不在定义域内,所以不予考虑. 列表(表3.6.2)讨论单调性、极值、凹凸性及拐点.

表 3.6.2 例 3.6.4 函数的单调性、极值、凹凸性及拐点

x	$(-\infty, -3)$	-3	$(-3, -2)$	-2	$(-2, 0)$	$(0, +\infty)$
$f'(x)$	−	−	−	0	+	−
$f''(x)$	−	0	+	+	+	+
$y=f(x)$图形	∩↓	拐点	∪↓	极小值	∪↑	∪↓

因为 $\lim\limits_{x \to \infty}\left[\dfrac{4(x+1)}{x^2} - 2\right] = -2$,所以 $y = -2$ 是曲线的水平渐近线. 又因为

$\lim\limits_{x \to 0}\left[\dfrac{4(x+1)}{x^2} - 2\right] = \infty$,所以 $x = 0$ 是曲线的铅直渐近线.

由 $f(-3) = -2\dfrac{8}{9}$,$f(-2) = -3$,得 $E(-2, -3)$,$F\left(-3, -2\dfrac{8}{9}\right)$ 两点. 适当

添加某些辅助的点,如 $A(-1, -2)$,$B(1, 6)$,$C(2, 1)$,$D\left(3, -\dfrac{2}{9}\right)$,以及与坐标轴

的交点 $(1+\sqrt{3}, 0)$,$(1-\sqrt{3}, 0)$ 等. 结合点与点之间曲线的单调性、凹凸性和极值、

拐点等,用光滑曲线连接这些点(图 3.6.4).

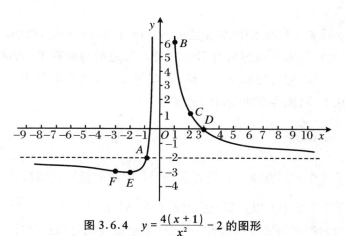

图 3.6.4 $\quad y = \dfrac{4(x+1)}{x^2} - 2$ 的图形

习 题 3.6

1. 求曲线 $f(x) = \dfrac{2(x-2)(x+3)}{x-1}$ 的渐近线.

2. 曲线 $y = \dfrac{1 + \mathrm{e}^{-x^2}}{1 - \mathrm{e}^{-x^2}}$ ( ).

A. 没有渐近线　　　　　　　　　B. 仅有水平渐近线

C. 仅有铅直渐近线　　　　　　　D. 既有水平渐近线又有铅直渐近线

3. 作下列函数的图形：

(1) $y = x - \ln x$；　(2) $y = \dfrac{x^2}{1+x}$.

4. 试确定 p 的取值范围，使得 $y = x^3 - 3x + p$ 与 x 轴：(1) 有一个交点；(2) 有两个交点；(3) 有三个交点.

5. 画出函数 $y = \dfrac{1}{\sqrt{2\pi}}\mathrm{e}^{-\frac{x^2}{2}}$ 的图形.

3.7　曲　　率[*]

在生产实践和工程技术中，常常需要研究曲线的弯曲程度，例如，设计铁路、高速公路的弯道时，就需要根据最高限速来确定弯道的弯曲程度，弯曲不能超过限度，否则可能导致高速行驶的火车脱轨、汽车翻车. 在土木建筑中，也要考虑承重梁在负载作用下，可能会弯曲变形的情况.

3.7.1　弧微分

从图 3.7.1 中可以直观地看出弧段 $\overparen{M_1 M_2}$ 的弯曲程度比弧段 $\overparen{N_1 N_2}$ 的弯曲程度要小；从图 3.7.2 中可以直观地看出弧段 $\overparen{M_1 M_2}$ 相对于弧段 $\overparen{M_2 M_3}$ 弯曲程度小. 那么曲线的弯曲程度与哪些因素有关，怎样度量曲线的弯曲程度呢？下面先给出涉及的概念再深入探讨.

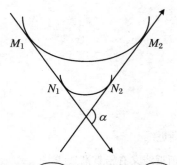

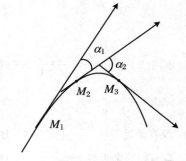

图 3.7.1　$\overparen{M_1 M_2}$ 的弯曲程度比 $\overparen{N_1 N_2}$ 的小　　图 3.7.2　$\overparen{M_1 M_2}$ 的弯曲程度比 $\overparen{M_2 M_3}$ 的小

1．曲线的基点与正向

设函数 $f(x)$ 在区间 (a,b) 内具有连续导数．在曲线 $y=f(x)$ 上取固定点 $M_0(x_0,y_0)$ 并作为度量弧长的**基点**，规定 x 增大的方向为曲线的**正向**．

2．有向弧 $\overset{\frown}{M_0M}$ 的值

对于曲线上任意一点 $M(x,y)$，规定有向弧的值 s（简称弧）如下：s 的绝对值等于该弧段的长度．当有向弧 $\overset{\frown}{M_0M}$ 的方向与曲线的正向一致时 $s>0$，相反时 $s<0$．显然，弧 s 是 x 的单调递增函数，即 $s=s(x)$（图 3.7.3，图 3.7.4）．

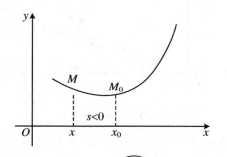

图 3.7.3　有向弧 $\overset{\frown}{M_0M}$ 的值 $s<0$　　　　图 3.7.4　有向弧 $\overset{\frown}{M_0M}$ 的值 $s>0$

如图 3.7.5 所示，在曲线 $y=f(x)$ 上取基点 $M_0(x_0,y_0)$，动点 $M(x,y)$ 及 $N(x+\Delta x,y+\Delta y)$，则 $\Delta s=\overset{\frown}{MN}$ 表示弧 $\overset{\frown}{MN}$ 的长度．显然弧 s 是 x 的单调递增函数，即 $s=s(x)$．当 $\Delta x\to0$ 时，$\Delta s\to MN=\sqrt{\Delta x^2+\Delta y^2}$，又 Δx 与 Δs 同号，所以

$$\frac{\mathrm{d}s}{\mathrm{d}x}=\lim_{\Delta x\to0}\frac{\Delta s}{\Delta x}=\lim_{\Delta x\to0}\frac{\sqrt{\Delta x^2+\Delta y^2}}{\Delta x}=\sqrt{1+\left(\lim_{\Delta x\to0}\frac{\Delta y}{\Delta x}\right)^2}=\sqrt{1+(y')^2},$$

因此有弧微分公式：

$$\mathrm{d}s=\sqrt{1+(y')^2}\mathrm{d}x.$$

3.7.2　曲率及其计算公式

我们知道：直线是不弯曲的，半径较小的圆弯曲得比半径较大的圆弯曲得厉害些，而其他曲线的不同部分有不同的弯曲程度．这就需要研究曲线的弯曲程度．

定义 3.7.1　弧 $\overset{\frown}{MN}$ 的切向转角 $\Delta\alpha$ 与弧长 Δs 之比的绝对值(图 3.7.6),称为弧 $\overset{\frown}{MN}$ 的**平均曲率**(图 3.7.6),记为

$$\overline{k} = \left|\frac{\Delta\alpha}{\Delta s}\right|.$$

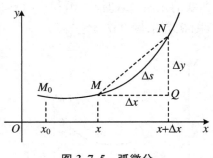

图 3.7.5　弧微分

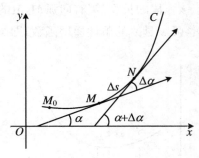

图 3.7.6　曲率

当点 N 沿曲线趋向于点 M 时,若弧 $\overset{\frown}{MN}$ 的平均曲率极限存在,则称此极限为曲线在点 M 的**曲率**.记为

$$k = \lim_{\Delta x \to 0}\left|\frac{\Delta\alpha}{\Delta s}\right| = \left|\frac{\mathrm{d}\alpha}{\mathrm{d}s}\right|.$$

易知:(1) $\Delta\alpha$ 相同时,Δs 越大,弯曲得越轻(图 3.7.1);(2) Δs 相同时,$\Delta\alpha$ 越大,弯曲得越严重(图 3.7.2).

例 3.7.2　已知圆的半径为 R,求:(1) 圆上任意一段弧的平均曲率;(2) 圆上任意一点的曲率.

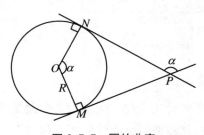

图 3.7.7　圆的曲率

解　如图 3.7.7 所示,任意取一段弧 $\overset{\frown}{MN}$,设切线 MP 与 PN 的转角为 α 弧度,则 $\angle MON = \alpha$,从而弧 $\overset{\frown}{MN} = \alpha R$.

(1) 弧 $\overset{\frown}{MN}$ 的平均曲率 $\overline{k} = \left|\dfrac{\alpha}{\alpha R}\right| = \dfrac{1}{R}$;

(2) 圆上任意一点的曲率 $k = \lim\limits_{\Delta x \to 0}\left|\dfrac{\Delta\alpha}{\Delta s}\right| = \dfrac{1}{R}$.说明圆的半径越小,曲率越大.

若曲线 C 的方程为直角坐标方程,即 $y = f(x)$,且 $f(x)$ 具有二阶导数,则因 $y' = \tan \alpha$,故

$$y'' = \sec^2 \alpha \cdot \frac{\mathrm{d}\alpha}{\mathrm{d}x}, \quad \frac{\mathrm{d}\alpha}{\mathrm{d}x} = \frac{y''}{1 + \tan^2 \alpha} = \frac{y''}{1 + y'^2}, \quad \mathrm{d}\alpha = \frac{y''}{1 + (y')^2}\mathrm{d}x,$$

据 $\mathrm{d}s = \sqrt{1 + y'^2}\mathrm{d}x$ 得

$$K = \left| \frac{\mathrm{d}\alpha}{\mathrm{d}s} \right| = \frac{|y''|}{(1 + y'^2)^{\frac{3}{2}}}.$$

此式为曲线的**曲率计算公式**.

例 3.7.1 计算曲线 $xy = 1$ 在点 $(1,1)$ 处的曲率.

解 由 $y' = -\dfrac{1}{x^2}, y'' = \dfrac{2}{x^3}$ 得

$$K = \frac{|y''|}{(1 + y'^2)^{\frac{3}{2}}} = \left| \frac{2}{x^3} \cdot \frac{1}{\left(1 + \dfrac{1}{x^4}\right)^{\frac{3}{2}}} \right|,$$

故在点 $(1,1)$ 处,$K = \dfrac{1}{\sqrt{2}}$.

例 3.7.3 抛物线 $y = ax^2 + bx + c$ 上哪点处曲率最大?

解 由 $y' = 2ax + b, y'' = 2a$ 得 $K = \dfrac{|2a|}{[1 + (2ax + b)^2]^{\frac{3}{2}}}$,故 $x = -\dfrac{b}{2a}$ 时,K 最大,即点 $\left(-\dfrac{b}{2a}, \dfrac{4ac - b^2}{4a} \right)$ 处 K 最大.

3.7.3 曲率圆与曲率半径

曲线 $y = f(x)$,在点 M 处曲率为 $K(K \neq 0)$.令 $\rho = \dfrac{1}{K}$,在点 M 处曲线的法线上,在凹的一侧取一点 D,使 $|DM| = \rho = \dfrac{1}{K}$.以 D 为圆心,ρ 为半径作圆,此圆称为曲线在点 M 处的(图 3.7.8)**曲率圆**,圆心 D 称为曲线在点 M 处的**曲率中心**,半径 ρ 称为曲线在点 M 处的**曲率半径**(图 3.7.9).

曲率半径

$$\rho = \frac{1}{K} = \frac{(1 + y'^2)^{\frac{3}{2}}}{|y''|},$$

即曲线上一点处的曲率半径与曲率互为倒数.

例 3.7.4　设工件内表面的截线为抛物线 $y = 0.4x^2$,现要用砂轮磨削其内表面,问选择多大的砂轮才比较合适?

解　因抛物线在顶点处的曲率最大,即曲率半径最小. 故只要求出抛物线 $y = 0.4x^2$ 在顶点 $O(0,0)$ 处的曲率半径即可. 又 $y' = 0.8x$, $y'' = 0.8$, 则 $y'|_{x=0} = 0$, $y''|_{x=0} = 0.8$, 代入得 $K = \dfrac{|y''|}{(1 + y'^2)^{3/2}} = 0.8$, $\rho = \dfrac{1}{K} = 1.25$. 所以选用砂轮的半径不得超过 1.25 单位长.

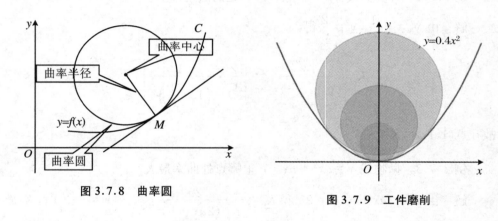

图 3.7.8　曲率圆

图 3.7.9　工件磨削

习　题　3.7

1. 求椭圆 $\begin{cases} x = a\cos t \\ y = b\sin t \end{cases}$ 在 $(0, b)$ 点处的曲率及曲率半径.

2. 求双曲线 $xy = 1$ 的曲率半径 R,并分析何处 R 最小?

3. 一架飞机沿抛物线路径 $y = \dfrac{x^2}{1\,000}$（y 轴垂直向上;单位:m）做俯冲飞行. 在坐标原点 O 处飞机的速度为 $v = 200\,\text{m/s}$,飞行员体重 $M = 70\,\text{kg}$,求飞机俯冲至最低点(即原点 O 处)时座椅对飞行员的反作用力.

4. 一辆重 $5\,\text{t}$ 的汽车,在抛物线形拱桥上行驶,速度为 $21.6\,\text{km/h}$,桥的跨度为 $10\,\text{m}$,拱

的矢高为 0.25 m,求汽车在桥顶时对桥的压力.

习 题 3

1. 设 $f(x) = \sin x, x \in [0, 2\pi]$,验证罗尔中值定理的正确性,并找出相应的 ξ,使 $f'(\xi) = 0$.

2. 函数 $f(x) = x(x-1)(x-2)(x-3)$,不计算导数,说明 $f'(x) = 0$ 有几个实根,并指出其根所在的区间.

3. 设函数 $y = f(x)$ 在 $[0,1]$ 上连续、在 $(0,1)$ 内可导,且 $f(1) = 0$,证明在 $(0,1)$ 内至少存在一点 ξ,使 $\xi f'(\xi) + f(\xi) = 0$.

4. 对于任意实数 x_1 和 x_2,证明 $|\sin x_1 - \sin x_2| \leqslant |x_1 - x_2|$.

5. 对于函数 $F(x) = \sin x$ 和 $G(x) = 1 + \cos x$,在区间 $\left[0, \dfrac{\pi}{2}\right]$ 上验证柯西中值定理的正确性.

6. 求下列极限:

(1) $\lim\limits_{x \to 0} \dfrac{\sin^2 x - x^2 \cos^2 x}{x^2 \sin^2 x}$;

(2) $\lim\limits_{x \to +\infty} (\ln x)^{\frac{1}{x}}$;

(3) $\lim\limits_{x \to 0} \dfrac{\sin x - x \cos x}{\sin^3 x}$;

(4) $\lim\limits_{n \to \infty} n^2 \mathrm{e}^{-n}$;

(5) $\lim\limits_{x \to 0} \dfrac{x^2 \sin \dfrac{1}{x}}{\ln(1 + x)}$;

(6) $\lim\limits_{n \to \infty} n^2 \left(\arctan \dfrac{a}{n} - \arctan \dfrac{a}{n+1} \right)$;

(7) $\lim\limits_{x \to 0} \left[\dfrac{(1+x)^{\frac{1}{x}}}{\mathrm{e}} \right]^{\frac{1}{x}}$;

(8) $\lim\limits_{x \to 0} \dfrac{\sqrt{1+x} + \sqrt{1-x} - 2}{x^2}$;

(9) $\lim\limits_{x \to 0} \dfrac{1 - \sqrt{\cos x}}{x(1 - \cos \sqrt{x})}$;

(10) $\lim\limits_{n \to \infty} n \left[\left(\dfrac{n+1}{n} \right)^n - \mathrm{e} \right]$.

7. 设 $f(x) = \begin{cases} \dfrac{\sin x}{x} - x & x \neq 0 \\ 1 & x = 0 \end{cases}$,求 $f'(x)$.

8. 求 $\ln(1 - 2x)$ 的六阶麦克劳林公式(带佩亚诺型余项).

9. 求 $\dfrac{1}{1-x}$ 的 $n+1$ 阶麦克劳林公式(带佩亚诺型余项).

10. 求 $f(x) = x^2 - 5x + 1$ 在 $x = 1$ 处的六阶泰勒公式.

11. 用泰勒公式求下列极限:

(1) $\lim\limits_{x\to 0}\dfrac{e^x+\sin x-1}{\ln(1+x)}$; (2) $\lim\limits_{x\to\infty}\left[x^2(e^{\frac{1}{x}}-1)-x\right]$;

(3) $\lim\limits_{x\to 0}\dfrac{\sqrt{1-x}+\frac{1}{2}x-\cos x}{\ln(1+x)-x}$.

12. 求下列函数的单调区间:

(1) $y=3x^5-5x^3$; (2) $y=2x+\dfrac{8}{x}(x>0)$;

(3) $y=\ln(x+\sqrt{1+x^2})$; (4) $y=\dfrac{10}{4x^3-9x^2+6x}$.

13. 求下列函数的拐点及凹凸区间:

(1) $y=(x+1)^4+e^x$; (2) $y=e^{\arctan x}$.

14. 证明$(1+x)\ln^2(1+x)<x^3\left[x\in(0,1)\right]$.

15. 设曲线 $y=ax^2+bx+c$ 在 $x=-1$ 处取得极值,且与曲线 $y=3x^2$ 相切于点$(1,3)$,求 a,b,c.

16. 设 $f(x)=\begin{cases}x^{2x} & x>0 \\ x+2 & x\leqslant 0\end{cases}$,求 $f(x)$的极值.

17. 求下列函数的极值:

(1) $y=x^{\frac{1}{x}}$; (2) $y=\dfrac{x^2}{x+1}$;

(3) $y=x-\ln(1+x)$; (4) $y=x+\tan x$.

18. 求下列函数在指定区间上的最大、最小值:

(1) $y=x^4-2x^2+5,x\in[-2,2]$; (2) $y=\sin 2x-x,x\in\left[-\dfrac{\pi}{2},\dfrac{\pi}{2}\right]$;

(3) $y=\arctan\dfrac{1-x}{1+x},x\in[0,1]$.

19. 求下列曲线的渐近线:

(1) $y=2x+\arctan\dfrac{x}{2}$; (2) $y=\dfrac{1}{x^2-4x+5}$; (3) $y=xe^{\frac{2}{x}}$.

20. 描绘下列函数图形:

(1) $y=xe^{-x}$; (2) $y=2+\dfrac{3x}{(x+1)^2}$; (3) $y=\dfrac{x^2}{2x-1}$.

21. 就 a 的不同情况,确定方程 $x^3-9x-a=0$ 的根的个数.

22. 房地产公司现有 50 套公寓出租,当月租金定为 1 000 元时,公寓会全部租出,当月租金每增加 50 元时,就会多出一套公寓租不出去,而租出去的公寓每月需花费 100 元的维修管理费,试问月租金定为多少可获利最大?

23. 某商店每年销售某商品 a 件,每次进货的手续费为 b 元,而每件库存费为 c 元/年.在该商品均匀销售的情况下,问商店分几批购进该商品,能使手续费与库存费之和最小?

24. 一工厂生产 x 单位某种产品的总成本为

$$C(x) = 0.5x^2 - 36x + 9\,800\,(万元),$$

求:

(1) 产量多少时,平均成本最低,并求最低平均成本;

(2) 平均成本最低时的边际成本.

25. 商品定价为 5 元/件,每月可销售 1 000 件,若定价每降 0.01 元,可多销售 10 件,求出售商品多少件时收益最高?

26. 一个体户以 10 元/条进价购进一批牛仔裤,设市场对此牛仔裤的需求量为 $Q = 40 - 2p$,问销售价 p 定为多少时,获利最大?

27. 将长为 a 的铁丝切成两段,一段围成正方形,另一段围成圆形,问如何切可使正方形和圆形的面积之和最小?

28. 要建造一个体积为 V 的有盖圆柱形水池,已知上下底造价是四周造价的 2 倍,问底面半径多大时,总造价最低?

29. 有一块等腰直角三角形钢板,斜边为 a,欲从这块钢板上割下一块矩形使其面积最大,要求以斜边为矩形的一条边,问如何截取?

30. 从一块半径为 R 的圆形铁皮上剪下一块圆心角为 α 的扇形,做成一圆锥形漏斗,问 α 为多大时,漏斗体积最大?

31. 计算下列曲线的弧微分:(1) $y = \ln(1 - x^2)$;(2) $\begin{cases} x = at^2 \\ y = bt^3 \end{cases}$.

32. 计算抛物线 $y = 4x - x^2$ 在顶点处的曲率及曲率半径.

33. 铁路弯道设计一般是采用三次抛物线 $y = \dfrac{1}{3}x^3$(长度单位为 km)作为过渡曲线,求该曲线在点 $(0,0)$ 和 $(1,2)$ 处的曲率.

第 4 章　不定积分及其应用

数学中有许多运算都是互逆的,如加法与减法、乘法与除法、乘方与开方、指数运算与对数运算.同样,微分法也有它的逆运算——积分法.前面学习的微分,主要指已知一个函数,求它的导数;而积分主要是指已知一个函数,找出它求导之前的原来面貌,也即如何寻求一个合适的可导函数,使它的导数等于已知函数.下面来看不定积分在考古中文物历史年代确定上的应用案例.

例 4.0.1　^{14}C 是碳的一种具放射性同位素,其半衰期约为 5 730 年.由于碳元素在自然界中各个同位素的比例一直都很稳定,人们可通过测量一件古物的 ^{14}C 含量,来估计它的大概年龄,这种方法称为 ^{14}C 年龄测定法.已知在给定时刻 t, ^{14}C 的衰变速度与 ^{14}C 的存量 $M(t)$ 成正比.(1) 设 $t=0$ 时, ^{14}C 的存量为 M_0,试求 ^{14}C 的存量 $M(t)$ 与时间 t 的函数;(2) 若测得某出土文物木炭标本 ^{14}C 的平均原子衰变速度为 29.78 次/分,而新烧成的木炭原子衰变速度为 38.37 次/分,试估计该出土文物的大致年龄.

为解决上述问题,本章首先引入不定积分的概念,并进一步给出不定积分的基本积分法.

4.1　不定积分的概念和性质

4.1.1　原函数与不定积分的概念

在许多实际问题中,我们常常会遇到这种情况:已知某个函数的导数(或微分),需要求这个函数本身.例如,已知自由落体物体的运动速度,求其路程公式.再如,已知某产品的边际利润函数,要求该产品的总利润函数.这是求导数(或微分)的逆运算,是积分学中需要解决的基本问题之一.先看下面两个实例:

例 4.1.1　已知自由落体物体的运动速度 $v = gt$，求其路程公式.

解　设自由落体物体的路程 $s = f(t)$，由导数的力学意义可知，速度 $v = f'(t)$ $= gt$. 由求导知识联想到 $\left(\dfrac{1}{2}gt^2\right)' = gt$，并且常数的导数为 0，所以 $\left(\dfrac{1}{2}gt^2 + C\right)'$ $= gt$. 于是路程 $s = f(t) = \dfrac{1}{2}gt^2 + C$（$C$ 为任意常数）. 又当 $t = 0$ 时，$s(0) = 0$，代入上式得 $C = 0$，故所求的路程公式为 $s = f(t) = \dfrac{1}{2}gt^2$.

该物理问题是已知速度求路程. 抽象为数学问题，就是已知导数求原来的函数，这是求导数的逆运算.

例 4.1.2　设某商品的销售量为 q，利润函数为 $L(q)$，并发现该商品的边际利润

$$L'(q) = 200 - 0.4q,$$

求当 $L(100) = 20\,000$ 时，该商品的利润函数.

解　由求导知识联想到 $(200q - 0.2q^2)' = 200 - 0.4q$，并且常数的导数为 0，所以 $(200q - 0.2q^2 + C)' = 200 - 0.4q$，从而 $L(q) = 200q - 0.2q^2 + C$. 又当 $L(100)$ $= 20\,000$，故有 $C = 2\,000$，从而 $L(q) = 200q - 0.2q^2 + 2\,000$ 为所求的利润函数.

实际上，上述两个案例是同一数学问题的不同表现形式，即已知某函数的导数求该函数，相当于由 $F'(x) = f(x)$ 求 $F(x)$. 对这种关系给出严格的定义，即：

定义 4.1.1　如果在区间 I 上，可导函数 $F(x)$ 的导数为 $f(x)$，即对于任意的 $x \in I$，都有 $F'(x) = f(x)$ 或 $\mathrm{d}F(x) = f(x)\mathrm{d}x$，那么函数 $F(x)$ 就称为 $f(x)$ 在区间 I 上的原函数.

易知，在例 4.1.1 中，$\dfrac{1}{2}gt^2, \dfrac{1}{2}gt^2 + 1, \dfrac{1}{2}gt^2 + C$ 都为 gt 的原函数；在例 4.1.2 中，$L(q) = 200q - 0.2q^2 + 2\,000$ 和 $L(q) = 200q - 0.2q^2 + C$ 都是 $L'(q) = 200$ $- 0.4q$ 的原函数.

例 4.1.3　因为 $(-\cos x)' = \sin x$，所以 $-\cos x$ 是 $\sin x$ 的一个原函数. 同理 $1 - \cos x, 2 - \cos x, C - \cos x$ 都是 $\sin x$ 的原函数.

例 4.1.4　$(x^3)' = 3x^2$，所以 x^3 是 $3x^2$ 的一个原函数. 同理 $x^3 + 1, x^3 - 4$，$x^3 + C$ 都是 $3x^2$ 的原函数.

我们更关心的问题是:

(1) 原函数的存在问题:一个函数在什么情况下才有原函数?

(2) 原函数的结构问题:一个函数是否存在多个原函数? 这些原函数之间存在何种关系?

> **定理 4.1.1**(原函数存在定理)　如果函数 $f(x)$ 在区间 I 上连续,那么在区间 I 上存在可导函数 $F(x)$,使得对于任意的 $x \in I$ 都有 $F'(x) = f(x)$,即连续函数一定存在原函数.
>
> **定理 4.1.2**　若 $F(x)$ 是 $f(x)$ 在区间 I 上的一个原函数,那么 $F(x) + C$(对于任意常数 C)也是 $f(x)$ 在区间 I 上的原函数.

证明　设 $F(x)$ 是 $f(x)$ 在区间 I 上的一个原函数,那么对于任意常数 C,有 $\big[F(x) + C\big]' = f(x)$,即函数 $F(x) + C$ 也是 $f(x)$ 的原函数.这说明,如果 $f(x)$ 有一个原函数,那么 $f(x)$ 就有无穷多个原函数.

> **定理 4.1.3**　若 $F(x)$ 和 $G(x)$ 都是 $f(x)$ 在区间 I 上的一个原函数,那么 $F(x)$ 和 $G(x)$ 只相差某一常数 C.
>
> **定义 4.1.2**　在区间 I 上,函数 $f(x)$ 的带有任意常数项的原函数称为 $f(x)$ 在区间上的不定积分,记作 $\int f(x)\mathrm{d}x$.其中记号 $\int$ 称为积分号,$f(x)$ 称为被积函数,$f(x)\mathrm{d}x$ 称为被积表达式,x 称为积分变量.
>
> 如果 $F(x)$ 是 $f(x)$ 的一个原函数,那么 $F(x) + C$ 就是 $f(x)$ 的不定积分,即
>
> $$\int f(x)\mathrm{d}x = F(x) + C.$$
>
> 因此不定积分 $\int f(x)\mathrm{d}x$ 可以表示 $f(x)$ 的任意一个原函数.

例 4.1.5　求 $\int (x^3 + x^2 + 2)\mathrm{d}x$.

解　由于

$$\left(\frac{x^4}{4} + \frac{x^3}{3} + 2x + C\right)' = x^3 + x^2 + 2,$$

所以 $\dfrac{x^4}{4} + \dfrac{x^3}{3} + 2x + C$ 是 $x^3 + x^2 + 2$ 的一个原函数. 从而

$$\int (x^3 + x^2 + 2)\mathrm{d}x = \dfrac{x^4}{4} + \dfrac{x^3}{3} + 2x + C.$$

例 4.1.6　求 $\displaystyle\int \dfrac{1}{x}\mathrm{d}x$.

解　当 $x > 0$ 时, 由于 $(\ln x)' = \dfrac{1}{x}$, 所以 $\ln x$ 是 $\dfrac{1}{x}$ 在 $(0, +\infty)$ 内的原函数. 因此在 $(0, +\infty)$ 内, 有

$$\int \dfrac{1}{x}\mathrm{d}x = \ln x + C.$$

当 $x < 0$ 时, 由于

$$[\ln(-x)]' = \dfrac{1}{-x} \cdot (-1) = \dfrac{1}{x},$$

所以 $\ln(-x)$ 是 $\dfrac{1}{x}$ 在 $(-\infty, 0)$ 内的原函数. 因此在 $(-\infty, 0)$ 内, 有

$$\int \dfrac{1}{x}\mathrm{d}x = \ln(-x) + C.$$

把以上结果综合起来, 得

$$\int \dfrac{1}{x}\mathrm{d}x = \ln|x| + C.$$

4.1.2　基本积分公式

从上述原函数定义及其案例, 我们发现求原函数的方法主要是根据微分法的已知结果进行试探. 我们根据积分是微分的逆运算这一关系, 可以由每一个基本初等函数的导数公式相应地得到一个不定积分公式. 在熟记这些基本积分公式的基础上, 能求解一些相对复杂的不定积分. 基本微分公式和积分公式对照表如表 4.1.1 所示.

表 4.1.1　基本微分公式和积分公式对照表

基本微分公式	基本积分公式
$\mathrm{d}F(x) = f(x)\mathrm{d}x; F'(x) = f(x)$	$\displaystyle\int f(x)\mathrm{d}x = F(x) + C$

基本微分公式	基本积分公式
$\mathrm{d}C = 0$	$\int 0\mathrm{d}x = C$
$\mathrm{d}x = 1$	$\int \mathrm{d}x = x + C$
$\mathrm{d}(x^{\alpha}) = \alpha x^{\alpha-1}\mathrm{d}x$	$\int x^{a}\mathrm{d}x = \dfrac{1}{a+1}x^{a+1} + C$
$\mathrm{d}(\mathrm{e}^{x}) = \mathrm{e}^{x}\mathrm{d}x$	$\int \mathrm{e}^{x}\mathrm{d}x = \mathrm{e}^{x} + C$
$\mathrm{d}(a^{x}) = a^{x}\ln a\mathrm{d}x$	$\int a^{x}\mathrm{d}x = \dfrac{a^{x}}{\ln a} + C$
$\mathrm{d}(\ln x) = \dfrac{1}{x}\mathrm{d}x$	$\int \dfrac{1}{x}\mathrm{d}x = \ln|x| + C$
$\mathrm{d}(\log_{a}x) = \dfrac{1}{x\ln a}\mathrm{d}x \left(注: \log_{a}x = \dfrac{\ln x}{\ln a}\right)$	$\int \dfrac{1}{x\ln a}\mathrm{d}x = \log_{a}x + C$
$\mathrm{d}(\sin x) = \cos x\mathrm{d}x$	$\int \cos x\mathrm{d}x = \sin x + C$
$\mathrm{d}(\cos x) = -\sin x\mathrm{d}x$	$\int \sin x\mathrm{d}x = -\cos x + C$
$\mathrm{d}(\tan x) = \dfrac{\mathrm{d}x}{\cos^{2}x}$	$\int \dfrac{1}{\cos^{2}x}\mathrm{d}x = \int \sec^{2}x\mathrm{d}x = \tan x + C$
$\mathrm{d}(\cot x) = -\dfrac{\mathrm{d}x}{\sin^{2}x}$	$\int \dfrac{1}{\sin^{2}x}\mathrm{d}x = \int \csc^{2}x\mathrm{d}x = -\cot x + C$
$\mathrm{d}(\sec x) = \sec x \cdot \tan x\mathrm{d}x$	$\int \sec x\tan x\mathrm{d}x = \sec x + C$
$\mathrm{d}(\csc x) = -\csc x \cdot \cot x\mathrm{d}x$	$\int \csc x\cot x\mathrm{d}x = -\csc x + C$
$\mathrm{d}(\arcsin x) = -\mathrm{d}(\arccos x) = \dfrac{1}{\sqrt{1-x^{2}}}\mathrm{d}x$	$\int \dfrac{1}{\sqrt{1-x^{2}}}\mathrm{d}x = \arcsin x + C = -\arccos x + C$
$\mathrm{d}(\arctan x) = -\mathrm{d}(\text{arccot } x) = \dfrac{1}{1+x^{2}}\mathrm{d}x$	$\int \dfrac{1}{1+x^{2}}\mathrm{d}x = \arctan x + C = -\text{arccot } x + C$

以上所列基本积分公式是求不定积分的基础,必须熟记.

例 4.1.7　设曲线通过点$(1,2)$,且其上任意一点处的切线斜率等于该点横坐标的 2 倍,求此曲线的方程.

解　设所求曲线方程为 $y = F(x)$,因为曲线上任意一点(x,y)处的切线斜率

为横坐标 x 的 2 倍,故有

$$\frac{\mathrm{d}y}{\mathrm{d}x} = 2x,$$

即说明 $F(x)$ 是 $2x$ 的原函数,由 $\int 2x\mathrm{d}x = x^2 + C$,知 $y = F(x) = x^2 + C$. 把点 $(1,2)$ 代入曲线方程 $y = x^2 + C$,有 $C = 1$. 于是所求曲线方程为

$$y = x^2 + 1.$$

　　下面探讨不定积分的几何意义:

　　设 $F(x)$ 是 $f(x)$ 的一个原函数,从几何学的角度看,$F(x)$ 表示平面上的一条曲线,我们把它称为 $f(x)$ 的一条积分曲线,将这条积分曲线 $F(x)$ 沿 y 轴上下平移,就得到 $f(x)$ 的积分曲线族 $F(x) + C$. 该族积分曲线的特点是:当横坐标相同时,各条曲线上对应点处的切线斜率相等,即切线互相平行,如图 4.1.1 所示.

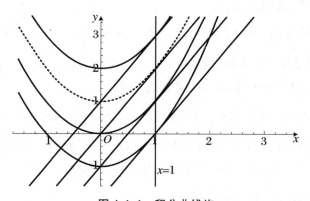

图 4.1.1　积分曲线族

例 4.1.8　求 $\int x^3 \sqrt{x}\mathrm{d}x$.

解　$\int x^3 \sqrt{x}\mathrm{d}x = \int x^{\frac{7}{2}}\mathrm{d}x = \dfrac{x^{\frac{7}{2}+1}}{\frac{7}{2} + 1} + C = \dfrac{2}{9}x^{\frac{9}{2}} + C$.

例 4.1.9　求 $\int \dfrac{\mathrm{d}x}{x^3 \sqrt{x}}$.

解　$\int \dfrac{\mathrm{d}x}{x^3 \sqrt{x}} = \int x^{-\frac{7}{2}}\mathrm{d}x = \dfrac{x^{-\frac{7}{2}+1}}{-\frac{7}{2} + 1} + C = -\dfrac{2}{5}x^{-\frac{5}{2}} + C$.

4.1.3 不定积分的性质

性质 4.1.1 设函数 $f(x)$ 及 $g(x)$ 的原函数存在,则

$$\int [f(x) + g(x)] \mathrm{d}x = \int f(x) \mathrm{d}x + \int g(x) \mathrm{d}x.$$

性质 4.1.2 设函数 $f(x)$ 的原函数存在,k 为非零常数,则

$$\int k f(x) \mathrm{d}x = k \int f(x) \mathrm{d}x.$$

性质 4.1.3 不定积分与微分(求导)互为逆运算:

由于 $\int f(x) \mathrm{d}x$ 是 $f(x)$ 的原函数,所以

$$\left[\int f(x) \mathrm{d}x \right]' = f(x) \quad \text{或} \quad \mathrm{d} \int f(x) \mathrm{d}x = f(x) \mathrm{d}x.$$

又由于 $F(x)$ 是 $F'(x)$ 的原函数,所以

$$\int F'(x) \mathrm{d}x = F(x) + C \quad \text{或} \quad \int \mathrm{d}F(x) = F(x) + C.$$

例 4.1.10(续例 4.1.2 积分解法).

解 由 $L'(q) = 200 - 0.4q$,将两边积分得

$$L(q) = \int (200 - 0.4q) \mathrm{d}q = 200q - 0.2q^2 + C.$$

将 $L(100) = 20\,000$ 代入上式,得 $C = 2\,000$. 所以商品的利润函数为

$$L(q) = 200q - 0.2q^2 + 2\,000.$$

例 4.1.11 求 $\int \left[\dfrac{1}{x^2} + \dfrac{(x-3)^3}{x} \right] \mathrm{d}x$.

解
$$\int \left[\frac{1}{x^2} + \frac{(x-3)^3}{x} \right] \mathrm{d}x = \int \left(\frac{1}{x^2} + \frac{x^3 - 9x^2 + 27x - 27}{x} \right) \mathrm{d}x$$

$$= \int \left(x^2 - 9x + 27 - \frac{27}{x} + \frac{1}{x^2} \right) \mathrm{d}x$$

$$= \int x^2 \mathrm{d}x - 9 \int x \mathrm{d}x + 27 \int \mathrm{d}x - 27 \int \frac{1}{x} \mathrm{d}x + \int \frac{1}{x^2} \mathrm{d}x$$

$$= \frac{1}{3} x^3 - \frac{9}{2} x^2 + 27x - 27 \ln|x| - \frac{1}{x} + C.$$

例 4.1.12 求 $\int 3^x \mathrm{e}^x \mathrm{d}x$.

解　$\int 3^x e^x dx = \int (3e)^x dx = \dfrac{(3e)^x}{\ln(3e)} + C = \dfrac{3^x e^x}{1 + \ln 3} + C.$

例 4.1.13　求 $\int \dfrac{x^4 + 4}{x^2 + 1} dx.$

解　$\int \dfrac{x^4 + 4}{x^2 + 1} dx = \int \dfrac{x^4 - 1 + 5}{x^2 + 1} dx = \int \left[(x^2 - 1) + \dfrac{5}{1 + x^2} \right] dx$

$\qquad\qquad = \int x^2 dx - \int dx + 5\int \dfrac{1}{1 + x^2} dx = \dfrac{1}{3} x^3 - x + 5\arctan x + C.$

例 4.1.14　某化工厂生产某种产品,每天生产的产品的边际成本 $C'(x) = 8$ $+ \dfrac{20}{\sqrt[3]{x}}$, x 是日产量,已知固定成本为 1 000 元,求总成本 $C(x)$ 与日产量 x 的函数关系.

解　因为总成本是边际成本的原函数,所以有

$$C(x) = \int \left(8 + \dfrac{20}{\sqrt[3]{x}} \right) dx = 8x + 20 \times \dfrac{3}{2} x^{\frac{2}{3}} + C = 8x + 30x^{\frac{2}{3}} + C.$$

已知固定成本为 1 000 元,即 $C(0) = 1000$,代入上式得 $C = 1000$,所以所求函数为

$$C(x) = 8x + 30x^{\frac{2}{3}} + 1\,000.$$

注　(1) 分项积分后,只需要最终写出一个任意常数 C 即可;

(2) 可以尝试通过对积分结果求导,看它是否等于被积函数,来验证所求积分是否正确.

例 4.1.15 (续例 4.0.1).

解　已知在时刻 t, ^{14}C 的存量为 $M = M(t)$,则 ^{14}C 的衰变速度为 $\dfrac{dM}{dt}$. 依题意有

$$\dfrac{dM}{dt} = -kM \quad (k \text{ 为常数,且 } k > 0),$$

即有

$$\dfrac{dM}{M} = -k dt,$$

两边积分,有

$$\int \dfrac{dM}{M} = -\int k dt, \quad \ln M = -kt + C_1, \quad M = Ce^{-kt} (C = e^{C_1}).$$

将 $M(0) = M_0$ 代入上式,有 $C = M_0$. 又 $M(5\ 730) = \dfrac{M_0}{2}$,即 $\dfrac{M_0}{2} = M_0 \mathrm{e}^{-5\ 730k}$,有 $k = \dfrac{\ln 2}{5\ 730}$.

(1) 故有 ^{14}C 的存量 $M(t)$ 与时间 t 的函数为 $M(t) = M_0 \mathrm{e}^{-\frac{\ln 2}{5\ 730}t}$；

(2) 易知 $M'(t) = -\dfrac{\ln 2}{5\ 730} M(t)$,从而有

$$M'(0) = M'(t)\big|_{t=0} = -\frac{\ln 2}{5\ 730} M(0) = -\frac{\ln 2}{5\ 730} M_0.$$

又由 $M(t) = M_0 \mathrm{e}^{-\frac{\ln 2}{5\ 730}t}$,知

$$t = \frac{5\ 730}{\ln 2} \ln \frac{M_0}{M(t)} = \frac{5\ 730}{\ln 2} \ln \frac{M'(0)}{M'(t)}.$$

新烧成的木炭原子衰变速度为 $M'(0) = 38.37$ 次/分. 刚出土文物木炭标本 ^{14}C 的平均原子衰变速度 $M'(t) = 29.78$ 次/分. 所以有 $t = \dfrac{5\ 730}{\ln 2} \ln \dfrac{38.37}{29.78} \approx 2\ 095$. 即该出土文物的年龄距现今约为 $2\ 095$ 年.

习　题　4.1

1. 填空题:

(1) 若 $f(x)$ 有一个原函数为 $x\mathrm{e}^x + x - 1$,则 $f(x) =$ _____.

(2) 若 $\displaystyle\int f(x)\mathrm{d}x = 3^x + \cos x + C$,则 $f(x) =$ _____.

2. 判断下列等式是否正确:

(1) $\mathrm{d}\displaystyle\int \dfrac{1}{\sqrt{1-x^2}}\mathrm{d}x = \dfrac{1}{\sqrt{1-x^2}}\mathrm{d}x$；　　(2) $\displaystyle\int (\sin x)'\mathrm{d}x = -\cos x + C$.

3. 计算下列不定积分:

(1) $\displaystyle\int (2x - x^2)\mathrm{d}x$；　　　　　　　(2) $\displaystyle\int \left(\dfrac{1-x}{x}\right)^2 \mathrm{d}x$；

(3) $\displaystyle\int \sqrt{x\sqrt{x}}\,\mathrm{d}x$；　　　　　　　(4) $\displaystyle\int \dfrac{x^2}{1+x^2}\mathrm{d}x$；

(5) $\displaystyle\int (2^x - 3^x)^2 \mathrm{d}x$；　　　　　(6) $\displaystyle\int \dfrac{1}{\sin^2 x \cos^2 x}\mathrm{d}x$；

(7) $\displaystyle\int \dfrac{\cos 2x}{\sin^2 x \cos^2 x}\mathrm{d}x$；　　　　(8) $\displaystyle\int \dfrac{\cos 2x}{\sin x - \cos x}\mathrm{d}x$；

(9) $\displaystyle\int \tan^2 x\,\mathrm{d}x$；　　　　　　　(10) $\displaystyle\int \tan^2 x\,\mathrm{d}x = \int (\sec^2 x - 1)\mathrm{d}x$.

4. 验证 $F(x) = \dfrac{1}{2}(1 + \ln x)^2$ 和 $G(x) = \dfrac{1}{2}\ln^2 x + \ln x$ 是同一个函数的原函数,并说明两个函数的关系.

5. 已知某曲线 $y = f(x)$ 在点 x 处的切线斜率为 $\dfrac{1}{2\sqrt{x}}$,且曲线过点 $(4,3)$,试求曲线方程.

6. 设一质点沿 Ox 轴做直线运动. 已知起点 $x(0) = 2$,初速度 $v(0) = 0$,加速度 $a(t) = 5$,求它的运动规律 $x = x(t)$.

7. 设水沟结冰速度由 $\dfrac{\mathrm{d}y}{\mathrm{d}t} = k\sqrt{t}$ 给出,其中 y 是自结冰起到时刻 t(单位:h)冰的厚度(单位:cm),k 为常数,求结冰厚度 y 关于时间 t 的函数.

8. 已知某物质在化学反应过程中的反应速度为 $v(t) = ak\mathrm{e}^{-kt}$,其中 a 是反应开始时刻原有物质的量,k 为常数,求从 t_0 到 t_1 这段时间内反应速度的平均值.

9. 丙戊酸是人们用来控制癫痫病的一种药物,它在人体内的半衰期为 15 h:

(1) 用半衰期求出方程 $\dfrac{\mathrm{d}Q}{\mathrm{d}t} = -kQ$ 的常数 k,这里 Q 表示服用该药 t 小时后,仍残留在病人体内的药物量;

(2) 多长时间后,原来服用剂量的 10% 仍残留在人体内?

4.2　换元积分法

直接应用积分公式计算出的不定积分非常有限,所以需要进一步研究计算不定积分的一些其他常用方法. 根据积分是微分逆运算的规律,尝试将复合函数求导法则反过来应用于不定积分,通过适当的变量代换,将某些不定积分化为基本积分表中所列的形式,再计算出最后的结果,这种方法称为换元积分法.

4.2.1　第一类换元积分法(凑微分法)

先观察下面的例子:

例 4.2.1　求 $\displaystyle\int 3\cos 3x\,\mathrm{d}x$.

解　考虑到 $\cos 3x$ 是一个由 $\cos u$ 和 $u = 3x$ 组合的复合函数,可以构造

$$\int 3\cos 3x \, \mathrm{d}x = \int \cos 3x \, \mathrm{d}3x = \int \sin u \, \mathrm{d}u$$

$$= \sin u + C = \sin 3x + C.$$

把上述构造过程用严格的定理表示为:

> **定理 4.2.1**(第一类换元积分法)　设函数 $u = \varphi(x)$ 在所讨论的区间上可微,又设
>
> $$\int f(u)\mathrm{d}u = F(u) + C,$$
>
> 则有
>
> $$\int f[\varphi(x)]\varphi'(x)\mathrm{d}x = \int f[\varphi(x)]\mathrm{d}\varphi(x)$$
>
> $$= \left[\int f(u)\mathrm{d}u\right]_{u=\varphi(x)} = F[\varphi(x)] + C.$$

证明　因为

$$\int f(u)\mathrm{d}u = F(u) + C,$$

由定义则有 $F'(x) = f(x)$. 又 $u = \varphi(x)$ 可导,由复合函数的求导法则得

$$\frac{\mathrm{d}F[\varphi(x)]}{\mathrm{d}x} = \frac{\mathrm{d}F(u)}{\mathrm{d}u} \cdot \frac{\mathrm{d}u}{\mathrm{d}x} = f(u)\varphi'(x),$$

所以 $F[\varphi(x)]$ 是 $f[\varphi(x)] \cdot \varphi'(x)$ 的一个原函数,从而

$$\int f[\varphi(x)]\varphi'(x)\mathrm{d}x = \int f[\varphi(x)]\mathrm{d}\varphi(x)$$

$$= \left[\int f(u)\mathrm{d}u\right]_{u=\varphi(x)} = F[\varphi(x)] + C.$$

注　第一类换元积分法的关键是如何选取 $\varphi(x)$,并将 $\varphi'(x)\mathrm{d}x$ 凑成微分 $\mathrm{d}\varphi(x)$ 的形式. 因此第一类换元积分法又称为"凑微分"法.

例 4.2.2　求 $\int (2x-1)^3 \mathrm{d}x$.

解　令 $u = 2x - 1$,则 $x = \frac{1}{2}(u+1)$,$\mathrm{d}x = \frac{1}{2}\mathrm{d}u$,于是

$$\int (2x-1)^3 \mathrm{d}x = \int \frac{1}{2}u^3 \mathrm{d}u = \frac{1}{2}\int u^3 \mathrm{d}u$$

$$= \frac{1}{8} u^4 + C = \frac{1}{8} (2x - 1)^4 + C.$$

例 4.2.3　求 $\int \dfrac{\mathrm{d}x}{ax + b} (a \neq 0)$.

解　令 $u = ax + b$,则 $x = \dfrac{1}{a} (u - b)$,$\mathrm{d}x = \dfrac{1}{a} \mathrm{d}u$,于是

$$\int \frac{\mathrm{d}x}{ax + b} = \frac{1}{a} \int \frac{1}{u} \mathrm{d}u = \frac{1}{a} \ln | u | + C = \frac{1}{a} \ln | ax + b | + C.$$

注　若 $\int f(x) \mathrm{d}x = F(x) + C$,一般地,对于积分 $\int f(ax + b) \mathrm{d}x$,总可以做变换 $u = ax + b$,由此得到

$$\int f(ax + b) \mathrm{d}x = \frac{1}{a} \int f(ax + b) \mathrm{d}(ax + b) = \frac{1}{a} F(ax + b) + C.$$

例 4.2.4　求 $\int x^2 \mathrm{e}^{x^3} \mathrm{d}x$.

解　令 $u = x^3$,则 $3x^2 \mathrm{d}x = \mathrm{d}u$,$x^2 \mathrm{d}x = \dfrac{1}{3} \mathrm{d}u$,于是

$$\int x^2 \mathrm{e}^{x^3} \mathrm{d}x = \int \frac{1}{3} \mathrm{e}^u \mathrm{d}u = \frac{1}{3} \int \mathrm{e}^u \mathrm{d}u = \frac{1}{3} \mathrm{e}^u + C = \frac{1}{3} \mathrm{e}^{x^3} + C.$$

例 4.2.5　求 $\int x(1 - x^2)^{\frac{2}{3}} \mathrm{d}x$.

解　令 $u = 1 - x^2$,则 $\mathrm{d}u = - 2x \mathrm{d}x$,$x \mathrm{d}x = - \dfrac{1}{2} \mathrm{d}u$,于是

$$\int x (1 - x^2)^{\frac{2}{3}} \mathrm{d}x = \int - \frac{1}{2} u^{\frac{2}{3}} \mathrm{d}u$$

$$= - \frac{1}{2} \cdot \frac{u^{\frac{5}{3}}}{1 + \frac{2}{3}} + C = - \frac{3}{10} (1 - x^2)^{\frac{5}{3}} + C.$$

例 4.2.6　求 $\int \dfrac{1}{\sqrt{9 - x^2}} \mathrm{d}x$.

解　$\displaystyle\int \frac{1}{\sqrt{9 - x^2}} \mathrm{d}x = \int \frac{1}{3} \cdot \frac{1}{\sqrt{1 - \left(\dfrac{x}{3} \right)^2}} \mathrm{d}x$

$$= \int \frac{1}{\sqrt{1 - \left(\dfrac{x}{3} \right)^2}} \mathrm{d}\left(\frac{x}{3} \right) = \arcsin \frac{x}{3} + C.$$

例 4.2.7　求 $\displaystyle\int \frac{1}{x^2 + 9}\mathrm{d}x$.

解　$\displaystyle\int \frac{1}{x^2 + 9}\mathrm{d}x = \frac{1}{9}\int \frac{1}{1 + \left(\dfrac{x}{3}\right)^2}\mathrm{d}x$

$\displaystyle\qquad\qquad\qquad = \frac{1}{3}\int \frac{1}{1 + \left(\dfrac{x}{3}\right)^2}\mathrm{d}\left(\frac{x}{3}\right) = \frac{1}{3}\arctan\frac{x}{3} + C .$

注　这里实际上做了变量代换 $u = \dfrac{x}{3}$，并在求出积分 $\dfrac{1}{3}\displaystyle\int \dfrac{\mathrm{d}u}{1 + u^2}$ 后，代回原积分变量，只是没写出来而已.

例 4.2.8　求 $\displaystyle\int \frac{1}{x^2 - 9}\mathrm{d}x$.

解　$\displaystyle\int \frac{1}{x^2 - 9}\mathrm{d}x = \int \frac{1}{6}\left(\frac{1}{x - 3} - \frac{1}{x + 3}\right)\mathrm{d}x$

$\displaystyle\qquad\qquad\qquad = \frac{1}{6}\int \frac{1}{x - 3}\mathrm{d}x - \frac{1}{6}\int \frac{1}{x + 3}\mathrm{d}x$

$\displaystyle\qquad\qquad\qquad = \frac{1}{6}\int \frac{1}{x - 3}\mathrm{d}(x - 3) - \frac{1}{6}\int \frac{1}{x + 3}\mathrm{d}(x + 3)$

$\displaystyle\qquad\qquad\qquad = \frac{1}{6}\ln|x - 3| - \frac{1}{6}\ln|x + 3| + C$

$\displaystyle\qquad\qquad\qquad = \frac{1}{6}\ln\left|\frac{x - 3}{x + 3}\right| + C .$

例 4.2.9　求 $\displaystyle\int \cot x\,\mathrm{d}x$.

解　$\displaystyle\int \cot x\,\mathrm{d}x = \int \frac{\cos x}{\sin x}\mathrm{d}x = \int \frac{1}{\sin x}\mathrm{d}(\sin x) = \ln|\sin x| + C .$

同理可求得

$$\int \tan x\,\mathrm{d}x = -\ln|\cos x| + C .$$

例 4.2.10　求 $\displaystyle\int \sin 3x\cos 5x\,\mathrm{d}x$.

解　$\displaystyle\int \sin 3x\cos 5x\,\mathrm{d}x = \frac{1}{2}\int (\sin 8x - \sin 2x)\mathrm{d}x = -\frac{\cos 8x}{16} + \frac{\cos 2x}{4} + C .$

例 4.2.11　求 $\displaystyle\int \frac{1}{1 + \cos x}\mathrm{d}x$.

解法 1　$\displaystyle\int \frac{1}{1+\cos x}\mathrm{d}x = \frac{1}{2}\int \frac{1}{\cos^2 \dfrac{x}{2}}\mathrm{d}x = \int \sec^2 \frac{x}{2}\mathrm{d}\frac{x}{2} = \tan \frac{x}{2} + C.$

解法 2　$\displaystyle\int \frac{1}{1+\cos x}\mathrm{d}x = \int \frac{1-\cos x}{1-\cos^2 x}\mathrm{d}x = \int \frac{1}{1-\cos^2 x}\mathrm{d}x - \int \frac{\cos x}{1-\cos^2 x}\mathrm{d}x$

$$= \int \csc^2 x\,\mathrm{d}x - \int \frac{\mathrm{d}\sin x}{\sin^2 x} = -\cot x + \frac{1}{\sin x} + C$$

$$= \tan \frac{x}{2} + C.$$

例 4.2.12　求 $\displaystyle\int \frac{1}{x(3\ln x + 4)}\mathrm{d}x.$

解　$\displaystyle\int \frac{1}{x(3\ln x + 4)}\mathrm{d}x = \int \frac{1}{3\ln x + 4}\cdot \frac{1}{x}\mathrm{d}x$

$$= \frac{1}{3}\int \frac{1}{3\ln x + 4}\mathrm{d}(3\ln x + 4)$$

$$= \frac{1}{3}\ln|3\ln x + 4| + C.$$

通过上述求不定积分的例子可知,在用第一换元积分法求不定积分时,关键是要在被积表达式中凑出适合的微分因子,再进行变量代换,有一定的技巧性,且在某些情况下,无法用凑微分的方法求出不定积分,比如不定积分

$$\int \sqrt{a^2 \pm x^2}\,\mathrm{d}x, \quad \int \frac{\sqrt{x}}{1+\sqrt[3]{x}}\mathrm{d}x$$

为此我们引入另一种积分法——第二类换元积分法.

4.2.2　第二类换元积分法

> **定理 4.2.2**（第二类换元积分法）　设 $x = \varphi(t)$ 是可微函数,且有可微反函数 $t = \varphi^{-1}(x)$. 若有 $\displaystyle\int f[\varphi(t)]\varphi'(t)\mathrm{d}t = F(t) + C$,则
> $$\int f(x)\mathrm{d}x = F[\varphi^{-1}(x)] + C.$$

证明　由复合函数及反函数求导法则得

$$\frac{\mathrm{d}F[\varphi^{-1}(x)]}{\mathrm{d}x} = \frac{\mathrm{d}F(t)}{\mathrm{d}t}\cdot \frac{\mathrm{d}t}{\mathrm{d}x}$$

$$= f[\varphi(t)]\varphi'(t) \cdot \frac{1}{\varphi'(t)} = f[\varphi(t)] = f(x),$$

所以 $F[\varphi^{-1}(x)]$ 是 $f(x)$ 的一个原函数，从而

$$\int f(x)\mathrm{d}x = F[\varphi^{-1}(x)] + C.$$

例 4.2.13　求不定积分 $\int \dfrac{\sqrt{x-1}}{x}\mathrm{d}x$.

解　令 $\sqrt{x-1}=t$，即 $x=t^2+1$，这样就去掉了被积函数中的根号，此时 $\mathrm{d}x = 2t\mathrm{d}t$，于是

$$\int \frac{\sqrt{x-1}}{x}\mathrm{d}x = \int \frac{t}{t^2+1} \cdot 2t\mathrm{d}t = 2\int \frac{t^2}{t^2+1}\mathrm{d}t = 2\int \frac{t^2+1-1}{t^2+1}\mathrm{d}t$$

$$= 2\int \left(1 - \frac{1}{t^2+1}\right)\mathrm{d}t = 2(t - \arctan t) + C$$

$$= 2(\sqrt{x-1} - \arctan\sqrt{x-1}) + C.$$

例 4.2.14　求不定积分 $\int \dfrac{x}{\sqrt{x-1}}\mathrm{d}x$.

解法一　用第一换元法求解：

$$\int \frac{x}{\sqrt{x-1}}\mathrm{d}x = \int \frac{x-1+1}{\sqrt{x-1}}\mathrm{d}x = \int [\sqrt{x-1} + (x-1)^{-\frac{1}{2}}]\mathrm{d}x$$

$$= \int [(x-1)^{\frac{1}{2}} + (x-1)^{-\frac{1}{2}}]\mathrm{d}(x-1)$$

$$= \frac{2}{3}(x-1)^{\frac{3}{2}} + 2(x-1)^{\frac{1}{2}} + C$$

$$= \frac{2}{3}(x-1)^{\frac{1}{2}}(x+2) + C.$$

解法二　用第二换元法求解：

令 $t = \sqrt{x-1}$，则 $\mathrm{d}x = 2t\mathrm{d}t$，从而有

$$\int \frac{x}{\sqrt{x-1}}\mathrm{d}x = \int \frac{t^2+1}{t}2t\mathrm{d}t = 2\int (t^2+1)\mathrm{d}t = \frac{2}{3}t(t^2+3t) + C$$

$$= \frac{2}{3}(x-1)^{\frac{1}{2}}(x+2) + C.$$

例 4.2.15　求不定积分 $\int \dfrac{\sqrt{x}}{1+\sqrt[3]{x}}\mathrm{d}x$.

解　令 $t = \sqrt[6]{x}$，则 $x = t^6$，$\mathrm{d}x = 6t^5\mathrm{d}t$，$\sqrt{x} = t^3$，$\sqrt[3]{x} = t^2$，从而有

$$\int \frac{\sqrt{x}}{1 + \sqrt[3]{x}}\mathrm{d}x = 6\int \frac{t^8}{1 + t^2}\mathrm{d}t = 6\int(t^6 - t^4 + t^2 - 1)\mathrm{d}t - 6\int \frac{1}{1 + t^2}\mathrm{d}t$$

$$= 6\left(\frac{t^7}{7} - \frac{t^5}{5} + \frac{t^3}{3} - t\right) - 6\arctan t + C$$

$$= 6\left(\frac{x^{\frac{7}{6}}}{7} - \frac{x^{\frac{5}{6}}}{5} + \frac{x^{\frac{3}{6}}}{3} - \sqrt[6]{x}\right) - 6\arctan \sqrt[6]{x} + C.$$

例 4.2.16　求不定积分 $\displaystyle\int \frac{\mathrm{d}x}{\sqrt{a^2 + x^2}}(a > 0)$．

解　为去掉根号，令 $x = a\tan t\left[x \in \left(-\dfrac{\pi}{2}, \dfrac{\pi}{2}\right)\right]$，$\mathrm{d}x = a\sec^2 t\,\mathrm{d}t$，则有

$$\int \frac{\mathrm{d}x}{\sqrt{a^2 + x^2}} = \int \frac{a\sec^2 t\,\mathrm{d}t}{a\sec t} = \int \sec t\,\mathrm{d}t = \int \frac{\sec t(\sec t + \tan t)}{(\sec t + \tan t)}\mathrm{d}t$$

$$= \int \frac{\mathrm{d}(\sec t + \tan t)}{(\sec t + \tan t)} = \ln|\sec t + \tan t| + C.$$

又由 $\tan t = \dfrac{x}{a}$ 知 $\sec t = \dfrac{\sqrt{a^2 + x^2}}{a}$（图 4.2.1），所以有

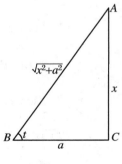

$$\int \frac{\mathrm{d}x}{\sqrt{a^2 + x^2}} = \ln\left|\frac{\sqrt{a^2 + x^2}}{a} + \frac{x}{a}\right| + C$$

$$= \ln\left|x + \sqrt{a^2 + x^2}\right| + C_1.$$

例 4.2.17　求不定积分 $\displaystyle\int \frac{\sqrt{x^2 - 9}}{x}\mathrm{d}x$．

解　令 $x = 3\sec t$，$t \in \left(0, \dfrac{\pi}{2}\right)$，则 $\mathrm{d}x = 3\sec t\tan t\,\mathrm{d}t$，

图 4.2.1

则

$$\int \frac{\sqrt{x^2 - 9}}{x}\mathrm{d}x = \int \frac{3\tan t}{3\sec t}3\sec t\tan t\,\mathrm{d}t = 3\int \tan^2 t\,\mathrm{d}t = 3\int(\sec^2 t - 1)\mathrm{d}t$$

$$= 3\tan t - 3t + C = \sqrt{x^2 - 9} - 3\arccos\frac{3}{|x|} + C.$$

注　$x = 3\sec t$ 时，$\cos t = \dfrac{3}{x}$，$\sin t = \dfrac{\sqrt{x^2 - 9}}{x}$，$\tan t = \dfrac{\sqrt{x^2 - 9}}{3}$．

从上面的例子可知，当被积函数含有根号时，为了去除根号，常用第二类换元

积分法,具体解法为:

(1) $\sqrt[n]{ax+b}$ 时,令 $t=\sqrt[n]{ax+b}$,即做变换 $x=\dfrac{1}{a}(t^n-b)(a\neq 0)$;

(2) $\sqrt{a^2-x^2}$ 时,令 $x=a\sin t$ 或 $x=a\cos t$;

(3) $\sqrt{a^2+x^2}$ 时,令 $x=a\tan t$ 或 $x=a\cot t$;

(4) $\sqrt{x^2-a^2}$ 时,令 $x=a\sec t$ 或 $x=a\csc t$.

有时候也要具体问题具体分析,如积分 $\displaystyle\int \sqrt{3x+4}\,\mathrm{d}x,\int x\sqrt{x^2-4}\,\mathrm{d}x,$ $\displaystyle\int \dfrac{x}{\sqrt{x-1}}\,\mathrm{d}x$ 等,使用第一类换元积分法也比较简便.

4.2.3　基本积分表的补充

以上几个例题的结果通常也可以当作公式使用,下面我们继续给出一些常用的基本积分公式,请读者熟记(其中常数 $a>0$).

(1) $\displaystyle\int \tan x\mathrm{d}x = = -\ln|\cos x| + C$;

(2) $\displaystyle\int \cot x\mathrm{d}x = \ln|\sin x| + C$;

(3) $\displaystyle\int \sec x\mathrm{d}x = \ln|\sec x + \tan x| + C$;

(4) $\displaystyle\int \csc x\mathrm{d}x = \ln|\csc x - \cot x| + C$;

(5) $\displaystyle\int \dfrac{1}{a^2+x^2}\mathrm{d}x = \dfrac{1}{a}\arctan\dfrac{x}{a} + C$;

(6) $\displaystyle\int \dfrac{1}{a^2-x^2}\mathrm{d}x = \dfrac{1}{2a}\ln\left|\dfrac{a+x}{a-x}\right| + C$;

(7) $\displaystyle\int \dfrac{1}{\sqrt{a^2-x^2}}\mathrm{d}x = \arcsin\dfrac{x}{a} + C$;

(8) $\displaystyle\int \dfrac{1}{\sqrt{x^2\pm a^2}}\mathrm{d}x = \ln\left|x+\sqrt{x^2\pm a^2}\right| + C$.

接下来的两个例题将直接使用上述基本积分公式,这样计算起来更简便.

例 4.2.18 　求 $\int \dfrac{1}{x^2 + 6x + 12}\mathrm{d}x$.

解 　$\int \dfrac{1}{x^2 + 6x + 12}\mathrm{d}x = \int \dfrac{1}{(x+3)^2 + 3}\mathrm{d}x = \int \dfrac{1}{(x+3)^2 + \sqrt{3}^2}\mathrm{d}(x+3)$

$$= \dfrac{1}{\sqrt{3}}\arctan\dfrac{x+3}{\sqrt{3}} + C.$$

例 4.2.19 　求 $\int \dfrac{1}{\sqrt{9x^2 + 6x + 10}}\mathrm{d}x$.

解 　$\int \dfrac{1}{\sqrt{9x^2 + 6x + 10}}\mathrm{d}x = \dfrac{1}{3}\int \dfrac{1}{\sqrt{(3x+1)^2 + 9}}\mathrm{d}(3x+1)$

$$= \dfrac{1}{3}\ln\left|3x + \sqrt{9x^2 + 6x + 10} + 1\right| + C.$$

习　题　4.2

1. 求下列不定积分（其中 a, b, ω, φ 均为常数）：

(1) $\int \mathrm{e}^{-2t}\mathrm{d}t$ ；

(2) $\int (3x - 1)^6 \mathrm{d}x$ ；

(3) $\int \dfrac{1}{4 - 5x}\mathrm{d}x$ ；

(4) $\int \dfrac{\mathrm{d}x}{\sqrt[3]{1 - 4x}}$ ；

(5) $\int \sec^4 x\,\mathrm{d}x$ ；

(6) $\int \dfrac{\cos\sqrt{t}}{\sqrt{t}}\mathrm{d}t$ ；

(7) $\int \dfrac{\sin(\sqrt{x} + 1)}{\sqrt{x}}\mathrm{d}x$ ；

(8) $\int \dfrac{\mathrm{d}x}{x\ln x\ln\ln x}$ ；

(9) $\int \dfrac{\mathrm{d}x}{\sin x\cos x}$ ；

(10) $\int x\sqrt{3 - 2x}\,\mathrm{d}x$ ；

(11) $\int \dfrac{\mathrm{e}^x}{1 + \mathrm{e}^x}\mathrm{d}x$ ；

(12) $\int x\sqrt{1 + 2x}\,\mathrm{d}x$ ；

(13) $\int x\sin x^2\,\mathrm{d}x$ ；

(14) $\int \cos^3 x\sin^3 x\,\mathrm{d}x$ ；

(15) $\int \dfrac{4x^3}{4 - x^4}\mathrm{d}x$ ；

(16) $\int \sin^2(\omega t + \varphi)\cos(\omega t + \varphi)\mathrm{d}t$ ；

(17) $\int \dfrac{\sin 2x}{\sin^3 x}\mathrm{d}x$ ；

(18) $\int \dfrac{\sin x + \cos x}{\sqrt[5]{\sin x - \cos x}}\mathrm{d}x$ ；

(19) $\displaystyle\int \frac{2-4x}{\sqrt{9-4x^2}}\mathrm{d}x$;

(20) $\displaystyle\int \frac{x^3}{1+x^2}\mathrm{d}x$;

(21) $\displaystyle\int \frac{4}{x^2-4}\mathrm{d}x$;

(22) $\displaystyle\int \frac{1}{(x+3)(x+4)}\mathrm{d}x$;

(23) $\displaystyle\int \sin^3 x\mathrm{d}x$;

(24) $\displaystyle\int \sin^2(\omega t+\varphi)\mathrm{d}t$;

(25) $\displaystyle\int \sin 2x\cos 4x\mathrm{d}x$;

(26) $\displaystyle\int \cos\frac{x}{2}\cos x\mathrm{d}x$;

(27) $\displaystyle\int \sin 5x\sin 7x\mathrm{d}x$;

(28) $\displaystyle\int \frac{x^2}{\sqrt{a^2-x^2}}\mathrm{d}x\,(a>0)$;

(29) $\displaystyle\int \frac{\mathrm{d}x}{x\sqrt{x^2-1}}$;

(30) $\displaystyle\int \frac{\mathrm{d}x}{\sqrt{(x^2+1)^3}}$;

(31) $\displaystyle\int \frac{\mathrm{d}x}{\sqrt{x}+\sqrt[3]{x}}$;

(32) $\displaystyle\int \frac{\sqrt{9-x^2}}{x^4}\mathrm{d}x$;

(33) $\displaystyle\int \frac{\mathrm{d}x}{1+\sqrt{x}}$;

(34) $\displaystyle\int \frac{\mathrm{d}x}{1+\sqrt{1-x^2}}$;

(35) $\displaystyle\int \frac{\mathrm{d}x}{x+\sqrt{1-x^2}}$;

(36) $\displaystyle\int \frac{1}{x^2+2x+3}\mathrm{d}x$.

4.3　分部积分法

换元积分法虽然应用比较广泛,但无法对形如 $\displaystyle\int x\cos x\mathrm{d}x$, $\displaystyle\int x^n\cos x\mathrm{d}x$, $\displaystyle\int x\mathrm{e}^x\mathrm{d}x$ 等类型的积分求解,为此本节介绍分部积分法. 分部积分法本质上是两个函数乘积的求导公式的逆运算.

设 $u=u(x)$, $v=v(x)$ 有连续的导数,由 $(uv)'=u'v+uv'$, 得 $uv'=(uv)'-u'v$,两边积分,有

$$\int uv'\mathrm{d}x = \int (uv)'\mathrm{d}x - \int u'v\mathrm{d}x,$$

即分部积分公式为

$$\int u\mathrm{d}v = uv - \int v\mathrm{d}u. \tag{4.3.1}$$

使用分部积分法的目的是,将不易求出的积分 $\int u\,\mathrm{d}v$ 转化为较易求出的积分 $\int v\,\mathrm{d}u$.如何把积分 $\int f(x)\mathrm{d}x$ 写成 $\int u\,\mathrm{d}v$ 的形式,正确地选取 $u = u(x)$,$\mathrm{d} = \mathrm{d}v(x)$,使积分 $\int v\,\mathrm{d}u$ 比积分 $\int u\,\mathrm{d}v$ 容易求出是关键.以下通过例子说明分部积分公式适用的题型及如何选择适当的 $u = u(x)$,$v = v(x)$.

例 4.3.1　求 $\int x\sin x\,\mathrm{d}x$.

解　令 $u = x$,$dv = \sin x\,\mathrm{d}x$,则 $v = -\cos x$,于是

$$\int x\sin x\,\mathrm{d}x = -\int x\,\mathrm{d}(\cos x) = -\left(x\cos x - \int \cos x\,\mathrm{d}x\right)$$

$$= -x\cos x + \int \mathrm{d}(\sin x) = -x\cos x + \sin x + C.$$

注　对于此题,若令 $u = \sin x$,$dv = x\,\mathrm{d}x$,则 $v = \dfrac{1}{2}x^2$,于是

$$\int x\sin x\,\mathrm{d}x = \int \sin x\,\mathrm{d}\left(\frac{1}{2}x^2\right)$$

$$= \sin x \cdot \frac{1}{2}x^2 - \int \frac{1}{2}x^2\,\mathrm{d}(\sin x)$$

$$= \frac{1}{2}x^2\sin x - \int \frac{1}{2}x^2\cos x\,\mathrm{d}x.$$

这样新得到的积分 $\int \dfrac{1}{2}x^2\cos x\,\mathrm{d}x$ 反而比原积分 $\int x\cos x\,\mathrm{d}x$ 更难求了.所以在分部积分法中,$u = u(x)$ 和 $\mathrm{d}v = \mathrm{d}v(x)$ 的选择不是任意的,如果选取不当,有可能得不出结果.

例 4.3.2　求 $\int x^2 \mathrm{e}^x\,\mathrm{d}x$.

解　设 $u = x^2$,$\mathrm{d}v = \mathrm{e}^x\,\mathrm{d}x$,则 $v = \mathrm{e}^x$,于是

$$\int x^2 \mathrm{e}^x\,\mathrm{d}x = \int x^2\,\mathrm{d}\mathrm{e}^x = x^2\mathrm{e}^x - \int \mathrm{e}^x\,\mathrm{d}x^2 = x^2\mathrm{e}^x - 2\int x\mathrm{e}^x\,\mathrm{d}x.$$

由于

$$\int x\mathrm{e}^x\,\mathrm{d}x = \int x\,\mathrm{d}\mathrm{e}^x = x\mathrm{e}^x - \int \mathrm{e}^x\,\mathrm{d}x = x\mathrm{e}^x - \mathrm{e}^x + C_1,$$

所以

$$\int x^2 \mathrm{e}^x \mathrm{d}x = x^2 \mathrm{e}^x - 2(x\mathrm{e}^x - \mathrm{e}^x) + C = \mathrm{e}^x(x^2 - 2x + 2) + C.$$

注　在分部积分法中, u 及 $\mathrm{d}v$ 的选择是有一定规律的. 当被积函数为幂函数与正(余)弦或指数函数的乘积时, 往往选取幂函数为 u.

例 4.3.3　求 $\int x^3 \ln x \mathrm{d}x$.

解　为使 v 容易求得, 选取 $u = \ln x, \mathrm{d}v = x^3 \mathrm{d}x = \mathrm{d}\left(\dfrac{x^4}{4}\right)$, 则 $v = \dfrac{1}{4}x^4$, 于是

$$\int x^3 \ln x \mathrm{d}x = \frac{1}{4}\int \ln x \mathrm{d}x^4 = \frac{1}{4}\left[x^4 \ln x - \int x^4 \mathrm{d}(\ln x)\right]$$

$$= \frac{1}{4}\left(x^4 \ln x - \int x^3 \mathrm{d}x\right) = \frac{1}{4}x^4 \ln x - \frac{1}{16}x^4 + C.$$

例 4.3.4　求 $\int \mathrm{arccot}\, x \mathrm{d}x$.

解　设 $u = \mathrm{arccot}\, x, \mathrm{d}v = \mathrm{d}x$, 于是

$$\int \mathrm{arccot}\, x \mathrm{d}x = x\,\mathrm{arccot}\, x - \int x \mathrm{d}(\mathrm{arccot}\, x)$$

$$= x\,\mathrm{arccot}\, x + \int x \cdot \frac{1}{1+x^2}\mathrm{d}x = x\,\mathrm{arccot}\, x + \frac{1}{2}\int \frac{1}{1+x^2}\mathrm{d}(1+x^2)$$

$$= x\,\mathrm{arccot}\, x + \frac{1}{2}\ln|1+x^2| + C.$$

例 4.3.5　求 $\int x\,\mathrm{arccot}\, x \mathrm{d}x$.

解　$\displaystyle\int x\,\mathrm{arccot}\, x \mathrm{d}x = \int \mathrm{arccot}\, x \mathrm{d}\left(\frac{1}{2}x^2\right) = \frac{1}{2}x^2 \mathrm{arccot}\, x - \frac{1}{2}\int x^2 \mathrm{d}(\mathrm{arccot}\, x)$

$$= \frac{1}{2}x^2 \mathrm{arccot}\, x + \frac{1}{2}\int x^2 \cdot \frac{1}{1+x^2}\mathrm{d}x$$

$$= \frac{1}{2}x^2 \mathrm{arccot}\, x + \frac{1}{2}\int \left(1 - \frac{1}{1+x^2}\right)\mathrm{d}x$$

$$= \frac{1}{2}x^2 \mathrm{arccot}\, x + \frac{1}{2}(x - \mathrm{arccot}\, x) + C.$$

注　(1) 如果被积函数含有对数函数或反三角函数, 可以考虑用分部积分法, 并设对数函数或反三角函数为 u;

(2) 在分部积分法应用熟练后, 可把认定的 $u, \mathrm{d}v$ 记在心里而不写出来, 直接

在分部积分公式中应用.

例 4.3.6　求 $\int e^{3x} \sin 2x \, dx$.

解　
$$\int e^{3x} \sin 2x \, dx = \frac{1}{2} \int e^{3x} d(-\cos 2x)$$

$$= \frac{1}{2} \left(-e^{3x} \cos 2x + \int e^{3x} \cos 2x \, dx \right)$$

$$= \frac{1}{2} \left(-e^{3x} \cos 2x + \frac{1}{2} \int e^{3x} d\sin 2x \right)$$

$$= -\frac{1}{2} e^{3x} \cos 2x + \frac{1}{4} e^{3x} \sin 2x - \frac{1}{4} \int \sin 2x \, de^{3x}$$

$$= -\frac{1}{2} e^{3x} \cos 2x + \frac{1}{4} e^{3x} \sin 2x - \frac{1}{12} \int e^{3x} \sin 2x \, dx \;.$$

由于上式第三项含有积分 $\int e^{3x} \sin 2x \, dx$,把它移到等式左边,得

$$\frac{13}{12} \int e^{3x} \sin 2x \, dx = e^{3x} \left(\frac{1}{4} \sin 2x - \frac{1}{2} \cos 2x \right) + C_1,$$

故

$$\int e^{3x} \sin 2x \, dx = \frac{3}{13} e^{3x} (\sin 2x - 2\cos 2x) + C.$$

注　如果被积函数为指数函数与正(余)弦函数的乘积,可任选其一为 u,但一经选定,在后面的解题过程中要始终选择其为 u.

有时求一个不定积分,需要将换元积分法和分部积分法结合起来使用.

例 4.3.7　求 $\int e^{\sqrt[3]{x}} \, dx$.

解　先去根号,设 $t = \sqrt[3]{x}$,则 $x = t^3$, $dx = 3t^2 dt$,于是

$$\int e^{\sqrt[3]{x}} \, dx = \int e^t \cdot 3t^2 \, dt = 3 \int t^2 \, de^t,$$

由例 4.3.2 知

$$\int t^2 e^t \, dt = e^t (t^2 - 2t + 2) + C_1,$$

所以

$$\int e^{\sqrt[3]{x}} \, dx = = 3 \int t^2 \, de^t = 3 e^{x^{\frac{1}{3}}} \left(x^{\frac{2}{3}} - 2x^{\frac{1}{3}} + 2 \right) + C.$$

还有一些针对特殊类型函数的积分法,在本书就不再详细说明.

注　尽管所有初等函数在其定义区间上的原函数都存在,但其原函数不一定都是初等函数.例如,

$$\int e^{x^2} dx, \quad \int \frac{\sin x}{x} dx, \quad \int \frac{dx}{\ln x}, \quad \int \frac{dx}{\sqrt{1 + x^4}}.$$

习　题　4.3

1. 用分部积分法求下面的不定积分:

(1) $\int x e^x dx$;

(2) $\int x \cos x dx$;

(3) $\int x \ln(x - 1) dx$;

(4) $\int x^5 \ln x dx$;

(5) $\int \sqrt{x} \ln x dx$;

(6) $\int x \sin^2 x dx$;

(7) $\int x^{-2} \ln x dx$;

(8) $\int e^x \sin x dx$;

(9) $\int e^x \cos 3x dx$;

(10) $\int x^3 e^{x^2} dx$;

(11) $\int x \sin^3 x dx$;

(12) $\int x \cot^2 x dx$;

(13) $\int \ln(1 + x^2) dx$;

(14) $\int (\arcsin x)^2 dx$;

(15) $\int \frac{\arctan e^x}{e^x} dx$;

(16) $\int \frac{x^2}{1 + x^2} \arctan x dx$;

(17) $\int x^2 \cos 2x dx$;

(18) $\int e^{\sqrt{x}} dx$;

(19) $\int \frac{x e^x dx}{\sqrt{e^x - 1}}$;

(20) $\int (x^2 - 1) \sin 2x dx$;

(21) $\int x^{-2} \ln^3 x dx$.

习　题　4

1. 填空题:

(1) $\int \frac{dx}{(2 - x)\sqrt{1 - x}} = $ _____;

(2) $\int \frac{\sin 2x}{1 + \sin^2 x} dx = $ _____;

(3) $\int \frac{1}{x^3} \sin \frac{1}{x} dx = $ _____;

(4) $\int x \arctan x dx = $ _____;

(5) 已知 $f'(x) = |x|$,且 $f(-2) = a$,则 $f(x) = $ _____;

(6) $\int [f(x)]^a f'(x) dx = $ _____.

2. 单项选择题:

(1) 对于不定积分 $\int f(x)\mathrm{d}x$,下列等式中( )是正确的;

A. $\mathrm{d}\int f(x)\mathrm{d}x = f(x)$ B. $\int f'(x)\mathrm{d}x = f(x)$

C. $\int \mathrm{d}f(x) = f(x)$ D. $\dfrac{\mathrm{d}}{\mathrm{d}x}\int f(x)\mathrm{d}x = f(x)$

(2) 函数 $f(x)$ 在 $(-\infty, +\infty)$ 上连续,则 $\mathrm{d}\left[\int f(x)\mathrm{d}x\right]$ 等于( );

A. $f(x)$ B. $f(x)\mathrm{d}x$ C. $f(x) + C$(常数)   D. $f'(x)\mathrm{d}x$

(3) 若 $F(x)$ 和 $G(x)$ 都是 $f(x)$ 的原函数,则( ).

A. $F(x) - G(x) = 0$ B. $F(x) + G(x) = 0$

C. $F(x) - G(x) = C$(常数)   D. $F(x) + G(x) = C$(常数)

3. 求下列不定积分:

(1) $\int \dfrac{1}{x^2}\mathrm{d}x$;   (2) $\int 3(1 - x^2)\mathrm{d}x$;   (3) $\int (3^x + x^2)\mathrm{d}x$;

(4) $\int \dfrac{x^3}{x^2 + 1}\mathrm{d}x$;   (5) $\int \dfrac{1}{\sqrt{2gh}}\mathrm{d}h$;   (6) $\int \dfrac{1 + x^2}{\sqrt{x}}\mathrm{d}x$;

(7) $\int \dfrac{\sqrt{1 + x^2}}{\sqrt{1 - x^4}}\mathrm{d}x$;   (8) $\int \dfrac{(x + 1)(x - 2)}{x^2}\mathrm{d}x$;   (9) $\int \dfrac{x - 1}{x^2 - 2x + 15}\mathrm{d}x$;

(10) $\int \dfrac{\sin 2x}{\cos x}\mathrm{d}x$;   (11) $\int \cos^2 \dfrac{x}{2}\mathrm{d}x$;   (12) $\int \dfrac{1}{1 + \cos 2x}\mathrm{d}x$.

4. 设函数 $f(x)$ 满足条件 $f'(x) = 3^x + 1$,且 $f(0) = 2$,求函数 $f(x)$ 的表达式.

5. 求下列不定积分:

(1) $\int (x - 6)^3\mathrm{d}x$;   (2) $\int (x + 6)^{-3}\mathrm{d}x$;   (3) $\int \sqrt{1 - 3x}\,\mathrm{d}x$;

(4) $\int \dfrac{2x}{x^2 + 1}\mathrm{d}x$;   (5) $\int x\mathrm{e}^{-x^2}\mathrm{d}x$;   (6) $\int \sin \dfrac{2}{3}x\mathrm{d}x$;

(7) $\int \cos^2(2x - 1)\mathrm{d}x$;   (8) $\int \dfrac{1}{x\ln x}\mathrm{d}x$;   (9) $\int \mathrm{e}^{\sin x}\cos x\mathrm{d}x$;

(10) $\int \sin^3 x \cos^2 x\mathrm{d}x$;   (11) $\int \sin 2x \cos 3x\mathrm{d}x$;   (12) $\int \dfrac{1}{4 + 9x^2}\mathrm{d}x$;

(13) $\int \dfrac{1}{4 - 9x^2}\mathrm{d}x$;   (14) $\int \dfrac{1}{\sqrt{4 - 9x^2}}\mathrm{d}x$;   (15) $\int x\sqrt{x + 1}\,\mathrm{d}x$;

(16) $\int \dfrac{1}{\sqrt{2x - 3} + 1}\mathrm{d}x$.

6. 用分部积分法求下列不定积分:

(1) $\int x\sin x\mathrm{d}x$；　　　　　　(2) $\int x^2\cos x\mathrm{d}x$；　　　　　　(3) $\int x\mathrm{e}^{-x}\mathrm{d}x$；

(4) $\int x^2\ln x\mathrm{d}x$；　　　　　(5) $\int x\ln(x^2+1)\mathrm{d}x$；　　　(6) $\int\arcsin x\mathrm{d}x$；

(7) $\int\dfrac{\ln x}{\sqrt{x}}\mathrm{d}x$；　　　　　(8) $\int x\cos\dfrac{x}{2}\mathrm{d}x$；　　　　(9) $\int\dfrac{1}{x^2}\arctan x\mathrm{d}x$；

(10) $\int x\tan^2 x\mathrm{d}x$；　　　(11) $\int(\ln x)^2\mathrm{d}x$；　　　　(12) $\int x\sin x\cos x\mathrm{d}x$；

(13) $\int x\cos^2 x\mathrm{d}x$；　　　(14) $\int\mathrm{e}^{\sqrt[3]{x}}\mathrm{d}x$；　　　　(15) $\int\mathrm{e}^{-x}\sin 2x\mathrm{d}x$；

(16) $\int\cos\ln x\mathrm{d}x$.

7. 设某商品的需求量 Q 是价格 P 的函数,该商品的最大需求量为 1 000(即 $P=0$ 时, $Q=1\ 000$),已知需求量的变化率(边际需求)为 $Q'(P)=-1\ 000\ln 3\cdot\left(\dfrac{1}{3}\right)^P$,求需求量 Q 与价格 P 的函数关系.

8. 设生产 x 单位某产品的总成本为 $C(x)$,固定成本[即 $C(0)$]为 20 元,边际成本函数为 $C'(x)=2x+10$(元/单位),求总成本函数 $C(x)$ 和平均成本 $\overline{C(x)}$.

9. 某一太阳能电池的能量 $Q(x)$ 相对于太阳接触的表面积 x 的变化率为 $Q'(x)=\dfrac{0.005}{\sqrt{0.01x+1}}$,且满足 $Q(0)=0$,求太阳能电池的能量函数 $Q(x)$.

10. 在某一个电路中,电流关于时间的变化率为 $\dfrac{\mathrm{d}i}{\mathrm{d}t}=4t-0.6t^2$. 当 $t=0$ 时, $i=2A$,求电流 i 关于时间 t 的函数.

11. 经研究发现,某一个小创伤表面积修复的速度为 $\dfrac{\mathrm{d}A}{\mathrm{d}t}=-5t^{-2}$($t$ 的单位:天;$1\leqslant t\leqslant 8$),其中 A 表示伤口的面积(单位:cm^2). 若 $A(1)=6$,则病人受伤 5 天后的表面积有多大?

12. 汽车以速度 20 m/s 的速度行驶,刹车后匀速行驶了 60 m 停下来,求刹车加速度. 请按照以下步骤求解:

(1) 求微分方程 $\dfrac{\mathrm{d}^2 s}{\mathrm{d}t^2}=-k$ 满足条件 $\dfrac{\mathrm{d}s}{\mathrm{d}t}\big|_{t=0}=20$ 及 $s\big|_{t=0}=0$ 的解;

(2) 求使得 $\dfrac{\mathrm{d}s}{\mathrm{d}t}=0$ 的 t 值及相应的 s 值;

(3) 在(1)和(2)的基础上,求使得 $s=60$ 的 k 值.

第5章　定积分及其应用

在第 4 章引入了原函数和不定积分的概念,本章将引入定积分的概念.

简单地说,一个实变函数在区间[a,b]上的定积分等于该函数的一个原函数在点 b 的值减去在点 a 的值.定积分在自然科学中有着广泛的应用.例如,在利用函数关系描述实际问题时,往往需要描述因变量在某一区间的累加或平均取值程度;再如,求不规则图形的面积、曲线的弧长、变力做的功等这些问题都可以归结为定积分及其计算问题.

例 5.0.1　环保局对一起放射性碘物质泄漏事件进行调查,检测结果显示,遇事当日,大气中辐射水平是可接受的最大限度的 4 倍,于是环保局令当地居民立即撤离这一地区.已知碘物质放射源的辐射水平是按 $R(t) = R_0 \mathrm{e}^{-0.004t}$ 的速度衰减的,其中 R 是 t 时刻的辐射水平 [单位:mR/h;1 mR(毫伦琴) $= 2.58 \times 10^{-7}$ C/kg],R_0 是初始($t = 0$)时的辐射水平,t 是时间(单位:h):

(1) 该地降低到可接受的辐射水平需要多长时间?

(2) 如果可接受的辐射水平的最大限度为 0.6 mR/h,那么降低到这一水平时已经泄漏出去的放射物的总量是多少?

为解决上述问题,本章首先引入定积分的概念;然后给出定积分的性质和计算方法,并介绍微积分基本定理,以揭示微分和积分的联系;此外,介绍反常积分的概念及计算方法;最后介绍定积分在几何学、物理学等方面的应用.

5.1　定积分的概念及性质

5.1.1　曲边梯形的面积问题

图 5.1.1 所示图形由 x 轴、y 轴、$x = 1$ 以及 $y = x^2 + 0.25$ 围成,这种斜边为一

条曲线的梯形,称为曲边梯形.在微积分出现之前,求曲边梯形的面积非常困难,为了计算如图 5.1.1 所示的曲边梯形的面积,历史上很多学者(比如阿基米德、卡瓦列里、巴罗和沃利斯等)采用矩形面积逼近曲边梯形的面积.

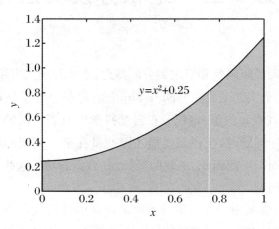

图 5.1.1　曲边梯形

我们从图 5.1.2~5.1.7 可以直观看出,当小矩形越来越细长时,逼近的效果越来越好,即用小矩形面积逼近曲边梯形的面积是可行的.

如图 5.1.2 和图 5.1.3 所示,设 L_n 表示 n 个左矩形面积之和,每个矩形的宽度为 $\dfrac{1}{n}$,高分别为 $0.25,\left(\dfrac{1}{n}\right)^2+0.25,\cdots,\left(\dfrac{n-1}{n}\right)^2+0.25.$ 因此

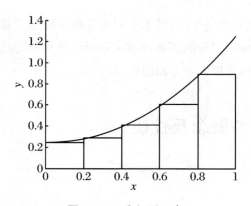

图 5.1.2　左矩形 5 个

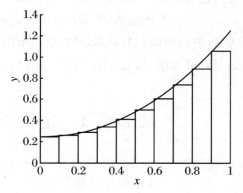

图 5.1.3　左矩形 10 个

$$L_n = \frac{1}{n} \times 0.25 + \frac{1}{n}\left[\left(\frac{1}{n}\right)^2 + 0.25\right] + \cdots + \frac{1}{n}\left[\left(\frac{n-1}{n}\right)^2 + 0.25\right]$$

$$= \frac{1}{n}\left\{\frac{1}{n^2}\left[0 + 1^2 + \cdots + (n-1)^2\right] + 0.25n\right\} = \frac{(n-1)(2n-1)}{6n^2} + 0.25.$$

同理,如图 5.1.4 和图 5.1.5 所示,设 U_n 表示 n 个右矩形面积之和,每个矩形的宽度为 $\frac{1}{n}$,高分别为 $\left(\frac{1}{n}\right)^2 + 0.25, \left(\frac{2}{n}\right)^2 + 0.25, \cdots, \left(\frac{n-1}{n}\right)^2 + 0.25$.因此

$$U_n = \frac{1}{n}\left[\left(\frac{1}{n}\right)^2 + 0.25\right] + \frac{1}{n}\left[\left(\frac{2}{n}\right)^2 + 0.25\right] + \cdots + \frac{1}{n}\left[\left(\frac{n-1}{n}\right)^2 + 0.25\right]$$

$$= \frac{(n+1)(2n+1)}{6n^2} + 0.25.$$

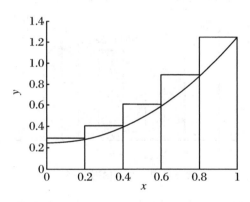

图 5.1.4　右矩形 5 个

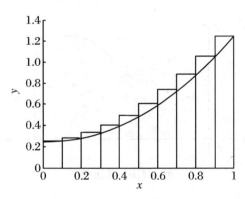

图 5.1.5　右矩形 10 个

从图 5.1.2~5.1.5 以及表 5.1.1 显然可以看到,当 n 增大时,L_n 和 U_n 都越来越逼近曲边梯形的面积 S,且有

$$L_n \leqslant S \leqslant U_n, \quad \lim_{n \to \infty} L_n = \lim_{n \to \infty} U_n = S = \frac{7}{12} \approx 0.583\,333$$

上述求曲边梯形主要步骤是:(1)分割;(2)近似代替;(3)求和;(4)取极限.

表 5.1.1　用矩形面积逼近曲边梯形的计算结果

矩形个数	5	10	1 000	10 000
左矩形	0.490 000	0.535 000	0.582 833	0.583 283
右矩形	0.690 000	0.635 000	0.583 833	0.583 383

可将上述求曲边梯形的思想用于求更一般的曲边梯形的面积:

设 $y = f(x)$ 在 $[a, b]$ 上非负且连续,由直线 $x = a$, $x = b$, $y = 0$ 及曲线 $y = f(x)$ 所围成的图形如图 5.1.6 所示,试求其面积.

(1) 将曲边梯形分割为 n 个小曲边梯形(图 5.1.7).

在区间 $[a, b]$ 中任意插入若干个分割点:

$$a = x_0 < x_1 < x_2 < \cdots < x_{n-1} < x_n = b.$$

把 $[a, b]$ 分成 n 个小区间:

$$[x_0, x_1], [x_1, x_2], \cdots, [x_{n-1}, x_n],$$

它们的长度依次为

$$\Delta x_1 = x_1 - x_0, \Delta x_2 = x_2 - x_1, \cdots, \Delta x_n = x_n - x_{n-1}.$$

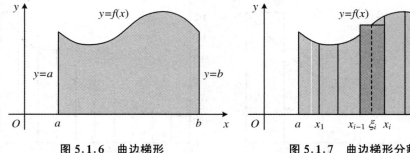

图 5.1.6 曲边梯形　　　　　图 5.1.7 曲边梯形分割

(2) 用小矩形面积代替小曲边梯形面积 (图 5.1.7). 经过每一个分点作平行于 y 轴的直线段,把曲边梯形分成 n 个窄曲边梯形,在每个小区间 $[x_{i-1}, x_i]$ 上任取一点 ξ_i,用以 $[x_{i-1}, x_i]$ 为底、$f(\xi_i)$ 为高的窄边矩形近似替代第 i($i = 1, 2, \cdots, n$)个窄边梯形.

(3) 计算所有小矩形的面积和. 将所得到的 n 个窄矩形面积之和作为所求曲边梯形面积 A 的近似值,即

$$A \approx f(\xi_1)\Delta x_1 + f(\xi_2)\Delta x_2 + \cdots + f(\xi_n)\Delta x_n = \sum_{i=1}^{n} f(\xi_i)\Delta x_i.$$

(4) 取极限. 设 $\lambda = \max(\Delta x_1, \Delta x_2, \cdots, \Delta x_n)$. 当 $\lambda \to 0$ 时,能确保曲边梯形被分割得充分细密,小矩形的面积和就能充分接近曲边梯形面积 A 的精确值,可得曲边梯形的面积 $A = \lim\limits_{\lambda \to 0} \sum\limits_{i=1}^{n} f(\xi_i)\Delta x_i$.

5.1.2　定积分的定义

将以上过程加以抽象,忽略 $f(x)$ 的具体含义,可以得到如下定义:

> **定义 5.1.1**　设函数 $f(x)$ 在 $[a,b]$ 上有界,在 $[a,b]$ 中任意插入若干个分点:
>
> $a = x_0 < x_1 < \cdots < x_n = b$,
>
> 其将区间 $[a,b]$ 分割成 n 个小区间: $[x_0,x_1]$, $[x_1,x_2]$, $\cdots$, $[x_{n-1}, x_n]$. 记
>
> $\Delta x_i = x_i - x_{i-1}\quad(i = 1,2,\cdots,n),\quad \lambda = \max(\Delta x_1, \Delta x_2, \cdots, \Delta x_n)$,
>
> 在 $[x_{i-1}, x_i]$ 上任意取一点 ξ_i,作和式 $\sum\limits_{i=1}^{n} f(\xi_i)\Delta x_i$. 在 $\lambda \to 0$ 时,如果无论 $[a,b]$ 进行怎样的分割,也无论 ξ_i 在 $[x_{i-1}, x_i]$ 内如何选取,都有
>
> $$\sum\limits_{i=1}^{n} f(\xi_i)\Delta x_i \to I\quad (I \text{ 为一个确定的常数}),$$
>
> 则称极限值 I 是 $f(x)$ 在 $[a,b]$ 上的**定积分**,简称积分,记为 $\int_a^b f(x)\mathrm{d}x$,
>
> 即 $I = \int_a^b f(x)\mathrm{d}x$. 其中 $f(x)$ 为**被积函数**,$f(x)\mathrm{d}x$ 为**积分表达式**,a 为**积分下限**,b 为**积分上限**,x 称为**积分变量**,$[a,b]$ 为**积分区间**.

注　(1) 由此定义知,图 5.1.6 所示的曲边梯形的面积为

$$A = \lim_{\lambda \to 0} \sum_{i=1}^{n} f(\xi_i)\Delta x_i = \int_a^b f(x)\mathrm{d}x.$$

(2) $\int_a^b f(x)\mathrm{d}x$ 只与函数 $f(x)$ 以及区间 $[a,b]$ 有关,而与积分变量 x 无关,即

$$\int_a^b f(x)\mathrm{d}x = \int_a^b f(u)\mathrm{d}u = \int_a^b f(t)\mathrm{d}t.$$

(3) 为了讨论方便,规定

$$\int_a^a f(x)\mathrm{d}x = 0,\quad \int_a^b f(x)\mathrm{d}x = -\int_b^a f(x)\mathrm{d}x.$$

(4) 如果 $\lim\limits_{\lambda \to 0} \sum\limits_{i=1}^{n} f(\xi_i)\Delta x_i$ 存在,则它就是 $f(x)$ 在 $[a,b]$ 上的定积分. 那么

$f(x)$在$[a,b]$上满足什么条件才能保证$f(x)$在$[a,b]$上可积分呢?

经典反例:$f(x) = \begin{cases} 1 & x\ \text{为}[0,1]\text{中的有理点} \\ 0 & x\ \text{为}[0,1]\text{中的无理点} \end{cases}$ 在$[0,1]$上不可积.

可见函数$f(x)$在什么情况下可积分并不易判断.为判断常见的函数是否可积分,下面不加证明地给出几个定理:

> **定理 5.1.1** 若$f(x)$在$[a,b]$上连续,则$f(x)$在$[a,b]$上可积.
>
> **定理 5.1.2** 若$f(x)$在$[a,b]$上有界,且只有有限个间断点,则$f(x)$在$[a,b]$上可积.
>
> **定理 5.1.3** 若$f(x)$在$[a,b]$上单调有界,则$f(x)$在$[a,b]$上可积.

例 5.1.1 利用定积分定义计算$\int_0^1 e^x dx$.

解 因为$f(x) = e^x$在$[0,1]$上连续,所以$f(x)$在$[0,1]$上可积.现将$[0,1]$分成n等分,分点为$x_i = \dfrac{i}{n}(i = 0,1,2,\cdots,n)$.每个小区间的长度均为$\Delta x_i = \dfrac{1}{n}$,则$\lambda = \dfrac{1}{n}$.取$\xi_i = x_i$作和式:

$$\lim_{\lambda \to 0} \sum_{i=1}^n f(\xi_i) \Delta x_i = \lim_{\lambda \to 0} \sum_{i=1}^n e^{\frac{i}{n}} \frac{1}{n} = \lim_{\lambda \to 0} \frac{1}{n} \sum_{i=1}^n e^{\frac{i}{n}}$$

$$= \lim_{\lambda \to 0} \frac{1}{n} \frac{e^{\frac{1}{n}} [1 - (e^{\frac{1}{n}})^n]}{1 - e^{\frac{1}{n}}} = \lim_{t \to 0} \frac{t e^t (e - 1)}{e^t - 1} = e - 1.$$

由定积分的定义可知$\int_0^1 e^x dx = e - 1$.

5.1.3 定积分的几何意义

当$f(x) \geqslant 0$时,$\int_a^b f(x)dx$表示曲边梯形的面积;当$f(x) \leqslant 0$时,$\int_a^b f(x)dx$表示曲边梯形的面积的负值.一般地,若$f(x)$在$[a,b]$上有正有负,则$\int_a^b f(x)dx$表示曲边梯形面积的代数和.如图 5.1.8 所示,A_1, A_2, A_3, A_4分别表示所对应区域的图形的面积,且有

$$\int_a^b f(x)\mathrm{d}x \;=\; A_1 + A_3 - A_2 - A_4.$$

例 5.1.2　利用定积分几何意义,证明 $\displaystyle\int_0^1 \sqrt{1-x^2}\,\mathrm{d}x = \frac{\pi}{4}$.

证明　如图 5.1.9 所示,由 $x=0$,$y=0$,$y=\sqrt{1-x^2}$ 所围成的面积为位于第一象限的圆心在原点的单位长度是 1 的 $\dfrac{1}{4}$ 圆,显然有

$$\int_0^1 \sqrt{1-x^2}\,\mathrm{d}x \;=\; \frac{\pi}{4}.$$

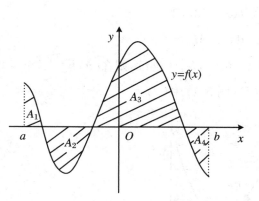

图 5.1.8　定积分的几何意义

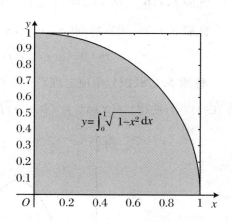

图 5.1.9　积分中值定理示意图

5.1.4　定积分的性质

根据定积分的定义,研究函数在闭区间上的定积分非常麻烦,这使得列举可积函数所具有的性质显得尤为重要. 在以下的性质中,我们假定 $f(x)$ 和 $g(x)$ 在所讨论的区间上都是可积的.

性质 5.1.1　两函数和(差)的定积分等于它们定积分的和(差),即

$$\int_a^b [f(x) \pm g(x)]\mathrm{d}x \;=\; \int_a^b f(x)\mathrm{d}x \pm \int_a^b g(x)\mathrm{d}x.$$

性质 5.1.2　被积函数的常数因子 k 可以提到积分号前,即

$$\int_a^b kf(x)\mathrm{d}x \;=\; k\int_a^b f(x)\mathrm{d}x.$$

性质 5.1.3　无论 a,b,c 大小关系如何,都有

$$\int_a^b f(x)\mathrm{d}x = \int_a^c f(x)\mathrm{d}x + \int_c^b f(x)\mathrm{d}x.$$

性质 5.1.4　若 $f(x) = 1$,则

$$\int_a^b f(x)\mathrm{d}x = b - a.$$

性质 5.1.5　若 $f(x) \leqslant g(x)$,则

$$\int_a^b f(x)\mathrm{d}x \leqslant \int_a^b g(x)\mathrm{d}x (a \leqslant b).$$

性质 5.1.6　$\left| \int_a^b f(x)\mathrm{d}x \right| \leqslant \int_a^b |f(x)| \mathrm{d}x.$

性质 5.1.7　设在区间 $[a,b]$ 上,$m \leqslant f(x) \leqslant M$,则

$$m(b - a) \leqslant \int_a^b f(x)\mathrm{d}x \leqslant M(b - a).$$

性质 5.1.8(积分中值定理)　若 $f(x)$ 在 $[a,b]$ 上连续,则在 $[a,b]$ 上,至少存在一点 ξ,使得 $\int_a^b f(x)\mathrm{d}x = (b - a)f(\xi)$(图 5.1.10).

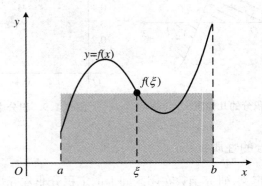

图 5.1.10　所围面积 $\left(\dfrac{1}{4}$ 圆的面积 $\right)$

例 5.1.3(估计积分值)　证明 $\dfrac{2}{3} < \int_0^1 \dfrac{\mathrm{d}x}{\sqrt{2 + x - x^2}} < \dfrac{1}{\sqrt{2}}$.

证明　因为 $2 + x - x^2 = \dfrac{9}{4} - \left(x - \dfrac{1}{2} \right)^2$ 在 $[0,1]$ 上的最大值为 $\dfrac{9}{4}$,最小值为 2,所以有

$$\frac{2}{3} < \frac{1}{\sqrt{2 + x - x^2}} \leqslant \frac{1}{\sqrt{2}},$$

再由性质 5.1.7,可得

$$\frac{2}{3} < \int_0^1 \frac{1}{\sqrt{2+x-x^2}} < \frac{1}{\sqrt{2}}.$$

习　题　5.1

1. 比较下列各对积分的大小:

(1) $\int_0^{\frac{\pi}{4}} \arctan x \, \mathrm{d}x$ 与 $\int_0^{\frac{\pi}{4}} (\arctan x)^2 \mathrm{d}x$;　　(2) $\int_3^4 \ln x \, \mathrm{d}x$ 与 $\int_3^4 (\ln x)^2 \mathrm{d}x$.

2. 证明 $\frac{1}{2} \leqslant \int_1^4 \frac{1}{2+x} \mathrm{d}x \leqslant 1$.

3. (机器折旧问题) 由于折旧等因素, 某机器的转售价格 $R(t)$ 是 t 的减函数, $R(t) = 0.75 A \mathrm{e}^{\frac{-t}{92}}$ (A 为机器原价). 在时间 t 内, 机器能产生的利润为 $P(t) = 0.25 A \mathrm{e}^{\frac{-t}{46}}$, 问机器使用多久后卖出能使总利润最大?

5.2　微积分基本公式

直接利用定积分的定义来计算定积分的值, 需要计算和式的极限, 往往比较繁琐. 为了使定积分的计算简单易行, 明确积分和导数的关系, 本节介绍微积分学中的一个重要公式——微积分基本公式.

5.2.1　变上限积分

设函数 $f(x)$ 在 $[a,b]$ 上连续, x 为 $[a,b]$ 上任意一点. 显然, $f(x)$ 在 $[a,b]$ 上可积, 而定积分 $\int_a^x f(x) \mathrm{d}x$ 的积分变量与积分上限相同, 为防止混淆, 修改为 $\int_a^x f(t) \mathrm{d}t$, 并记为 $\Phi(x)$, 则称 $\Phi(x)$ 是变上限积分函数 (图 5.2.1).

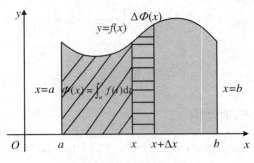

图 5.2.1　变上限积分

> **定理 5.2.1**　设 $f(x)$ 在 $[a,b]$ 上连续,则 $\Phi(x) = \int_a^x f(t)\mathrm{d}t$ 在 $[a,b]$ 上可导,且导数 $\Phi'(x) = \dfrac{\mathrm{d}}{\mathrm{d}x}\left[\int_a^x f(t)\mathrm{d}t\right] = f(x)$.

证明　(1) 对于任意的 $x \in (a,b)$,有

$$\Delta\Phi(x) = \Phi(x + \Delta x) - \Phi(x) = \int_a^{x+\Delta x} f(t)\mathrm{d}t - \int_a^x f(t)\mathrm{d}t$$

$$= \int_x^{x+\Delta x} f(t)\mathrm{d}t = f(\xi)\Delta x \quad [\xi \in (x, x + \Delta x)],$$

从而有 $\dfrac{\Delta\Phi(x)}{\Delta x} = f(\xi)$. 当 $\Delta x \to 0$ 时,两边取极限,有 $\Phi'(x) = f(x)$.

(2) 若 $x = a$ 或 b 时,考虑其单侧导数,有

$$\Phi'(a) = f(a), \Phi'(b) = f(b).$$

> **定理 5.2.2**　如果函数 $f(x)$ 在 $[a,b]$ 上连续,则积分上限函数 $\Phi(x) = \int_a^x f(t)\mathrm{d}t$ 是 $f(x)$ 在 $[a,b]$ 上的一个原函数.

注　定理 5.2.2 首先说明了连续函数的原函数一定存在,其次指出了定积分与原函数的关系.

下面利用复合函数求导法则,将定理 5.2.1 中的 $\int_a^x f(t)\mathrm{d}t$ 的积分上限 x 推广为可导函数 $g(x)$,则有下述定理:

定理 5.2.3　设 $f(x)$ 在 $[a,b]$ 上连续，$g(x)$ 在 $[a,b]$ 上可导，则 $\Phi(x) = \displaystyle\int_a^{g(x)} f(t)\mathrm{d}t$ 在 $[a,b]$ 上可导，且导数为

$$\Phi'(x) = \frac{\mathrm{d}}{\mathrm{d}x}\left[\int_a^{g(x)} f(t)\mathrm{d}t\right] = f[g(x)]g'(x).$$

证明　令 $\mu = g(x)$，则有

$$\Phi(x) = \int_a^{g(x)} f(t)\mathrm{d}t = \int_a^{\mu} f(t)\mathrm{d}t = F(\mu).$$

由复合函数求导法则，有

$$\Phi'(x) = \frac{\mathrm{d}F(\mu)}{\mathrm{d}\mu} \cdot \frac{\mathrm{d}\mu}{\mathrm{d}x} = \frac{\mathrm{d}}{\mathrm{d}\mu}\left[\int_a^{\mu} f(t)\mathrm{d}t\right] \cdot \frac{\mathrm{d}\mu}{\mathrm{d}x}$$

$$= f(\mu) \cdot \frac{\mathrm{d}\mu}{\mathrm{d}x} = f[g(x)]g'(x).$$

例 5.2.1　求 $\Phi(x) = \displaystyle\int_0^{x^2} \sin 2t\,\mathrm{d}t$ 的导数.

解　记 $\mu = x^2$，则 $\Phi(x) = \displaystyle\int_0^{\mu} \sin 2t\,\mathrm{d}t = F(\mu)$，则有

$$\Phi'(x) = \frac{\mathrm{d}F(\mu)}{\mathrm{d}\mu} \cdot \frac{\mathrm{d}\mu}{\mathrm{d}x} = \frac{\mathrm{d}}{\mathrm{d}\mu}\left[\int_0^{\mu} \sin 2t\,\mathrm{d}t\right] \cdot 2x$$

$$= \sin 2\mu \cdot 2x = 2x \sin 2x^2.$$

5.2.1　牛顿-莱布尼茨公式

定理 5.2.4[牛顿（Newton）-莱布尼茨（Leibniz）公式]　如果函数 $F(x)$ 是连续函数 $f(x)$ 在区间 $[a,b]$ 上的一个原函数，则

$$\int_a^b f(x)\mathrm{d}x = F(b) - F(a). \tag{5.2.1}$$

证明　已知函数 $F(x)$ 是连续函数 $f(x)$ 的一个原函数，根据前述的定理知，积分上限函数

$$\Phi(x) = \int_a^x f(t)\mathrm{d}t$$

也是 $f(x)$ 的一个原函数. 于是这两个原函数之差为某个常数，即

$$F(x) - \Phi(x) = C \quad (a \leqslant x \leqslant b). \tag{5.2.2}$$

令 $x = a$,得 $F(a) - \Phi(a) = C$. 又由 $\Phi(x)$ 的定义式及 5.1 节定积分的规定知 $\Phi(a) = 0$,因此 $C = F(a)$. 把 $\Phi(x) = \int_a^x f(t) \mathrm{d}t$ 以及 $C = F(a)$ 代入式(5.2.2)中,可得

$$\int_a^x f(t) \mathrm{d}t = F(x) - F(a).$$

令 $x = b$,就得到所要证明的公式(5.2.1).由积分性质知,式(5.2.1)对 $a > b$ 的情形同样成立.为方便起见,以后把 $F(b) - F(a)$ 记作 $[F(x)]_a^b$.

牛顿-莱布尼茨公式给定积分提供了一种有效而简便的计算方法,该公式也称为**微积分基本公式**.

例 5.2.2　计算定积分 $\int_0^1 x^2 \mathrm{d}x$.

解　$\int_0^1 x^2 \mathrm{d}x = \left[\dfrac{x^3}{3}\right]_0^1 = \dfrac{1}{3}$.

例 5.2.3　计算 $\int_{-1}^{\sqrt{3}} \dfrac{1}{1 + x^2} \mathrm{d}x$.

解　$\int_{-1}^{\sqrt{3}} \dfrac{1}{1 + x^2} \mathrm{d}x = [\arctan x]_{-1}^{\sqrt{3}} = \dfrac{7}{12}\pi$.

例 5.2.4　计算正弦曲线 $y = \sin x$ 在 $[0, \pi]$ 上与 x 轴所围成的平面图形的面积.

解　$A = \int_0^\pi \sin x \mathrm{d}x = [-\cos x]_0^\pi = 2$.

例 5.2.5　求 $\lim\limits_{x \to 0} \dfrac{\int_{\cos x}^1 t \ln t \mathrm{d}t}{x^4}$.

解　$\lim\limits_{x \to 0} \dfrac{\int_{\cos x}^1 t \ln t \mathrm{d}t}{x^4} = \lim\limits_{x \to 0} \dfrac{\cos x \ln \cos x \cdot \sin x}{4x^3}$

$= \dfrac{1}{4} \lim\limits_{x \to 0} \cos x \cdot \lim\limits_{x \to 0} \dfrac{\sin x}{x} \cdot \lim\limits_{x \to 0} \dfrac{\ln \cos x}{x^2}$

$= \dfrac{1}{4} \lim\limits_{x \to 0} \dfrac{-\sin x}{2x \cdot \cos x} = -\dfrac{1}{8}$.

例 5.2.6　近几十年来,世界范围内每年的石油消耗量大体上呈指数增长,增

长指数约为 0.007. 据资料记载, 在 1970 年初, 消耗量约为 161 亿桶. 设 $R(t)$ 表示从 1970 年起第 t 年的石油消耗率, 则 $R(t) = 161\mathrm{e}^{0.007t}$ (亿桶), 试用此式估算从 1970 年到 2014 年间石油消耗的总量.

解　设 $T(t)$ 表示从 1970 年起 $(t=0)$ 直到第 t 年的石油消耗总量. 从而 $T'(t)$ 就表示石油的消耗率 $R(t)$, 也即 $R(t) = T'(t)$. 因此

$$T(44) - T(0) = \int_0^{44} T'(t)\mathrm{d}t = \int_0^{44} R(t)\mathrm{d}t$$

$$= \int_0^{44} 161\mathrm{e}^{0.007t}\mathrm{d}t \approx 8\,296.122\,7(亿桶).$$

例 5.2.7(续例 5.0.1).

解　(1) 设降低到辐射水平需要 t_1 小时, 此时辐射水平为 R_0 的 $\dfrac{1}{4}$. 因此可得 $\dfrac{1}{4}R_0 = R_0\mathrm{e}^{-0.004t_1}$, 解得 $t_1 = 500\ln 2 \approx 346.6(\mathrm{h})$.

(2) 因为可接受辐射水平的最大限度为 $0.6\,\mathrm{mR/h}$, 所以在 $t=0$ 时, 辐射水平为 $2.4\,\mathrm{mR/h}$, 即 $R_0 = 2.4$. 设泄漏出去的放射物总量为 W, 则有

$$W = \int_0^{500\ln 2} 2.4\mathrm{e}^{-0.004t}\mathrm{d}t = \frac{2.4}{-0.004}\int_0^{500\ln 2} \mathrm{e}^{-0.004t}\mathrm{d}(-0.004t)$$

$$= -600\mathrm{e}^{-0.004t} \Big|_0^{500\ln 2} \approx 450(\mathrm{mR}).$$

习　题　5.2

1. 求 $\displaystyle\int_1^4 x\left(\sqrt{x} + \dfrac{1}{x^2}\right)\mathrm{d}x$.

2. 求 $\displaystyle\lim_{x\to 0}\dfrac{1}{x^3}\int_0^x \left(\dfrac{\sin t}{t} - 1\right)\mathrm{d}t$.

3. 已知函数 $f(x)$ 连续, 且 $f(x) = x - \displaystyle\int_0^1 f(x)\mathrm{d}x$, 求函数 $f(x)$.

4. 设 $f''(x)$ 在 $[a,b]$ 上连续, 且 $f(0) = 0, f(2) = 4, f'(2) = 2$, 求 $\displaystyle\int_0^1 xf''(2x)\mathrm{d}x$.

5. 若函数 $f(x)$ 满足 $\displaystyle\int_0^x tf(2x - t)\mathrm{d}t = \mathrm{e}^x - 1$, 且 $f(1) = 1$, 求 $\displaystyle\int_1^2 f(x)\mathrm{d}x$.

6. 汽车以 $36\,\mathrm{km/h}$ 的速度行驶, 到某处需要减速停车, 设汽车以等加速度 $a = -5\,\mathrm{m/s^2}$ 刹车, 问从开始刹车到停车, 汽车走了多少距离?

7. 求函数 $f(x) = \int_0^x t(t-2)\mathrm{d}t$ 在区间 $[-1,3]$ 上的最大值和最小值.

5.3　定积分的换元积分法和分部积分法

应用牛顿-莱布尼茨公式计算定积分,首先要解决的问题是求出被积函数的一个原函数,然后将定积分表示为原函数在积分区间上的增量.因此计算定积分可以通过第 4 章的不定积分计算技巧和 5.2 节的牛顿-莱布尼茨公式解决.在本节中,我们将简述定积分的计算方法和技巧,在后续计算定积分的问题中,可以直接使用这些结论完成计算.

5.3.1　定积分的换元积分法

> **定理 5.3.1**　设:(1) 函数 $f(x)$ 在 $[a,b]$ 上连续;(2) 函数 $x = \varphi(t)$ 在 $[\alpha,\beta]$ 上严格单调,且有连续导数;(3) $\alpha \leqslant t \leqslant \beta$ 时,$a \leqslant \varphi(t) \leqslant b$,且 $\varphi(\alpha) = a$,$\varphi(\beta) = b$.则有换元公式:
> $$\int_a^b f(x)\mathrm{d}x = \int_\alpha^\beta f(\varphi(t))\varphi'(t)\mathrm{d}t. \qquad (5.3.1)$$

证明　由假设知,$f(x)$ 在区间 $[a,b]$ 上是连续的,因而是可积的;又 $\varphi'(t)$ 在区间 $[\alpha,\beta]$ 上连续,从而 $f[\varphi(t)]\varphi'(t)$ 在区间 $[\alpha,\beta]$(或 $[\beta,\alpha]$)上也是连续的,因而是可积的.

假设 $F(x)$ 是 $f(x)$ 的一个原函数,则 $\int_a^b f(x)\mathrm{d}x = F(b) - F(a)$. 因为
$$\{F[\varphi(t)]\}' = \{F'[\varphi(t)]\}\varphi'(t) = f[\varphi(t)]\varphi'(t),$$
所以 $F[\varphi(t)]$ 是 $f[\varphi(t)]\varphi'(t)$ 的一个原函数,从而
$$\int_\alpha^\beta f[\varphi(t)]\varphi'(t)\mathrm{d}t = F[\varphi(\beta)] - F[\varphi(\alpha)] = F(b) - F(a) = \int_a^b f(x)\mathrm{d}x,$$
进而
$$\int_a^b f(x)\mathrm{d}x = \int_\alpha^\beta f(\varphi(t))\varphi'(t)\mathrm{d}t.$$

注　(1) 一般地,用换元积分法计算定积分时,由于要引入新的积分变量,所

以必须根据引入的变量,相应地变换积分上下限,即"换元必定换限";

(2) $x = \varphi(t)$ 必须严格单调;

(3) α 可以大于 β;

(4) 在不考虑积分上下限的情况下:从左往右看,相当于不定积分的第二换元法;从右往左看,相当于第一换元法.

例 5.3.1　求定积分 $\displaystyle\int_0^2 \frac{x^2}{\sqrt{2x - x^2}}\mathrm{d}x = \int_0^2 \frac{x^2}{\sqrt{1 - (x - 1)^2}}\mathrm{d}x$.

解法 1　令 $x - 1 = \sin t$. 当 $x = 0$ 时,$t = -\dfrac{\pi}{2}$;$x = 2$ 时,$t = \dfrac{\pi}{2}$. 则有

$$\text{原式} = \int_{-\frac{\pi}{2}}^{\frac{\pi}{2}} \frac{(1 + \sin t)^2}{\cos t}\cos t\,\mathrm{d}t = 2\int_0^{\frac{\pi}{2}} (1 + \sin^2 t)\mathrm{d}t = \frac{3}{2}\pi.$$

解法 2　设 $x = 2\sin^2 t$. 当 $x = 0$ 时,$t = 0$;$x = 2$ 时,$t = \dfrac{\pi}{2}$. 则有

$$\text{原式} = 8\int_0^{\frac{\pi}{2}} \sin^4 t\,\mathrm{d}t = 8 \cdot \frac{3!!}{4!!} \cdot \frac{\pi}{2} = \frac{3}{2}\pi.$$

例 5.3.2　计算 $\displaystyle\int_0^4 \frac{x + 2}{\sqrt{2x + 1}}\mathrm{d}x$.

解　设 $t = \sqrt{2x + 1}$,则 $x = \dfrac{t^2 - 1}{2}$. 当 $x = 0$ 时,$t = 1$;$x = 4$ 时,$t = 3$. 故

$$\int_0^4 \frac{x + 2}{\sqrt{2x + 1}}\mathrm{d}x = \int_1^3 \frac{\dfrac{t^2 - 1}{2} + 2}{t}t\,\mathrm{d}t$$

$$= \frac{1}{2}\int_1^3 (t^2 + 3)\mathrm{d}t = \frac{1}{2}\left[\frac{t^3}{3} + 3t\right]_1^3 = \frac{22}{3}.$$

例 5.3.3　设函数 $f(x)$ 在 $[-a, a]$ 上连续,试证明:

(1) 若 $f(x)$ 为偶函数,则 $\displaystyle\int_{-a}^a f(x)\mathrm{d}x = 2\int_0^a f(x)\mathrm{d}x$;

(2) 若 $f(x)$ 为奇函数,则 $\displaystyle\int_{-a}^a f(x)\mathrm{d}x = 0$.

证明　$\displaystyle\int_{-a}^a f(x)\mathrm{d}x = \int_{-a}^0 f(x)\mathrm{d}x + \int_0^a f(x)\mathrm{d}x = -\int_a^0 f(-x)\mathrm{d}x + \int_0^a f(x)\mathrm{d}x$

$$= \int_0^a f(-x)\mathrm{d}x + \int_0^a f(x)\mathrm{d}x = \int_0^a [f(x) + f(-x)]\mathrm{d}x.$$

(1) 当 $f(x)$ 为偶函数时,有 $f(x) + f(-x) = 2f(x)$,故

$$\int_{-a}^{a} f(x)\mathrm{d}x = 2\int_{0}^{a} f(x)\mathrm{d}x;$$

(2) 当 $f(x)$ 为奇函数时, $f(x) + f(-x) = 0$,故

$$\int_{-a}^{a} f(x)\mathrm{d}x = 0.$$

例 5.3.4　求 $\int_{-1}^{1} x(\mathrm{e}^x - \mathrm{e}^{-x})\mathrm{d}x$.

解　易知 $x(\mathrm{e}^x - \mathrm{e}^{-x})$ 是 $[-1,1]$ 上的连续偶函数,因此有

$$原式 = 2\int_{0}^{1} x(\mathrm{e}^x - \mathrm{e}^{-x})\mathrm{d}x = 2\int_{0}^{1} x\mathrm{d}(\mathrm{e}^x + \mathrm{e}^{-x})$$

$$= 2[x(\mathrm{e}^x + \mathrm{e}^{-x})]_{0}^{1} = \frac{(2\mathrm{e}^2 + 1)}{\mathrm{e}}.$$

例 5.3.5　设 $f(x)$ 在 $(-\infty, \infty)$ 上连续,且以 T 为周期,试证明

$$\int_{a}^{a+T} f(x)\mathrm{d}x = \int_{0}^{T} f(x)\mathrm{d}x = \int_{-\frac{T}{2}}^{\frac{T}{2}} f(x)\mathrm{d}x.$$

证明　令 $x = T + t$,则有

$$\int_{T}^{a+T} f(x)\mathrm{d}x = \int_{0}^{a} f(T + t)\mathrm{d}t = \int_{0}^{a} f(t)\mathrm{d}t = -\int_{a}^{0} f(x)\mathrm{d}x,$$

又因为

$$\int_{a}^{a+T} f(x)\mathrm{d}x = \int_{a}^{0} f(x)\mathrm{d}x + \int_{0}^{T} f(x)\mathrm{d}x + \int_{T}^{a+T} f(x)\mathrm{d}x,$$

从而有

$$\int_{a}^{a+T} f(x)\mathrm{d}x = \int_{a}^{0} f(x)\mathrm{d}x + \int_{0}^{T} f(x)\mathrm{d}x - \int_{a}^{0} f(x)\mathrm{d}x = \int_{0}^{T} f(x)\mathrm{d}x.$$

至于等式 $\int_{0}^{T} f(x)\mathrm{d}x = \int_{-\frac{T}{2}}^{\frac{T}{2}} f(x)\mathrm{d}x$ 的证明,请读者仿上述方法自行证明.

例 5.3.6　求 $\int_{0}^{\pi} \dfrac{|\cos x|}{\cos^2 x + 2\sin^2 x}\mathrm{d}x$.

解　易知 $\dfrac{|\cos x|}{\cos^2 x + 2\sin^2 x}$ 是以 π 为周期的连续偶函数,因此有

$$原式 = \int_{-\frac{\pi}{2}}^{\frac{\pi}{2}} \frac{\cos x}{1 + \sin^2 x}\mathrm{d}x = 2\int_{0}^{\frac{\pi}{2}} \frac{1}{1 + \sin^2 x}\mathrm{d}\sin x = [2\arctan \sin x]_{0}^{\frac{\pi}{2}} = \frac{\pi}{2}.$$

5.3.2　定积分的分部积分法

定理 5.3.2　若 $u(x),v(x)$ 在 $[a,b]$ 上具有连续的导数,则

$$\int_a^b u\,\mathrm{d}v = uv\mid_a^b - \int_a^b u'v\,\mathrm{d}x.$$

证明　因为 $(uv)' = u'v + uv'$,则有 $uv' = (uv)' - u'v$.两边取定积分,有 $\int_a^b uv'\,\mathrm{d}x = uv\mid_a^b - \int_a^b u'v\,\mathrm{d}x$,即 $\int_a^b u\,\mathrm{d}v = uv\mid_a^b - \int_a^b v\,\mathrm{d}u$.

例 5.3.7　求 $\int_0^1 x\mathrm{e}^x\,\mathrm{d}x$.

解　$\int_0^1 x\mathrm{e}^x\,\mathrm{d}x = \int_0^1 x\,\mathrm{d}\mathrm{e}^x = \left[x\mathrm{e}^x\right]_0^1 - \int_0^1 \mathrm{e}^x\,\mathrm{d}x = \mathrm{e} - (\mathrm{e} - 1) = 1$.

例 5.3.8　求 $\int_{\frac{1}{\mathrm{e}}}^{\mathrm{e}} |\ln x|\,\mathrm{d}x$.

解　$\int_{\frac{1}{\mathrm{e}}}^{\mathrm{e}} |\ln x|\,\mathrm{d}x = -\int_{\frac{1}{\mathrm{e}}}^1 \ln x\,\mathrm{d}x + \int_1^{\mathrm{e}} \ln x\,\mathrm{d}x$

$$= -\left[x\ln x - x\right]_{\frac{1}{\mathrm{e}}}^1 + \left[x\ln x - x\right]_1^{\mathrm{e}} = 2\left(1 - \frac{1}{\mathrm{e}}\right).$$

例 5.3.9　求 $\int_1^{\mathrm{e}} \sin(\ln x)\,\mathrm{d}x$.

解　$\int_1^{\mathrm{e}} \sin(\ln x)\,\mathrm{d}x = \left[x\sin(\ln x)\right]_1^{\mathrm{e}} - \int_1^{\mathrm{e}} x\,\mathrm{d}\sin(\ln x)$

$$= \mathrm{e}\sin 1 - \int_1^{\mathrm{e}} x\cos(\ln x)\,\frac{1}{x}\,\mathrm{d}x = \mathrm{e}\sin 1 - \int_1^{\mathrm{e}} \cos(\ln x)\,\mathrm{d}x$$

$$= \mathrm{e}\sin 1 - \left[x\cos(\ln x)\right]_1^{\mathrm{e}} - \int_1^{\mathrm{e}} x\sin(\ln x)\,\frac{1}{x}\,\mathrm{d}x$$

$$= \mathrm{e}\sin 1 - \mathrm{e}\cos 1 + 1 - \int_1^{\mathrm{e}} \sin(\ln x)\,\mathrm{d}x,$$

所以有

$$\int_1^{\mathrm{e}} \sin(\ln x)\,\mathrm{d}x = \frac{1}{2}(\mathrm{e}\sin 1 - \mathrm{e}\cos 1 + 1).$$

例 5.3.10　经济学家研究某一口新井的石油生产速度时,建立了下列数学模型:

$$R(t) = 1 - 0.02t\sin 2\pi t.$$

式中 t 是时间(单位:年), $R(t)$ 是 t 时刻的产油水平(单位: 10^3 吨/年).求该油井开始 3 年内生产的石油总量.

解　设开始 3 年内生产的石油总量为 W,则有

$$W = \int_0^3 [1 - 0.02t\sin 2\pi t]\mathrm{d}t = \int_0^3 1\mathrm{d}t - 0.02\int_0^3 t\sin 2\pi t\,\mathrm{d}t$$

$$= [t]_0^3 + \frac{0.02}{2\pi}\int_0^3 t\mathrm{d}(\cos 2\pi t) = 3 + \left[\frac{0.02}{2\pi}t\cos 2\pi t\right]_0^3 - \frac{0.02}{2\pi}\int_0^3 \cos 2\pi t\,\mathrm{d}t$$

$$= 3 + \frac{0.02}{2\pi}\times 3 - \left[\frac{0.02}{4\pi^2}\sin 2\pi t\right]_0^3 = 3 + \frac{0.03}{\pi} \approx 3.009\,5,$$

即该油井开始 3 年内生产的石油总量约为 $3.009\,5\times 10^3$ 吨.

习　题　5.3

1. 计算下列定积分的值:

(1) $\displaystyle\int_0^1 \frac{x^4}{1+x^2}\mathrm{d}x$;

(2) $\displaystyle\int_{\frac{1}{\sqrt{3}}}^1 \frac{1+2x^2}{x^2(1+x^2)}\mathrm{d}x$;

(3) $\displaystyle\int_0^{2\pi} \sqrt{\frac{1-\cos 2x}{2}}\mathrm{d}x$;

(4) $\displaystyle\int_0^1 |x-t|x\mathrm{d}x$;

(5) $\displaystyle\int_0^{\frac{\pi}{2}} \sqrt{1-\sin 2x}\mathrm{d}x$;

(6) $\displaystyle\int_0^{\frac{\pi}{2}} \frac{\sin x}{\sin x+\cos x}\mathrm{d}x$;

(7) $\displaystyle\int_{-1}^1 \frac{x}{\sqrt{5-4x}}\mathrm{d}x$;

(8) $\displaystyle\int_{-\frac{1}{2}}^{\frac{1}{2}} \left[\frac{\sin x}{x^8+1} + \sqrt{\ln^2(1-x)}\right]\mathrm{d}x$.

2. 设函数 $f(x)$ 可导,且 $f(0)=0$, $F(x) = \int_0^x t^{n-1}f(x^n-t^n)\mathrm{d}t$,求 $\displaystyle\lim_{x\to 0}\frac{F(x)}{x^{2n}}$.

3. 把一个带电量为 $+q$ 的电荷放在 x 轴的原点 O 处,它产生一个电场,并对周围的电荷产生作用力.如果将一个单位正电荷放在这个电场中,距离原点 O 为 x,当这个单位正电荷从 $x=a$ 处沿 x 轴移动到 $x=b(0<a<b)$ 处时,试计算电场力 F 对它所做的功.

4. (思考题)从地面垂直向上发射质量为 m 的火箭,当火箭距地面为 r 时:(1) 求火箭克服地球引力所做的功;(2) 要使火箭脱离地球引力,问火箭的初速度 v_0 为多大?

5.4 广 义 积 分

前面所讨论的定积分都是有界函数在有限闭区间上的定积分,但是在很多实际问题和理论分析中,会遇到积分区间为无穷区间或者被积函数在所给区间上无界的情况,这两类积分不属于通常意义下的定积分,称为**反常积分**,也称为**广义积分**.

5.4.1 无穷限的广义积分

例 5.4.1(第二宇宙速度问题) 在地球表面发射火箭,要使火箭克服地球引力无限远离地球,问初速度至少为多大?

解 设地球半径为 R,火箭质量为 m,地球表面重力加速度为 g,由万有引力定律知,在距地心 x 处火箭受到的引力为

$$F(x) = \frac{mgR^2}{x^2},$$

因此火箭上升到距地心 r 处需要做的功为

$$\int_R^r \frac{mgR^2}{x^2} \mathrm{d}x = mgR^2 \left(\frac{1}{R} - \frac{1}{r} \right).$$

当 $r \to \infty$ 时,其极限就是使火箭无限远离地球需要做的功,即

$$\int_R^r \frac{mgR^2}{x^2} \mathrm{d}x = \lim_{r \to \infty} \int_R^r \frac{mgR^2}{x^2} \mathrm{d}x = \lim_{r \to \infty} mgR^2 \left(\frac{1}{R} - \frac{1}{r} \right) = mgR,$$

再由能量守恒定律,可求得初速度 v_0 至少应使

$$\frac{1}{2} mv_0^2 = mgR,$$

即

$$v_0 = \sqrt{2gR} \approx 11.2 \, \text{km/s}.$$

定义 5.4.1 设函数 $f(x)$ 在区间 $[a, +\infty)$ 上连续,取 $b > a$,若 $\lim\limits_{b \to +\infty} \int_a^b f(x) \mathrm{d}x$ 存在,则称此极限为函数 $f(x)$ 在无穷区间 $[a, +\infty)$ 上的**广义积分**,记作 $\int_a^{+\infty} f(x) \mathrm{d}x$,即

$$\int_a^{+\infty} f(x)\mathrm{d}x = \lim_{b \to +\infty} \int_a^b f(x)\mathrm{d}x.$$

这时称广义积分 $\int_a^{+\infty} f(x)\mathrm{d}x$ **收敛**;若上述极限不存在,则称广义积分 $\int_a^{+\infty} f(x)\mathrm{d}x$ **发散**.

类似地,若 $\lim\limits_{a \to -\infty} \int_a^b f(x)\mathrm{d}x$ 存在,则称广义积分 $\int_{-\infty}^b f(x)\mathrm{d}x$ 收敛.设函数 $f(x)$ 在区间 $(-\infty, +\infty)$ 上连续,如果广义积分 $\int_{-\infty}^0 f(x)\mathrm{d}x$ 和 $\int_0^{+\infty} f(x)\mathrm{d}x$ 都收敛,则称其和为函数 $f(x)$ 在区间 $(-\infty, +\infty)$ 上的广义积分,记作 $\int_{-\infty}^{+\infty} f(x)\mathrm{d}x$,此时称广义积分 $\int_{-\infty}^{+\infty} f(x)\mathrm{d}x$ 收敛,否则就称广义积分 $\int_{-\infty}^{+\infty} f(x)\mathrm{d}x$ 发散.

上述广义积分统称为**无穷限的广义积分**.

例 5.4.2　计算广义积分 $\int_0^{+\infty} \dfrac{\arctan x}{1+x^2}\mathrm{d}x$.

解　$\int_0^{+\infty} \dfrac{\arctan x}{1+x^2}\mathrm{d}x = \lim\limits_{b \to +\infty} \int_0^b \dfrac{\arctan x}{1+x^2}\mathrm{d}x = \lim\limits_{b \to +\infty}\left[\dfrac{1}{2}\arctan^2 x\right]_0^b = \dfrac{\pi^2}{8}$.

例 5.4.3　已知 $f(x) = \begin{cases} \lambda \mathrm{e}^{-\lambda x} & x > 0 \\ 0 & 其他 \end{cases}$,计算 $F(x) = \int_{-\infty}^x f(t)\mathrm{d}t$.

解　(1) 当 $x \leqslant 0$ 时,$f(x) = 0$,所以有

$$F(x) = \int_{-\infty}^x f(t)\mathrm{d}t = 0;$$

(2) 当 $x > 0$ 时,$f(x) = \lambda \mathrm{e}^{-\lambda x}$,所以有

$$F(x) = \int_{-\infty}^x f(t)\mathrm{d}t = \int_{-\infty}^0 f(t)\mathrm{d}t + \int_0^x f(t)\mathrm{d}t$$

$$= 0 + \int_0^x \lambda \mathrm{e}^{-\lambda t}\mathrm{d}t = 1 - \mathrm{e}^{-\lambda x},$$

所以有

$$F(x) = \begin{cases} 1 - \mathrm{e}^{-\lambda x} & x > 0 \\ 0 & 其他 \end{cases}.$$

注　在概率论中，$f(x)$ 是指数分布的概率密度函数，而 $F(x)$ 是它的分布函数.

例 5.4.4　计算广义积分 $\displaystyle\int_{-\infty}^{0}\sin x\,\mathrm{d}x$ 以及 $\displaystyle\int_{-\infty}^{+\infty}\sin x\,\mathrm{d}x$.

解　（1）$\displaystyle\int_{-\infty}^{0}\sin x\,\mathrm{d}x=\lim_{a\to-\infty}\left[-\cos x\right]_{a}^{0}=-\left(1-\lim_{a\to-\infty}\cos a\right)$，无极限，显然该广义积分发散；

（2）$\displaystyle\int_{-\infty}^{+\infty}\sin x\,\mathrm{d}x=\int_{-\infty}^{0}\sin x\,\mathrm{d}x+\int_{0}^{+\infty}\sin x\,\mathrm{d}x$，该广义积分也发散.

例 5.4.5　证明广义积分 $\displaystyle\int_{a}^{+\infty}\dfrac{1}{x^{p}}\mathrm{d}x\,(a>0)$：当 $p>1$ 时收敛；当 $p\leqslant 1$ 时发散.

证明　（1）当 $p=1$ 时，
$$\int_{a}^{+\infty}\frac{1}{x^{p}}\mathrm{d}x=\int_{a}^{+\infty}\frac{1}{x}\mathrm{d}x=\lim_{b\to+\infty}\left[\ln x\right]_{a}^{b}=+\infty,$$

故发散；

（2）当 $p\neq1$ 时，
$$\int_{a}^{+\infty}\frac{1}{x^{p}}\mathrm{d}x=\left[\lim_{b\to+\infty}\frac{x^{1-p}}{1-p}\right]_{a}^{b}=\begin{cases}+\infty & p<1\\[2mm]\dfrac{a^{1-p}}{p-1} & p>1\end{cases}.$$

因此当 $p>1$ 时，该广义积分收敛，其值为 $\dfrac{a^{1-p}}{p-1}$；当 $p\leqslant1$ 时，该广义积分发散.

5.4.2　无界函数的广义积分

例 5.4.6　如图 5.4.1 所示，设圆柱形桶的内壁高为 h，内半径为 R，桶底有一个半径为 r 的圆孔. 从盛满水开始打开小孔，问需多长时间才能把桶里的水全部放完？

解　由物理学知识知，在不计摩擦力的情况下，桶里水位高度为 $h-x$ 时，水从小孔里流出的速度为
$$v=\sqrt{2g(h-x)}.$$

设在很短一段时间 Δt 内，桶里水面降低的高度为

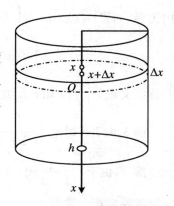

图 5.4.1　圆柱形桶

Δx,则有

$$\pi R^2 \Delta x = v\pi r^2 \Delta t,$$

由此得

$$\Delta t = \frac{R^2}{r^2 \sqrt{2g(h-x)}} \Delta x \quad (x \in [0, h)).$$

所以流完一桶水所需的时间应为

$$t_f = \int_0^h \frac{R^2}{r^2 \sqrt{2g(h-x)}} \mathrm{d}x.$$

但是,被积函数 x 在$[0, h]$上是无界函数,所以我们取

$$t_f = \lim_{u \to h^-} \int_0^u \frac{R^2}{r^2 2g(h-x)} \mathrm{d}x = \lim_{u \to h^-} \sqrt{\frac{2}{g}} \frac{R^2}{r^2} (\sqrt{h} - \sqrt{h-u}) = \sqrt{\frac{2h}{g}} \frac{R^2}{r^2}.$$

> **定义 5.4.2**　设函数 $f(x)$ 在$(a, b]$上连续,而在点 a 的右邻域内
> 无界,取 $\varepsilon > 0$,如果极限 $\lim\limits_{\varepsilon \to 0+} \int_{a+\varepsilon}^b f(x)\mathrm{d}x$ 存在,则称此极限为函数 $f(x)$
> 在$(a, b]$ 上的**广义积分**,也称为**瑕积分**,仍然记作 $\int_a^b f(x)\mathrm{d}x$,并称广义
> 积分 $\int_a^b f(x)\mathrm{d}x$ 收敛,其中 $x = a$ 为瑕点.

类似地,设函数 $f(x)$ 在$[a, b]$上除点 $c[c \in (a, b)]$外连续,而在点 c 的邻域
内无界,如果 $\int_a^c f(x)\mathrm{d}x$ 与 $\int_c^b f(x)\mathrm{d}x$ 两个广义积分都收敛,则

$$\int_a^b f(x)\mathrm{d}x = \int_a^c f(x)\mathrm{d}x + \int_c^b f(x)\mathrm{d}x,$$

并称广义积分 $\int_a^b f(x)\mathrm{d}x$ 收敛,否则就称广义积分 $\int_a^b f(x)\mathrm{d}x$ 发散.

例 5.4.7　讨论 $\int_0^1 \frac{x}{1-x^2} \mathrm{d}x$ 的收敛性.

解　由于 $\int_0^1 \frac{x}{1-x^2}\mathrm{d}x = -\frac{1}{2}\int_0^1 \frac{1}{1-x^2}\mathrm{d}(1-x^2) = \left[-\frac{1}{2}\ln(1-x^2)\right]_0^1 = +\infty$,

所以该反常积分发散.

例 5.4.8　求 $\int_0^6 (x-4)^{-\frac{2}{3}}\mathrm{d}x.$

解　$\displaystyle\int_0^6 (x-4)^{-\frac{2}{3}} \mathrm{d}x = \int_4^6 (x-4)^{-\frac{2}{3}} \mathrm{d}x + \int_0^4 (x-4)^{-\frac{2}{3}} \mathrm{d}x$

$$= \left[3 (x-4)^{\frac{1}{3}}\right]_4^6 + \left[3 (x-4)^{\frac{1}{3}}\right]_0^4 = 3(\sqrt[3]{2} + \sqrt[3]{4}).$$

例 5.4.9　证明广义积分 $\displaystyle\int_a^b \frac{\mathrm{d}x}{(x-a)^q}$：当 $0 < q < 1$ 时收敛；当 $q \geqslant 1$ 时发散.

证明　(1) 当 $q = 1$ 时，$\displaystyle\int_a^b \frac{\mathrm{d}x}{x-a} = \left[\ln (x-a)\right]_a^b = +\infty$，发散；

(2) 当 $q \neq 1$ 时，

$$\int_a^b \frac{\mathrm{d}x}{(x-a)^q} = \left[\frac{(x-a)^{1-q}}{1-q}\right]_a^b = \begin{cases} \dfrac{(b-a)^{1-q}}{1-q} & 0 < q < 1,\text{收敛} \\ +\infty & q > 1,\text{发散} \end{cases}.$$

例 5.4.10　计算广义积分 $\displaystyle\int_0^4 \frac{\mathrm{d}x}{\sqrt{4-x}}$.

解　$\displaystyle\int_0^4 \frac{\mathrm{d}x}{\sqrt{4-x}} = \lim_{\varepsilon \to 0} \int_0^{4-\varepsilon} \frac{\mathrm{d}x}{\sqrt{4-x}} = \lim_{\varepsilon \to 0}\left[-2\sqrt{4-x}\right]_0^{4-\varepsilon}$

$$= \lim_{\varepsilon \to 0}(-2\sqrt{\varepsilon} + 2\sqrt{4}) = 4.$$

习　题　5.4

1. 证明 $\displaystyle\int_0^1 \frac{\sin \dfrac{1}{x}}{x^2}\mathrm{d}x = \int_1^{+\infty} \sin t\,\mathrm{d}t$.

2. 判定下列各反常积分的收敛性，如果收敛，计算反常积分的值：

(1) $\displaystyle\int_{-\infty}^{+\infty} \sin x\,\mathrm{d}x$；　　　　(2) $\displaystyle\int_{\frac{2}{\pi}}^{+\infty} \frac{1}{x^2} \cdot \sin \frac{1}{x}\mathrm{d}x$.

3. 求 $\displaystyle\lim_{n \to \infty} \frac{1}{n}\left(\frac{1}{\sqrt{n^2+1}} + \frac{2}{\sqrt{n^2+4}} + \cdots + \frac{n}{\sqrt{n^2+n^2}}\right)$.

4. 已知 $\displaystyle\int_0^{+\infty} \frac{\sin x}{x}\mathrm{d}x = \frac{\pi}{2}$，求

(1) $\displaystyle\int_0^{+\infty} \frac{\sin x\cos x}{x}\mathrm{d}x$；　　(2) $\displaystyle\int_0^{+\infty} \frac{\sin^2 x}{x^2}\mathrm{d}x$.

5. （思考题）某航空公司为开拓新航运业务，拟新增 5 架波音客机. 如果购进 1 架需一次支付 5 000 万美元，客机使用寿命为 15 年. 若租用 1 架客机，每年租金为 600 万美元，租金以

均匀币流价值的方式支付.若银行的年利率为 12%,请问购买客机与租用客机哪种方案更佳? 如果银行的年利率为 8% 和 4%,又当如何决策?

5.5　定积分的应用

本节将应用已学过的定积分理论来分析和解决一些涉及几何学、物理学、经济学和生物学等领域的一些实际问题.

5.5.1　定积分微元法

回顾 5.1 节中图 5.1.6 所示的曲边梯形的面积问题:

(1) 将 $[a,b]$ 分成 n 个小区间:$[x_0,x_1],[x_1,x_2],\cdots,[x_{n-1},x_n]$;

(2) 用小矩形面积代替相应的小曲边梯形面积 (图 5.1.7);

(3) 计算所有小矩形的面积和,得到曲边梯形面积 A 的近似值:

$$A \approx \sum_{i=1}^{n} f(\xi_i)\Delta x_i;$$

(4) 所有小曲边梯形的面积和的极限即为曲边梯形面积 A 的精确值,即

$$A = \lim_{\lambda \to 0}\sum_{i=1}^{n} f(\xi_i)\Delta x_i;$$

(5) 在引入定积分的定义后,有 $A = \int_a^b f(x)\mathrm{d}x.$

在实际应用中,常常将上述步骤简化为:

(1) 分割区间 $[a,b]$,将其中任意小区间记为 $[x,x+\Delta x]\subset[a,b]$,且将其所对应的小曲边梯形的面积记为 ΔA;

(2) 在小区间 $[x,x+\Delta x]$ 上,取左边界点 x 所对应的函数值 $f(x)$ 为高,微小增量 Δx 为宽,则有 $\Delta A \approx f(x)\Delta x$.

由于 $f(x)$ 在 $[a,b]$ 上连续,且当 $\Delta x \to 0$ 时,有
$$\Delta A - f(x)\Delta x = o(\Delta x),$$
即有
$$\lim_{\Delta x \to 0}[\Delta A - f(x)\Delta x] = 0, \quad \mathrm{d}A = f(x)\mathrm{d}x,$$

其中 $f(x)\mathrm{d}x$ 称为 A 的**微元**；

（3）作 $f(x)$ 在$[a,b]$上的定积分，有 $A = \int_a^b f(x)\mathrm{d}x$.

以上方法称为**微元法**.在找出微元的基础上，通过定积分即可求出所求的整体量.定积分微元法是寻找定积分表达式的一种非常有效且广泛使用的方法.

5.5.2　定积分在几何中的应用

定积分广泛应用于求计算几何图形的面积、体积以及弧长等.

1. 平面图形的面积

（1）直角坐标系情形

易知图 5.5.1 的面积微元为 $\mathrm{d}A = [f_2(x) - f_1(x)]\mathrm{d}x$，图 5.5.2 的面积微元为 $\mathrm{d}A = [\varphi_2(y) - \varphi_1(y)]\mathrm{d}y$，所以有：

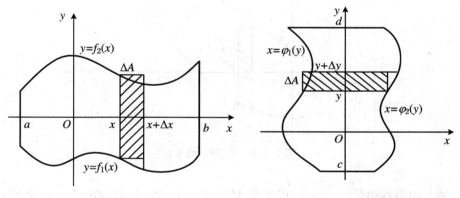

图 5.5.1　面积微元(Ⅰ)　　　　　　图 5.5.2　面积微元(Ⅱ)

① 由 $y = f_1(x)$，$y = f_2(x)$ 两条连续曲线和 $f_1(x) \leqslant f_2(x)$ 以及直线 $x = a$，$x = b(a < b)$所围平面图形的面积为

$$A = \int_a^b [f_2(x) - f_1(x)]\mathrm{d}x.$$

② 由 $x = \varphi_1(y)$，$x = \varphi_2(y)$两条连续曲线和 $\varphi_1(y) \leqslant \varphi_2(y)$以及直线 $y = c$，$y = d(c < d)$所围平面图形的面积为

$$A = \int_c^d [\varphi_2(y) - \varphi_1(y)]\mathrm{d}y.$$

③ 设曲线 C 由参数方程 $\begin{cases} x = x(t) \\ y = y(t) \end{cases}$ $(t \in [\alpha, \beta])$给出,在$[\alpha, \beta]$上,$y(t)$连续,$x(t)$连续可微,且 $x'(t) \neq 0$,$x(\alpha) = a$,$x(\beta) = b$.则由曲线 C,x 轴以及直线 $x = a$,$x = b(a < b)$所围平面图形的面积为

$$A = \int_a^b |y| \, \mathrm{d}x = \int_\alpha^\beta |y(t)| \, x'(t) \mathrm{d}t.$$

例 5.5.1 求 $y = x^2 - 2$,$y = 2x + 1$ 所围平面图形的面积(图 5.5.3).

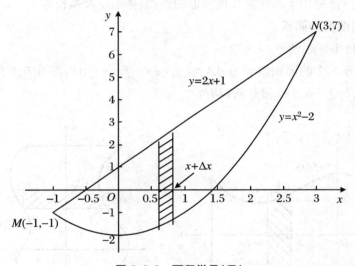

图 5.5.3 面积微元(Ⅲ)

解 由方程组 $\begin{cases} y = x^2 - 2 \\ y = 2x + 1 \end{cases}$,得交点 $M(-1, -1)$,$N(3, 7)$.当$-1 \leqslant x \leqslant 3$ 时,有 $x^2 - 2 \leqslant 2x + 1$,取 x 为积分变量,则面积为

$$A = \int_{-1}^3 [(2x + 1) - (x^2 - 2)] \mathrm{d}x = \left[x^2 - \frac{1}{3}x^3 + 3x \right]_{-1}^3 = 10\frac{2}{3}.$$

例 5.5.2 计算 $y^2 = 2x$,$y = x - 4$ 所围平面图形的面积(图 5.5.4).

解 由方程组 $\begin{cases} y^2 = 2x \\ y = x - 4 \end{cases}$,得交点$(2, -2)$,$(8, 4)$.当$-2 \leqslant x \leqslant 4$ 时,总有 $0.5y^2 \leqslant y + 4$,取 y 为积分变量,则面积为

$$A = \int_{-2}^4 (y + 4 - 0.5y^2) \mathrm{d}y = \left[\frac{1}{2}y^2 + 4y - \frac{1}{6}y^3 \right]_{-2}^4 = 18.$$

注　例 5.5.2 也可取 x 为积分变量,则 x 的积分区间要分成 $[0,2]$ 和 $[2,8]$ 两部分(图 5.5.5),在每个区间上用微元法,可以得到同样的结果.

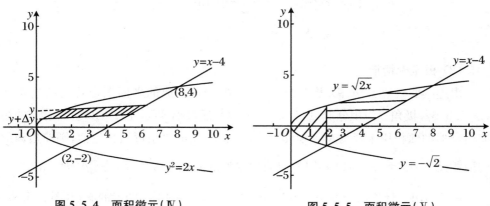

图 5.5.4　面积微元(Ⅳ)　　　　　　　　　图 5.5.5　面积微元(Ⅴ)

④ 在 $y=f(x)$,$y=0$,$x=a$,$x=b[f(x)\geqslant 0,a<b]$ 围成的曲边梯形中,如果曲边 $y=f(x)$ 的参数方程为 $\begin{cases} x=\varphi(t) \\ y=\Psi(t) \end{cases}$,则其面积

$$A = \int_a^b y\mathrm{d}x = \int_\alpha^\beta \Psi(t)\varphi'(t)\mathrm{d}t,$$

其中 $a=\varphi(\alpha)$,$b=\varphi(\beta)$.

例 5.5.3　求 x 轴与摆线

$$\begin{cases} x = a(t - \sin t) \\ y = a(1 - \cos t) \end{cases} \quad (0 \leqslant t \leqslant 2\pi)$$

所围平面图形的面积(图 5.5.6).

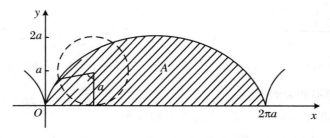

图 5.5.6　x 轴与摆线围成的面积

解　$A = \int_0^{2\pi} a(1 - \cos t)[a(t - \sin t)]' \mathrm{d}t = \int_0^{2\pi} a^2 (1 - \cos t)^2 \mathrm{d}t$

$$= a^2 \int_0^{2\pi} \left(1 - 2\cos t + \frac{1 + \cos 2t}{2} \right) \mathrm{d}t$$

$$= a^2 \left[\frac{3}{2} t - 2\sin t + \frac{\sin 2t}{4} \right]_0^{2\pi} = 3\pi a^2.$$

（2）极坐标情形

由连续曲线 $\rho = \rho(\theta)$ 及射线 $\theta = \alpha, \theta = \beta$ 围成的平面图形称为曲边扇形（图 5.5.6）. 极角 θ 为积分变量, 且 $\theta \in [\alpha, \beta]$. 任取小区间 $[\theta, \theta + \mathrm{d}\theta]$, 其对应的小曲边扇形的面积用半径为 $\rho = \rho(\theta)$、中心角为 $\mathrm{d}\theta$ 的小扇形面积近似, 则曲边扇形的面积元为 $\mathrm{d}S = \frac{1}{2} [\rho(\theta)]^2 \mathrm{d}\theta$, 故曲边扇形的面积为 $S = \int_\alpha^\beta \frac{1}{2} [\rho(\theta)]^2 \mathrm{d}\theta$.

例 5.5.4　计算心形线 $\rho = a(1 + \cos\theta)(a > 0)$ 所围平面图形的面积（图 5.5.8）.

解　从图 5.5.8 知, 图形关于 x 轴对称, 则由对称性有

$$S = 2\int_0^\pi \frac{1}{2}[a(1 + \cos \theta)]^2 \mathrm{d}\theta = a^2 \int_0^\pi \left(\frac{3}{2} + 2\cos \theta + \frac{1}{2}\cos 2\theta \right) \mathrm{d}\theta$$

$$= a^2 \left[\frac{3}{2}\theta + 2\sin \theta + \frac{1}{4}\sin 2\theta \right]_0^\pi = \frac{3}{2}a^2\pi.$$

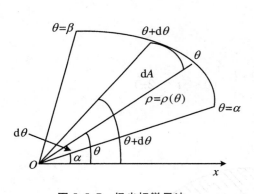

图 5.5.7　极坐标微元法

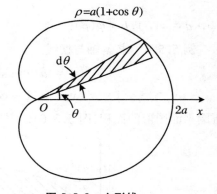

图 5.5.8　心形线

2. 立体图形的体积

（1）平行截面面积为已知的立体图形的体积

已知某立体图形位于空间平面 $x = a, x = b$ 之间（图 5.5.9）, 任取任意小区

间 $[x,x+\mathrm{d}x]\subset[a,b]$,若过点 x 且垂直于 x 轴的平面截此立体图形的截面面积为 $A(x)(x\in[a,b])$,则有 $\mathrm{d}V=A(x)\mathrm{d}x$,故该物体的体积 $V=\int_a^b A(x)\mathrm{d}x$.

例 5.5.5   设一立体图形的底面是长半轴 $a=10$、短半轴 $b=5$ 的椭圆,垂直于长半轴的截面都是等边三角形(图 5.5.10),长半轴在 x 轴上,短半轴在 y 轴上),求此立体图形的体积.

解   如图 5.5.10 所示,过点 x 作垂直于 x 轴的截面,该截面为等边三角形,底边长为 $2y$,则等边三角形的高为 $\sqrt{3}y$.故截面面积

$$A=\frac{1}{2}\cdot 2y\sqrt{3}y=\sqrt{3}\cdot 25\left(1-\frac{x^2}{100}\right).$$

从而此立体图形的体积

$$V=\int_{-10}^{10}A\mathrm{d}x=25\sqrt{3}\int_{-10}^{10}\left(1-\frac{x^2}{100}\right)\mathrm{d}x=\frac{100}{3}\sqrt{3}.$$

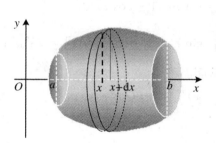

图 5.5.9 $x=a,x=b$ 之间的立体图形

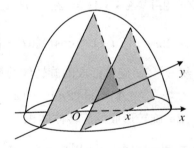

图 5.5.10   底面为椭圆的立体图形

(2) 旋转体的体积

图 5.5.11 所示为在 $[a,b]$ 上,曲线 $y=f(x)\geqslant 0$ 和直线 $x=a,x=b,y=0$ 围成的曲边梯形:

① 此曲边梯形绕 x 轴旋转一周,形成的旋转体(图 5.5.9)的截面面积 $A=\pi f^2(x)$,则旋转体体积 $V=\pi\int_a^b f^2(x)\mathrm{d}x$;

② 此曲边梯形绕 y 轴旋转一周,形成和图 5.5.9 完全不同的旋转体.在区间 $[x,x+\mathrm{d}x]$ 上的部分绕 y 轴旋转一周,形成的

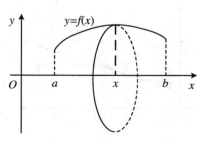

图 5.5.11   曲边梯形

小旋转体的体积

$$\Delta v \approx \pi (x + \mathrm{d}x)^2 \cdot f(x) - \pi x^2 f(x)$$
$$\approx 2\pi x f(x)\mathrm{d}x.$$

故曲边梯形绕 y 轴旋转一周,形成的旋转体的体积 $V = 2\pi \int_a^b x f(x)\mathrm{d}x$.

例 5.5.6 设摆线 $\begin{cases} x = a(t - \sin t) \\ y = a(1 - \cos t) \end{cases}$ $(0 \leqslant t \leqslant 2\pi)$ 与 x 轴围成的图形:

① 绕 x 轴旋转形成的旋转体体积

$$V = \pi \int_0^{2\pi a} y^2 \mathrm{d}x = \pi \int_0^{2\pi} a^3 (1 - \cos t)^3 \mathrm{d}t$$

$$= \pi a^3 \int_0^{2\pi} (1 - 3\cos t + 3\cos^2 t - \cos^3 t)\mathrm{d}t = 5\pi^2 a^3;$$

② 绕 y 轴旋转形成的旋转体体积

$$V = 2\pi \int_0^{2\pi a} x \cdot y \mathrm{d}x = 2\pi \int_0^{2\pi} a^3 (t - \sin t)(1 - \cos t)^2 \mathrm{d}t$$

$$= 2\pi a^3 \left[\int_0^{2\pi} t(1 - \cos t)^2 \mathrm{d}t - \int_0^{2\pi} \sin t \cdot (1 - \cos t)^2 \mathrm{d}t \right] = 6\pi^2 a^3;$$

③ 绕 $y = 2a$ 旋转形成的旋转体的截面面积

$$A = \pi \left[(2a)^2 - (2a - y)^2 \right] = \pi y(4a - y);$$

则绕 $y = 2a$ 旋转形成的旋转体体积

$$V = \pi \int_0^{2\pi a} y(4a - y)\mathrm{d}x = \pi \int_0^{2\pi} a^3 (1 - \cos t)(3 + \cos t)(1 - \cos t)\mathrm{d}t$$

$$= \pi a^3 \int_0^{2\pi} (3 - 5\cos t + \cos^2 t + \cos^3 t)\mathrm{d}t = 7\pi^2 a^3.$$

3. 平面曲线的弧长

(1) 如图 5.5.12 所示,设某曲线弧的直角坐标方程为 $y = f(x)(x \in [a, b])$,且 $f(x)$ 在 $[a, b]$ 上具有一阶连续导数,求曲线弧的弧长 s.

在 $[a, b]$ 上任取小区间 $[x, x + \mathrm{d}x]$,以对应小切线段的长代替小弧段的长.其中小切线长度 $\sqrt{(\mathrm{d}x)^2 + (\mathrm{d}y)^2} = \sqrt{1 + y'^2}\mathrm{d}x$,则

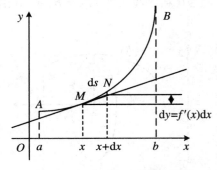

图 5.5.12　$x \in [a, b]$ 的曲线弧

弧长微元 $\mathrm{d}s = \sqrt{1 + y'^2}\,\mathrm{d}x$，弧长 $s = \int_a^b \sqrt{1 + y'^2}\,\mathrm{d}x$.

（2）若曲线弧的参数方程为

$$\begin{cases} x = \varphi(t) \\ y = \psi(t) \end{cases} (\alpha \leqslant t \leqslant \beta),$$

其中 $\varphi(t), \psi(t)$ 在 $[\alpha, \beta]$ 上具有连续导数，则

$$\begin{aligned} \mathrm{d}s &= \sqrt{(\mathrm{d}x)^2 + (\mathrm{d}y)^2} \\ &= \sqrt{[\varphi'^2(t) + \psi'^2(t)](\mathrm{d}t)^2} \\ &= \sqrt{\varphi'^2(t) + \psi'^2(t)}\,\mathrm{d}t, \end{aligned}$$

从而弧长

$$s = \int_\alpha^\beta \sqrt{\varphi'^2(t) + \psi'^2(t)}\,\mathrm{d}t.$$

（3）设曲线弧的极坐标方程为 $r = r(\theta)(\alpha \leqslant \theta \leqslant \beta)$，其中 $r(\theta)$ 在 $[\alpha, \beta]$ 上具有连续导数. 令 $\begin{cases} x = r\cos\theta \\ y = r\sin\theta \end{cases}$，则

$$\mathrm{d}s = \sqrt{x'^2 + y'^2}\,\mathrm{d}\theta = \sqrt{r^2 + r'^2}\,\mathrm{d}\theta,$$

从而弧长

$$s = \int_\alpha^\beta \sqrt{r^2 + r'^2}\,\mathrm{d}\theta.$$

例 5.5.7　求摆线 $\begin{cases} x = a(t - \sin t) \\ y = a(1 - \cos t) \end{cases} (0 \leqslant t \leqslant 2\pi, a > 0)$ 的弧长.

解　$\mathrm{d}x = a(1 - \cos t)\mathrm{d}t, \mathrm{d}y = a\sin t\,\mathrm{d}t$，

$$\mathrm{d}s = \sqrt{\mathrm{d}x^2 + \mathrm{d}y^2} = \sqrt{a^2(1 - 2\cos t + 1)}\,\mathrm{d}t = 2a\sin\frac{t}{2}\,\mathrm{d}t,$$

则弧长

$$s = 2a\int_0^{2\pi} \sin\frac{t}{2}\,\mathrm{d}t = \left[-4a\cos\frac{t}{2}\right]_0^{2\pi} = 8a.$$

5.5.3　定积分在物理学中的应用

定积分在物理学中有着广泛的应用，以下介绍一些比较有代表性的案例.

1. 变力沿直线运动所做的功

例 5.5.8　用铁锤将一铁钉击入木板,设木板对铁钉的阻力与击入木板的深度成正比,且第一次锤击时,将铁钉击入木板 1 cm.如果铁锤每次锤击铁钉所做的功相等,问锤击第二次时,铁钉又被击入多深?

解　设铁钉击入深度为 x,则阻力 $f = kx$(k 为比例常数),且击第一次阻力所做的功 $W_1 = \int_0^1 kx\mathrm{d}x = \dfrac{k}{2}$.设锤击第二次后,铁钉位于 l 处,则 $W_2 = \int_1^l kx\mathrm{d}x$ $= \dfrac{k}{2}(l^2 - 1)$.因为 $W_1 = W_2$,即 $\dfrac{k}{2} = \dfrac{k}{2}(l^2 - 1)$,所以 $l = \sqrt{2}$,从而锤击第二次时,铁钉又击入了 $\sqrt{2} - 1$(cm).

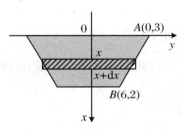

图 5.5.13　形状为梯形的闸门

2. 液体的压力

例 5.5.9　一个竖直的闸门,形状是等腰梯形,尺寸与坐标如图 5.5.13 所示,当水面齐闸门时,求闸门所受的压力.

解　由 $A(0,3)$,$B(6,2)$ 两点得线段 AB 的方程为

$$y = -\frac{x}{6} + 3 \quad (x \in [0,6]).$$

取 x 为积分变量,在 $[0,6]$ 上任取一小区间 $[x, x + \mathrm{d}x]$,由于在相同深处水的静压强是相同的,故当 $\mathrm{d}x$ 很小时,在此小区间上闸门所受压力的微元为

$$\mathrm{d}P = \nu \cdot x \cdot 2y\mathrm{d}x = \nu x \cdot 2\left(-\frac{x}{6} + 3\right)\mathrm{d}x = \nu\left(-\frac{x^2}{3} + 6x\right)\mathrm{d}x,$$

若取 $\nu = 9.8 \times 10^3$ N/m³,则有

$$P = \int_0^6 \nu\left(-\frac{x^2}{3} + 6x\right)\mathrm{d}x \approx 8.23 \times 10^5 \text{ N}.$$

3. 引力

例 5.5.10　设有一半径为 R,中心角为 φ 的圆弧形细棒,其线密度为 ρ,在圆心处有一质量为 m 的质点 M,试求该细棒对质点 M 的引力.

解　建立如图 5.5.14 所示的坐标系,设质点 M 位于坐标原点,该圆弧的参方程为

$$\begin{cases} x = R\cos\theta \\ y = R\sin\theta \end{cases} \left(-\frac{\varphi}{2} \leqslant \theta \leqslant \frac{\varphi}{2}\right).$$

在圆弧细棒上截取一小段,其长度为 ds,质量为 ρds,到原点的距离为 R,其夹角为 θ,则其对质点 M 的引力

$$\Delta F \approx k \cdot \frac{m\rho ds}{R^2}.$$

ΔF 在水平方向(即 x 轴方向)上的分力

$$\Delta F_x \approx k \cdot \frac{m\rho ds}{R^2}\cos\theta,$$

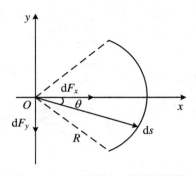

图 5.5.14　半径为 R 的圆弧细棒

又

$$ds = \sqrt{(dx)^2 + (dy)^2} = Rd\theta,$$

因此可得细棒对质点的引力在水平方向的分力 F_x 的微元

$$dF_x = \frac{km\rho}{R}\cos\theta d\theta,$$

从而

$$F_x = \int_{-\frac{\varphi}{2}}^{\frac{\varphi}{2}} dF_x = \int_{-\frac{\varphi}{2}}^{\frac{\varphi}{2}} \frac{km\rho}{R}\cos\theta d\theta = \frac{2km\rho}{R}\sin\frac{\varphi}{2}.$$

同理可得

$$F_y = \int_{-\frac{\varphi}{2}}^{\frac{\varphi}{2}} dF_y = \int_{-\frac{\varphi}{2}}^{\frac{\varphi}{2}} \frac{km\rho}{R}\sin\theta d\theta = 0.$$

因此引力的大小为 $\frac{2km\rho}{R}\sin\frac{\varphi}{2}$,而方向指向圆弧的中心.

4. 在电力学方面的应用

例 5.5.11　计算纯电阻电路(图 5.5.15)中,正弦交流电 $I = I_m\sin\omega t$ 在一个周期内功率的平均值(图 5.5.16).

解　设电阻为 R,那么该电路中,R 两端的电压为

$$U = RI = RI_m\sin\omega t$$

功率为

$$P = UI = RI_m^2\sin^2\omega t \quad (R, I, \omega \text{ 为常数}).$$

因为交流电 $i = I_m\sin\omega t$ 的周期为 $\frac{2\pi}{\omega}$,所以在 $\left[0, \frac{2\pi}{\omega}\right]$ 上 P 的平均值为

$$\overline{P} = \frac{1}{\frac{2\pi}{\omega} - 0} \int_0^{\frac{2\pi}{\omega}} R I_{\mathrm{m}}^2 \sin^2 \omega t \, \mathrm{d}t = \frac{\omega R I_{\mathrm{m}}^2}{2\pi} \int_0^{\frac{2\pi}{\omega}} \left(\frac{1 - \cos 2\omega t}{2} \right) \mathrm{d}t$$

$$= \frac{\omega R I_{\mathrm{m}}^2}{4\pi} \int_0^{\frac{2\pi}{\omega}} (1 - \cos 2\omega t) \mathrm{d}t = \frac{\omega R I_{\mathrm{m}}^2}{4\pi} \left[t - \frac{1}{2\omega} \sin 2\omega t \right]_0^{\frac{2\pi}{\omega}}$$

$$= \frac{\omega R I_{\mathrm{m}}^2 \cdot \frac{2\pi}{\omega}}{4\pi} = \frac{R I_{\mathrm{m}}^2}{2}.$$

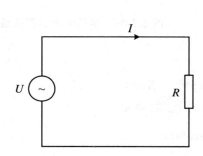

图 5.5.15　纯电阻电路

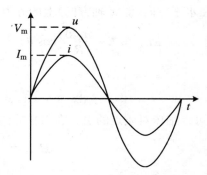

图 5.5.16　电压和电流波

习　题　5.5

1. 求星形线 $\begin{cases} x = a\cos^3 t \\ y = a\sin^3 t \end{cases}$ $(a > 0)$ 围成的面积.

2. 求心形线 $\rho = 4(1 + \cos \varphi)$ 与射线 $\varphi = 0, \varphi = \frac{\pi}{2}$ 围成的图形绕极轴旋转形成的旋转体体积.

3. 求星形线 $\sqrt[3]{x^2} + \sqrt[3]{y^2} = \sqrt[3]{a^2}$ 的全长.

4. 求对数螺线 $\rho = \mathrm{e}^{2\varphi}$ 上 $\varphi \in [0, 2\pi]$ 的一段弧的长.

5. 如图所示,一条均匀的链条长为 28 m,质量为 20 kg,悬挂于某建筑物顶部,需做多少功才能把它全部拉上建筑物顶部.

6. 如图所示,一个圆柱形水池,底面半径为 5 m,水深 10 m,要把池中的水全部抽出来,所做的功为多少?(水的密度 $\rho = 1 \, \mathrm{g/cm^3}$)

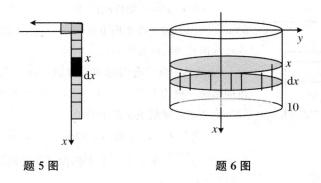

题 5 图　　　　　　　　　　　　题 6 图

7. 一物体在某介质中按 $x = ct^3$ 做直线运动,介质的阻力与速度 $v = \dfrac{\mathrm{d}x}{\mathrm{d}t}$ 的平方成正比. 计算物体由 $x = 0$ 移至 $x = a$ 时克服介质阻力所做的功.

8. 设星形线 $\begin{cases} x = a\cos^3 t \\ y = a\sin^3 t \end{cases}$ 上每一点处的线密度的大小等于该点到原点的距离的三次方, 求星形线在第一象限的弧段对位于原点处的单位质点的引力.

9. (潜艇观察窗问题)在探测海底的潜艇上有若干观察窗. 为设计观察窗的大小、形状, 需要先计算观察窗上的压力. 假设观察窗是垂直的,其形状上下对称,上方边缘线为 $l(z)$, 求压力 P 与观察窗面积 S、观察窗形状间的关系.

习　题　5

1. 求极限 $\lim\limits_{x \to 0} \dfrac{\left[\int_0^x \ln(1 + t)\mathrm{d}t \right]^2}{x^4}$.

2. 计算下列定积分:

(1) $\displaystyle\int_0^3 \mathrm{e}^{|2-x|}\,\mathrm{d}x$;

(2) $\displaystyle\int_1^{\sqrt{3}} \dfrac{1}{x\,\sqrt{1 + x^2}}\mathrm{d}x$;

(3) $\displaystyle\int_0^{\frac{\pi}{4}} \dfrac{x}{1 + \cos 2x}\mathrm{d}x$.

3. 判定下列各反常积分的收敛性,如果收敛,计算反常积分的值.

(1) $\displaystyle\int_0^{+\infty} \dfrac{x}{(1 + x)^3}\mathrm{d}x$;

(2) $\displaystyle\int_0^{+\infty} \mathrm{e}^{-\sqrt{x}}\mathrm{d}x$.

4. 设 $f(x)$ 在 $[0,1]$ 上连续且单调递减,又设 $f(x) > 0$,证明对于任意满足 $0 < \alpha < \beta < 1$ 的 α 和 β,恒有 $\beta\displaystyle\int_0^{\alpha} f(x)\mathrm{d}x > \alpha\displaystyle\int_0^{\beta} f(x)\mathrm{d}x$.

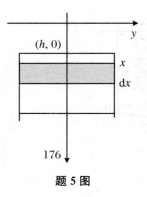

题 5 图

5. 如图所示,一矩形闸门垂直立于水中,宽为 10 m,高为 6 m,问闸门上边界在水面下多少米时,它所受的压力等于上边界与水面相齐时所受压力的 2 倍?

6. 湿热的夏季会引起湖泊区域的蚊子大量滋生. 若蚊子每周繁殖数量约为 $3\,000 + 10e^{0.8t}$(t 单位:周),求在夏季第四周至第六周之间繁殖了多少蚊子?

7. 设导线在时刻 t(单位:s)的电流为 $i(t) = 0.006t\sqrt{t^2+1}$,求在 $t \in [1,4]$ 内流过导线横截面的电量 $Q(t)$(单位:A).

8. 在电力需求的电泳时期,消耗电能的速度 r 可近似地表示为 $r = te^t$(t 的单位:h),求在前 3 h 内消耗的总电能 E(单位:J).

9. (人口统计)某城市 2010 年的人口密度近似为

$$P(r) = \frac{4}{r^2 + 20}.$$

其中 $P(r)$ 表示距离市中心 r 千米区域内的人口数,单位为 10 万人/千米²:

(1) 试求距市中心 2 千米区域内的人口数;

(2) 若人口密度函数为 $P(r) = 0.3e^{-0.2r}$,试求距市中心 2 千米区域内的人口数;

(3) 若实际统计结果为 $r = 0.5$ 千米时,人口数为 1.46 万,$r = 1$ 千米时,人口数为 1.80 万,$r = 1.5$ 千米时,人口数为 1.96 万,请问用以上哪个函数描述该市人口密度较为合适?

10. (币流价值)现将 A 元现金存入银行,按年利率 r 计算,若按某连续计息方式结算,t 年后的存款额为 $a(t) = Ae^{rt}$,则 A 元现金在 t 年之后的价值为 Ae^{rt},称为期末价值. 反过来,现在的 A 元现金相当于 t 年之前把 Ae^{-rt} 元现金存入银行所得,故现在的 A 元现金在 t 年前的价值是 Ae^{-rt},称为 t 年前的贴现价值.

在银行业务中有一种"均匀流"存款方式,即货币像流水一样以定量 α 源源不断流进银行. 例如,商店每天把固定数量的营业额存入银行,就类似于这种方式. 设从 0 时刻开始,该商店以均匀流方式向银行存款,年流量为 a 元,年利率为 r(连续计息结算),试问 t 年后,该商店在银行有多少存款(期末利息)? 这些存款相当于初始时的多少元现金(贴现价值)? 请通过实地调研,结合当地银行各种存款计息方式,给该商店提供存款策略,以满足商家的需求(利息最大,保障店铺流动资金等).

11. (嫦娥探月)在嫦娥一号探月卫星的初始轨道上,近地点距离 $h = 200$ km,远地点距离 $H = 51\,000$ km. 取地球长半轴 $R = 6\,378$ km. 由于地球位于卫星椭圆轨道的一个焦点上,根据近地点距离和远地点距离可分别计算出椭圆长半轴、椭圆半焦距、椭圆短半轴：

$$a = \frac{h + H + 2R}{2}, \quad c = \frac{H - h}{2}, \quad b = \sqrt{a^2 - c^2}.$$

利用椭圆周长公式 $L = 4a \int_0^{\frac{\pi}{2}} \sqrt{1 - c^2 \cos^2 x}\, \mathrm{d}x$ 计算卫星轨道周长，并计算卫星运行的平均速度. 为了进入地-月转移轨道，卫星要进行四次变轨调速. 第一次变轨，卫星进入 16 h 轨道，近地点距离 $h = 600$ km，远地点距离不变；第二次变轨，卫星进入 24 h 轨道，近地点距离不变，远地点距离 $H = 71\,000$ km；第三次变轨，卫星进入 48 h 轨道，近地点距离不变，远地点距离 $H = 128\,000$ km；第四次变轨，卫星进入116地-月转移轨道，近地点距离不变，远地点距离 $H = 370\,000$ km. 四次变轨中，卫星的轨道周长和平均速度会如何变化？

第 6 章 常微分方程

在初等数学中就有各种各样的方程,如线性方程、二次方程、高次方程、指数方程、对数方程、三角方程和方程组等.研究这些方程,都需要把研究问题中的已知数和未知数之间的关系找出来,列出包含一个未知数或几个未知数的一个或者多个方程,然后求取方程的解.

但是在实际工作中,常常出现一些和以上方程所描述的问题完全不同的问题.例如,物质在一定条件下的运动变化,要寻求它的运动、变化的规律;某个物体在重力作用下自由下落,要寻求下落距离随时间变化的规律;在发动机推动下,火箭在空间中飞行,要寻求它飞行的轨道等.对于这些问题,要以已知数据求得形式上的函数解析式,而不是以已知函数解析式来计算特定的未知数.下面我们先看一个关于调查某一个城市的汽车保有量问题.

例 6.0.1 假设某市的汽车保有量以每年 20% 的速度连续增长,而该市每年有 1 000 辆汽车报废,那么该市汽车的总量将随着时间如何变化呢?

注意到,我们已经给定了该市汽车的总量的变化率(或者说导数),结合该市汽车的初始量,我们将可以使用这些信息对该市未来的汽车量做出预测:

该市汽车的变化率 = 该市汽车的增长率 − 该市汽车的报废率

假设该市汽车的总量为 P(以百辆为单位),且其导数为 $\dfrac{\mathrm{d}P}{\mathrm{d}t}$,其中 t 代表时间(单位:年).如果不考虑其他因素,该市汽车量以每年 20% 的速度连续增长,我们有

该市汽车的增长量 = 20% 的当前汽车量 = $0.20P$.

另外,该市汽车的报废率=10 百辆/年,所以我们有

$$\frac{\mathrm{d}P}{\mathrm{d}t} = 0.20P - 10. \tag{6.0.1}$$

这是一个微分方程,它给出了描述该市汽车数量变化的模型,该方程中的未知量 P

是关于 t 的函数.

　　大量的科学问题需要人们根据事物的变化率去确定该事物的特点. 例如, 我们可以设法计算一个以已知速度或加速度运动的粒子的位置; 又如, 某种放射性物质可能正在以已知的速度进行衰变, 需要我们确定在给定的时间后遗留物质的总量.

> 　　一般地, 将含有自变量、未知函数以及未知函数的导数 (或微分) 与自变量之间的关系的方程称为 **微分方程**. 未知函数是一元的微分方程称为 **常微分方程**.

　　微分方程的解法和相关理论非常丰富, 如方程和方程组的种类及解法、解的存在性和唯一性、奇解、定性理论等. 但是只有少数简单的微分方程可以求得解析解. 不过即使没有找到其解析解, 仍然可以确认其解的部分性质. 在无法求得解析解时, 可以利用数值分析的方式找到其数值解. 本章仅介绍一些简单的常微分方程的解法及其在实际生活中的应用.

6.1　微分方程的基本概念

　　微分方程中所出现的未知函数的导数最高阶, 称为 **微分方程的阶**. 例如, 求函 $f(x)$ 的原函数, 就是求解一阶微分方程 $y' = f(x)$. 这是最简单的一阶微分方程; 又如, 方程 $xy'' - 4y' = 3x^4$ 是二阶微分方程, 而 $y''' = 2x$ 与 $y^{(4)} - 4y''' + 10y'' - 12y' + 5y = \sin 2x$ 分别为三阶和四阶微分方程.

　　一般地, 一阶微分方程的形式为 $y' = f(x, y)$ 或 $F(x, y, y') = 0$, 而二阶微分方程为 $y'' = f(x, y, y')$ 或 $F(x, y, y', y'') = 0$.

　　从前面的例子可以看到, 在研究某些实际问题时, 首先要建立微分方程, 然后解微分方程, 即求出满足微分方程的函数. 求出的函数要满足: 将该函数及其导数代入微分方程时, 能使该方程为恒等式.

　　如果微分方程的解中含有任意常数, 且任意常数的个数与微分方程的阶数相同, 则称这样的解为微分方程的 **通解**.

　　设微分方程中, 未知函数为 $y = y(x)$. 如果微分方程是一阶的, 那么用来确定任意常数的条件通常是: 当 $x = x_0$ 时 $y = y_0$, 或写成 $y|_{x=x_0} = y_0$, 其中 x_0, y_0 都是

给定的值;如果微分方程是二阶的,那么用来确定任意常数的条件通常是:$x = x_0$ 时 $y = y_0$,$y' = y_1$,或写成 $y|_{x=x_0} = y_0$,$y'|_{x=x_0} = y_1$,其中 x_0,y_0,y_1 都是给定的值.上述这种条件称为**初始条件**.

确定了通解中的任意常数以后,就得到了微分方程的特解.微分方程的特解的图形是一条曲线,称为微分方程的**积分曲线**.例如,在方程(6.0.1)中,我们注意到,$P = 50 + 10e^{0.20t}$ 满足条件(解法见例6.2.3),我们称该解为微分方程(6.0.1)的一个特解.

例 6.1.1　以初速度 v_0 向上抛一个物体,不计阻力,求该物体的运动规律.

解　设运动开始时,$t = 0$,物体位于 x_0 处,在时刻 t 物体位于 x 处,变量 x 和 t 之间的函数关系 $x = x(t)$ 就是要找的运动规律.根据导数的物理意义,按题意知,未知函数 $x(t)$ 应满足

$$\frac{\mathrm{d}^2 x}{\mathrm{d}t^2} = -g, \tag{6.1.1}$$

此外,$x(t)$ 还应满足

$$t = 0 \text{ 时 } x = x_0, \quad \frac{\mathrm{d}x}{\mathrm{d}t} = v_0. \tag{6.1.2}$$

将式(6.1.1)两端对 t 积分一次得

$$\frac{\mathrm{d}x}{\mathrm{d}t} = -gt + C_1, \tag{6.1.3}$$

再积分一次得

$$x = -\frac{1}{2}gt^2 + C_1 t + C_2. \tag{6.1.4}$$

将条件式(6.1.2)代入式(6.1.3)和式(6.1.4),得 $C_1 = v_0$,$C_2 = x_0$,于是有

$$x = -\frac{1}{2}gt^2 + v_0 t + x_0.$$

上述物体位置 x 关于时刻 t 的方程刻画了该物体的运动规律.

例 6.1.2　列车在平直路上以 20 m/s 的速度行驶,制动时获得加速度 $a = -0.4 \text{ m/s}^2$,求制动后列车的运动规律.

解　设列车在制动后 t s 行驶了 s m,即求 $s = s(t)$.已知

$$\frac{\mathrm{d}^2 s}{\mathrm{d}t^2} = -0.4, \tag{6.1.5}$$

$$s\big|_{t=0} = 0, \tag{6.1.6}$$

$$\frac{\mathrm{d}s}{\mathrm{d}t}\bigg|_{t=0} = 20. \tag{6.1.7}$$

对式(6.1.5)二次积分可得 $s = -0.2t^2 + C_1 t + C_2$；由式(6.1.6)和式(6.1.7)可得 $C_1 = 20, C_2 = 0$. 因此所求运动规律为 $s = -0.2t^2 + 20t$.

注　利用这一规律可求出列车从制动到停止的时间,以及制动后列车行驶的路程.

习　题　6.1

1. 说出下列微分方程的阶数:

(1) $x\mathrm{d}x + y^3\mathrm{d}y = 0$；　　　　　　　　(2) $y' = 2xy$；

(3) $x(y')^2 - 2yy' + x = 0$；　　　　　(4) $\dfrac{\mathrm{d}^2 y}{\mathrm{d}x^2} - 9\dfrac{\mathrm{d}y}{\mathrm{d}x} = 3x^2 + 1$；

(5) $xy'' - 2y' = 8x^2 + \cos x$；　　　　(6) $y^{(5)} - 4x = 0$.

2. 验证下列微分方程的通解(或特解):

(1) $3y - xy' = 0, y = Cx^3$；

(2) $\tan x\mathrm{d}y = (1 + y)\mathrm{d}x, y = \sin x - 1\left[\text{初始条件为 } y\left(\dfrac{\pi}{2}\right) = 0\right]$；

3. 下面哪个函数是微分方程 $y'' + 2y' + y = 0$ 的解?

(1) $y = \mathrm{e}^x$；　　(2) $y = \mathrm{e}^{-x}$；　　(3) $y = x\mathrm{e}^x$；　　(4) $y = x^2\mathrm{e}^{-x}$.

4. 写出由下列条件确定的曲线所满足的微分方程:

(1) 曲线在点 $P(x, y)$ 处的切线斜率等于该点横坐标的 2 倍;

(2) 曲线在点 $P(x, y)$ 处的切线斜率与该点的横坐标成反比.

5. 镭元素的衰变满足如下规律:其衰变的速度与现存量成正比,经验得知镭经过 1 600 年后,只剩下原始量的 $\dfrac{1}{2}$. 试写出镭的现存量与时间 t 所满足的微分方程.

6.2　一阶微分方程

将某物体放置于空气中,在 0 时刻,测得其温度为 $u_0 = 150\,℃$, 10 min 后测得

温度为 $u_1 = 100\,℃$,确定此物体的温度 u 和时间 t 的关系,并计算 20 min 后物体的温度. 假定空气的温度保持为 $u_α = 24\,℃$.

为了解决上述问题,需要了解有关热力学的一些基本规律. 例如,热量总是从温度高的物体向温度低的物体传导;在一定的温度范围内(包括了上述问题的温度),一个物体的温变化速度与这一物体的温度和其所在介质温度的差值成正比例. 这是已被实验证明了的牛顿冷却定律.

设物体在时刻 t 的温度为 $u = u(t)$,则温度的变化速度以 $\dfrac{\mathrm{d}u}{\mathrm{d}t}$ 来表示. 注意到,热量总是从温度高的物体向温度低的物体传导的,因而 $u_0 > u_α$,所以温差 $u - u_α$ 恒正;又因物体将随时间而逐渐冷却,故温度变化速度 $\dfrac{\mathrm{d}u}{\mathrm{d}t}$ 恒负. 因此由牛顿冷却定律得

$$\frac{\mathrm{d}u}{\mathrm{d}t} = -k(u - u_α). \tag{6.2.1}$$

式中 $k > 0$ 是比例常数. 方程(6.2.1)就是物体冷却过程的数学模型,它含有未知函数 u 及其一阶导数 $\dfrac{\mathrm{d}u}{\mathrm{d}t}$,这样的方程称为**一阶微分方程**.

6.2.1 可分离变量方程

为了确定物体的温度 u 和时间 t 的关系,我们要从方程(6.2.1)中解出 u. 注意到 $u_α$ 是常数,且 $u - u_α > 0$,可将方程(6.2.1)改写成

$$\frac{\mathrm{d}(u - u_α)}{u - u_α} = -k\,\mathrm{d}t, \tag{6.2.2}$$

这样,变量 u 和 t 被分离开来了. 两边积分,得

$$\ln(u - u_α) = -kt + \tilde{c}. \tag{6.2.3}$$

式中 $\tilde{c}$ 是任意常数. 根据对数的定义,得

$$u - u_α = \mathrm{e}^{-kt + \tilde{c}},$$

令 $\mathrm{e}^{\tilde{c}} = c$,即得

$$u = u_α + c\mathrm{e}^{-kt}. \tag{6.2.4}$$

根据初始条件

$$当\ t = 0\ 时, u = u_0, \tag{6.2.5}$$

易得 c 的值. 为达此目的, 将 $t=0$ 和 $u=u_0$ 代入, 得

$$c = u_0 - u_\alpha,$$

因此

$$u = u_\alpha + (u_0 - u_\alpha)\mathrm{e}^{-kt}. \tag{6.2.6}$$

如果 k 的值确定了, 方程 (6.2.6) 就完全确定了温度 u 与时间 t 的关系.

根据条件 $t=10, u=u_1$, 得

$$u_1 = u_\alpha + (u_0 - u_\alpha)\mathrm{e}^{-10k},$$

因此

$$k = \frac{1}{10}\ln\frac{u_0 - u_\alpha}{u_1 - u_\alpha}.$$

将给定的 $u_0 = 150, u_1 = 100$ 和 $u_\alpha = 24$ 代入, 得

$$k = \frac{1}{10}\ln\frac{150-24}{100-24} = \frac{1}{10}\ln 1.66 \approx 0.051,$$

从而

$$u = 24 + 126\mathrm{e}^{-0.051t}. \tag{6.2.7}$$

这样, 根据方程 (6.2.7), 就可以计算出任何时刻 t 物体的温度 u 的值了. 例如, 20 min 后物体的温度就是 $u_2 \approx 70\ ℃$. 方程还告诉我们, 当 $t \rightarrow +\infty$ 时, $u \rightarrow 24\ ℃$, 这可以解释为: 经过一段时间后, 物体的温度和空气的温度将会没有什么差别了. 事实上: 经过 2 h 后, 物体的温度已变为 $24.3\ ℃$, 与空气的温度已相当接近; 而经过 3 h 后, 物体的温度为 $24.01\ ℃$, 此时一些测量仪器已测不出它与空气的温度的差别了. 在实际应用中, 可认为这时物体的冷却过程已基本结束. 所以经过一段时间后 (如 3 h 后), 可以认为物体的温度和空气的温度已没有什么差别了.

形如

$$\frac{\mathrm{d}y}{\mathrm{d}x} = f(x)g(y) \tag{6.2.8}$$

的一阶微分方程, 称为**可分离变量的微分方程**. 该微分方程的特点是, 等式右边可以分解成两个函数之积, 其中一个仅是 x 的函数, 另一个仅是 y 的函数.

通过上面的例题可以看出, 可分离变量的微分方程 $\dfrac{\mathrm{d}y}{\mathrm{d}x} = f(x)g(y)$ 的求解步

骤为:

(1) 分离变量,得

$$\frac{1}{g(y)}\mathrm{d}y = f(x)\mathrm{d}x \quad \left[g(y) \neq 0\right];$$

(2) 两边积分,得

$$\int \frac{1}{g(y)}\mathrm{d}y = \int f(x)\mathrm{d}x \quad (式左边对 y 积分,右边对 x 积分);$$

(3) 求出不定积分,就得到方程的解;

把这种求解过程称为**分离变量法**.

例 6.2.1 单独生活在某一环境中的种群增长模型比较简单,现在来考察一种更现实的模型,即考虑同一居住环境下两种种群的相互影响.先考察其中一个种群的情况,我们称之为被捕食者,它们有充足的食物;另一种群称为捕食者,它们以被捕食者为食.被捕食者和捕食者的例子很多,如野兔和狼、小鱼和鲨鱼、蚜虫和瓢虫等.设 $R(t)$ 为时刻 t 时被捕食者的数量,$W(t)$ 为时刻 t 时捕食者的数量.假设没有捕食者时,被捕食者有充足的食物,数量呈指数增长,即 $\dfrac{\mathrm{d}R}{\mathrm{d}t} = kR$,其中 k 为正常数.没有被捕食者时,捕食者种群数量减少的速度和数量成正比,即 $\dfrac{\mathrm{d}W}{\mathrm{d}t} = -rW$,其中 r 为正常数.两种种群共存时,假设被捕食者种群的死亡主要由被吃掉造成,而捕食者的出生率和存活率依赖于它们的食物是否充足,即被捕食者是否充足.假设二者的增长率和两种种群数量成正比,即与乘积 RW 成正比(种群数量越多,二者的增长率也就越大).符合上述假设的两个微分方程为

$$\frac{\mathrm{d}R}{\mathrm{d}t} = kR - aRW, \quad \frac{\mathrm{d}W}{\mathrm{d}t} = -rW + bRW, \tag{6.2.9}$$

式中 k,r,a 和 b 为正常数,$-aRW$ 为减少了被捕食者的自然增长率,bRW 为增加了捕食者的自然增长率.

解 这是一对耦合方程,不能先解一个方程然后再解另一个方程,必须同时解两个方程,并只能解出 R 与 W 之间的关系式.

首先,很显然 $R = 0$ 与 $W = 0$ 是方程的解,这表示如果没有捕食者也没有被捕食者,则两种种群数量都不会增长.

然后,把 W 看成 R 的函数,则可得到如下微分方程(为可分离变量的微分

方程）：

$$\frac{\mathrm{d}W}{\mathrm{d}R} = \frac{-rW + bRW}{kR - aRW},$$

分离变量，得

$$\frac{(k - aW)}{W}\mathrm{d}W = \frac{(-r + bR)}{R}\mathrm{d}R,$$

两边积分，得

$$\int \frac{(k - aW)}{W}\mathrm{d}W = \int \frac{(-r + bR)}{R}\mathrm{d}R,$$

从而得

$$k\ln|W| - aW = -r\ln|R| + bR + C_1,$$

即

$$W^k R^r = Ce^{aW + bR}.$$

这就得到了关于 W 与 R 的一个函数关系式，也即 W 与 R 之间必须满足的一个微分方程．

6.2.2　齐次型的微分方程

形如

$$\frac{\mathrm{d}y}{\mathrm{d}x} = \varphi\left(\frac{y}{x}\right) \tag{6.2.10}$$

的一阶微分方程，称为**齐次型的微分方程**，简称**齐次方程**．例如，$(xy - y^2)\mathrm{d}x - (x^2 - 2xy)\mathrm{d}y = 0$ 是齐次方程，这是因为

$$\frac{\mathrm{d}y}{\mathrm{d}x} = \frac{xy - y^2}{x^2 - 2xy} = \frac{\dfrac{y}{x} - \left(\dfrac{y}{x}\right)^2}{1 - 2\dfrac{y}{x}} = \varphi\left(\frac{y}{x}\right).$$

齐次方程的特点是每一项变量的次数都是相同的．

齐次方程 $\dfrac{\mathrm{d}y}{\mathrm{d}x} = \varphi\left(\dfrac{y}{x}\right)$ 的求解步骤为：

(1) 作变量代换 $u = \dfrac{y}{x}$，把齐次方程化为可分离变量的微分方程，可得

$$y = u \cdot x, \quad \frac{\mathrm{d}y}{\mathrm{d}x} = u + x\,\frac{\mathrm{d}u}{\mathrm{d}x}.$$

将它们代入齐次方程,得

$$u + x\,\frac{\mathrm{d}u}{\mathrm{d}x} = \varphi(u),$$

即

$$x\,\frac{\mathrm{d}u}{\mathrm{d}x} = \varphi(u) - u;$$

(2) 用分离变量法,得

$$\int \frac{\mathrm{d}u}{\varphi(u) - u} = \int \frac{\mathrm{d}x}{x},$$

然后求出积分;

(3) 换回原变量,再以 $u = \dfrac{y}{x}$ 代回,就得所给齐次方程的通解.

例 6.2.2　求微分方程 $y' = \dfrac{y}{x} + \tan\dfrac{y}{x}$ 的通解.

解　(1) 作变量代换 $u = \dfrac{y}{x}$,则

$$y = u \cdot x, \quad \frac{\mathrm{d}y}{\mathrm{d}x} = u + x\,\frac{\mathrm{d}u}{\mathrm{d}x},$$

代入原方程,得

$$x\,\frac{\mathrm{d}u}{\mathrm{d}x} = \tan u;$$

(2) 分离变量法,得

$$\int \frac{\mathrm{d}u}{\tan u} = \int \frac{\mathrm{d}x}{x},$$

有

$$\ln|\sin u| = \ln|x| + C_1,$$

即

$$\sin u = Cx;$$

(3) 换回原变量,以 $u = \dfrac{y}{x}$ 代回,即得方程的通解:

$$\sin \frac{y}{x} = Cx.$$

6.2.3　一阶线性微分方程

形如

$$\frac{\mathrm{d}y}{\mathrm{d}x} + P(x)y = Q(x) \tag{6.2.11}$$

的微分方程,称为**一阶线性微分方程**,其中 $P(x)$,$Q(x)$ 都是 x 的连续函数.

如果 $Q(x)\equiv 0$,则方程(6.2.11)为

$$\frac{\mathrm{d}y}{\mathrm{d}x} + P(x)y = 0. \tag{6.2.12}$$

该微分方程称为**一阶线性齐次微分方程**,如果 $Q(x)$ 不恒为 0,则方程(6.2.11)称为**一阶线性非齐次微分方程**.

例如,方程 $\dfrac{\mathrm{d}y}{\mathrm{d}x} + \dfrac{y}{x} = \sin x$,是一阶线性非齐次微分方程,它对应的一阶线性齐次微分方程是 $\dfrac{\mathrm{d}y}{\mathrm{d}x} + \dfrac{y}{x} = 0$.

1.　一阶线性齐次微分方程 $\dfrac{\mathrm{d}y}{\mathrm{d}x} + P(x)y = 0$ 的通解

一阶线性齐次微分方程 $\dfrac{\mathrm{d}y}{\mathrm{d}x} + P(x)y = 0$ 的求解(即分离变量法)步骤为:

(1) 分离变量,得 $\dfrac{\mathrm{d}y}{y} = -P(x)\mathrm{d}x$;

(2) 两边积分,得 $\ln|y| = -\displaystyle\int P(x)\mathrm{d}x + C_1$. 因此一阶线性齐次微分方程的通解为

$$y = Ce^{-\int P(x)\mathrm{d}x}. \tag{6.2.13}$$

式中 $C = \pm e^{C_1}$. 由于 $y = 0$ 也是方程的解,所以 C 可为任意常数.

2.　一阶线性非齐次微分方程 $\dfrac{\mathrm{d}y}{\mathrm{d}x} + P(x)y = Q(x)$ 的通解

显然,当 C 为常数时,方程(6.2.13)不是一阶非齐次微分方程(6.2.11)的解.

现在设想一下,把常数 C 换成待定函数 $u(x)$ 后,方程(6.2.13)会是方程(6.2.11)的解吗? 为此给出如下**常数变易法**:

设 $y = u(x)\mathrm{e}^{-\int P(x)\mathrm{d}x}$,则可得

$$\frac{\mathrm{d}y}{\mathrm{d}x} = u'(x)\mathrm{e}^{-\int P(x)\mathrm{d}x} - u(x)P(x)\mathrm{e}^{-\int P(x)\mathrm{d}x},$$

代入方程(6.2.11),得

$$u'(x)\mathrm{e}^{-\int P(x)\mathrm{d}x} = Q(x),$$

即

$$u(x) = \int Q(x)\mathrm{e}^{\int P(x)\mathrm{d}x}\mathrm{d}x + C.$$

因此一阶线性非齐次微分方程的通解为

$$y = \mathrm{e}^{-\int P(x)\mathrm{d}x}\left[\int Q(x)\mathrm{e}^{\int P(x)\mathrm{d}x}\mathrm{d}x + C\right]. \tag{6.2.14}$$

用常数变易法求解一阶线性非齐次微分方程通解的步骤为:

(1) 先求出其对应的齐次微分方程的通解 $y = C\mathrm{e}^{-\int P(x)\mathrm{d}x}$;

(2) 将通解中的常数 C 换成待定函数 $u(x)$,即 $y = u(x)\mathrm{e}^{-\int P(x)\mathrm{d}x}$;

(3) 求出 $u(x)$,并写出非齐次微分方程的通解.

因此一阶线性非齐次微分方程 $\dfrac{\mathrm{d}y}{\mathrm{d}x} + P(x)y = Q(x)$ 的求解方法有两种:

(1) 用常数变易法求解;

(2) 直接用公式(6.2.14)求解.

下面来分析一阶线性非齐次微分方程的通解结构.通解式(6.2.14)也可写成

$$y = C\mathrm{e}^{-\int P(x)\mathrm{d}x} + \mathrm{e}^{-\int P(x)\mathrm{d}x}\int Q(x)\mathrm{e}^{\int P(x)\mathrm{d}x}\mathrm{d}x.$$

式右边第一项是非齐次方程(6.2.11)所对应的齐次方程(6.2.12)的通解,而第二项是非齐次方程(6.2.11)的一个特解(取 $C=0$ 得到),因此有如下定理:

定理 6.2.1 一阶线性非齐次微分方程 $\dfrac{\mathrm{d}y}{\mathrm{d}x} + P(x)y = Q(x)$ 的通解,是由其对应的齐次方程 $\dfrac{\mathrm{d}y}{\mathrm{d}x} + P(x)y = 0$ 的通解加上非齐次方程本身的一个特解所构成的.

例 6.2.3 解本章开始的微分方程(6.0.1),即 $\dfrac{\mathrm{d}P}{\mathrm{d}t}=0.20P-10$.

解 (1)用常数变易法求解:

① 先求 $P'-0.20P=0$ 的通解:分离变量,得

$$\frac{\mathrm{d}P}{P}=0.20\mathrm{d}t,$$

两边积分,得

$$\ln P=0.20t+C_1,$$

则 $P'-0.20P=0$ 的通解为

$$P=C_2\cdot\mathrm{e}^{0.20t}.$$

② 设 $P=C_2(t)\cdot\mathrm{e}^{0.20t}$,代入原方程,得

$$[C_2(t)]'\cdot\mathrm{e}^{0.20t}=-10,$$

即

$$C_2(t)=50\mathrm{e}^{-0.20t}+C,$$

于是原方程 $P'=0.20P-10$ 的通解为

$$P=50+C\cdot\mathrm{e}^{0.20t},$$

代入初始条件 $t=0,P=60$,可得原方程 $P'=0.20P-10$ 的一个特解为

$$P=50+10\mathrm{e}^{0.20t}.$$

(2)直接用公式求解:

将 $P(x)=-0.2,Q(x)=10$ 直接代入 $y=\mathrm{e}^{-\int P(x)\mathrm{d}x}\left[\int Q(x)\mathrm{e}^{\int P(x)\mathrm{d}x}\mathrm{d}x+C\right]$,

得

$$P=50+C\cdot\mathrm{e}^{0.20t}.$$

例 6.2.4 求一阶线性非齐次微分方程 $\dfrac{\mathrm{d}y}{\mathrm{d}x}-\dfrac{2}{x+1}y=(x+1)^3$ 满足 $y(0)=1$ 的特解.

解 (1)用常数变易法求解:

① 求 $\dfrac{\mathrm{d}y}{\mathrm{d}x}-\dfrac{2}{x+1}y=0$ 的通解:分离变量,得

$$\frac{\mathrm{d}y}{y}=\frac{2}{x+1}\mathrm{d}x,$$

两边积分,得

$$\ln|y| = 2\ln|x+1| + C_1,$$

则原方程的通解为

$$y = C(x+1)^2.$$

② 设 $y = u(x)(x+1)^2$,代入原方程,得

$$u'(x) = x+1,$$

即

$$u(x) = \frac{1}{2}x^2 + x + C,$$

则原方程的通解为

$$y = \left(\frac{1}{2}x^2 + x + C\right)(x+1)^2,$$

将条件 $y(0)=1$ 代入,得 $C=1$,因此所求特解为

$$y = \left(\frac{1}{2}x^2 + x + 1\right)(x+1)^2.$$

(2) 直接用公式(6.2.14)求解:

将

$$P(x) = -\frac{2}{x+1}, \quad Q(x) = (x+1)^3$$

直接代入

$$y = e^{-\int P(x)dx}\left[\int Q(x)e^{\int P(x)dx}dx + C\right],$$

得

$$y = e^{\int \frac{2}{x+1}dx}\left[\int (x+1)^3 e^{-\int \frac{2}{x+1}dx}dx + C\right]$$

$$= (x+1)^2\left[\int (x+1)dx + C\right] = (x+1)^2\left(\frac{1}{2}x^2 + x + C\right).$$

将条件 $y(0)=1$ 代入,得 $C=1$,因此所求特解为

$$y = \left(\frac{1}{2}x^2 + x + 1\right)(x+1)^2.$$

现将一阶微分方程的几种常见类型及解法归纳如表 6.2.1 所示.

表 6.2.1　一阶微分方程的几种常见类型及解法

方程类型		方　　程	解　　法
可分离变量的微分方程		$\dfrac{\mathrm{d}y}{\mathrm{d}x} = f(x)g(y)$	先分离变量,后两边积分,即分离变量法
齐次微分方程		$\dfrac{\mathrm{d}y}{\mathrm{d}x} = \varphi\left(\dfrac{y}{x}\right)$	先作变量代换 $u = \dfrac{y}{x}$,把原方程化为可分离变量的方程,然后用分离变量法解出方程,最后换回原变量
一阶线性微分方程	齐次方程	$\dfrac{\mathrm{d}y}{\mathrm{d}x} + P(x)y = 0$	用分离变量法或直接用公式 $y = C\mathrm{e}^{-\int P(x)\mathrm{d}x}$
	非齐次方程	$\dfrac{\mathrm{d}y}{\mathrm{d}x} + P(x)y = Q(x)$	用常数变易法或直接用公式 $y = \mathrm{e}^{-\int P(x)\mathrm{d}x}\left[\int Q(x)\mathrm{e}^{\int P(x)\mathrm{d}x}\mathrm{d}x + C\right]$

习　题　6.2

1. 用分离变量法求下列微分方程的通解或特解:

(1) $\dfrac{\mathrm{d}y}{\mathrm{d}x} = -\dfrac{y}{x}, y(1) = 1$;　　　(2) $\dfrac{\mathrm{d}y}{\mathrm{d}x} = -2y(y-2)$;

(3) $\tan x \dfrac{\mathrm{d}y}{\mathrm{d}x} - y = 1$;　　　(4) $\dfrac{\mathrm{d}y}{\mathrm{d}x} = \dfrac{y}{\sqrt{1-x^2}}$;

(5) $x\mathrm{d}y + \mathrm{d}x = \mathrm{e}^y \mathrm{d}x$;　　　(6) $y(1+x^2)\mathrm{d}y + x(1+y^2)\mathrm{d}x = 0, y(0) = 0$.

2. 设降落伞从跳伞塔下落后,所受空气阻力与速度成正比,并且降落伞离开跳伞塔顶($t = 0$)时速度为 0,求降落伞下落速度与时间的函数关系.

3. 从冰箱中取出一杯 5 ℃的饮料,把它放在室温 20 ℃的房间内,20 s 后饮料温度升高到 10 ℃,试问:(1) 50 s 后饮料的温度是多少? (2)需要多长时间饮料的温度升高到 15 ℃.

4. 求下列齐次微分方程的通解:

(1) $\dfrac{\mathrm{d}y}{\mathrm{d}x} = \dfrac{2xy}{x^2 + y^2}$;　　　(2) $\dfrac{\mathrm{d}y}{\mathrm{d}x} = \dfrac{y}{x}(1 + \ln y - \ln x)$;

(3) $y^2 + x^2 \dfrac{\mathrm{d}y}{\mathrm{d}x} = xy \dfrac{\mathrm{d}y}{\mathrm{d}x}$;　　　(4) $(1 + 2\mathrm{e}^{\frac{x}{y}})\mathrm{d}x + 2\mathrm{e}^{\frac{x}{y}}\left(1 - \dfrac{x}{y}\right)\mathrm{d}y = 0$.

6.3　二阶常系数线性微分方程

在自然科学及工程技术中,线性微分方程有着十分广泛的应用.在 6.2 节我们介绍了一阶线性微分方程,本节主要介绍二阶常系数线性微分方程.

> **定义 6.3.1**　形如
> $$y'' + py' + qy = f(x) \tag{6.3.1}$$
> 的微分方程,称为**二阶常系数线性微分方程**,其中 p, q 为常数,$f(x)$ 为 x 的连续函数.如果 $f(x) \equiv 0$,则方程(6.3.1)为
> $$y'' + py' + qy = 0. \tag{6.3.2}$$
> 该方程称为**二阶常系数线性齐次微分方程**,如果 $f(x)$ 不恒为 0,则方程(6.3.1)称为**二阶常系数线性非齐次微分方程**.

例如,方程 $y'' - 6y' + 9y = e^{3x}$,是二阶常系数线性非齐次微分方程,它对应的二阶常系数线性齐次微分方程是 $y'' - 6y' + 9y = 0$.以下分别讨论二阶常系数线性齐次与非齐次微分方程的解的结构及解法.

6.3.1　二阶常系数线性齐次微分方程

1. 二阶常系数线性齐次微分方程 $y'' + py' + qy = 0$ 解的结构

> **定义 6.3.2**　设 $y_1(x), y_2(x)$ 是两个定义在区间 (a, b) 内的函数,若二者之间比 $\dfrac{y_1(x)}{y_2(x)}$ 为常数,则称它们是线性相关的,否则称它们是线性无关的.

例如,函数 $y_1 = e^x$ 与 $y_2 = 2e^x$ 是线性相关的,因为 $\dfrac{y_1}{y_2} = \dfrac{e^x}{2e^x} = \dfrac{1}{2}$;而函数 $y_1 = e^x$ 与 $y_2 = e^{-x}$ 是线性无关的,因为 $\dfrac{y_1}{y_2} = \dfrac{e^x}{e^{-x}} = e^{-2x} \neq C$.

> **定理 6.3.1**(叠加原理)　如果函数 $y_1(x)$ 和 $y_2(x)$ 是齐次方程(6.3.2)的两个解,则
>
> $$y = C_1 y_1(x) + C_2 y_2(x) \tag{6.3.3}$$
>
> 也是齐次方程(6.3.2)的解,其中 C_1, C_2 为任意常数.当 $y_1(x)$ 与 $y_2(x)$ 线性无关时,式(6.3.3)就是齐次方程(6.3.2)的通解.

例如,对于方程 $y'' - y = 0$,容易验证 $y_1 = \mathrm{e}^x$ 与 $y_2 = \mathrm{e}^{-x}$ 是该方程的两个解,由于它们线性无关,所以 $y = C_1 \mathrm{e}^x + C_2 \mathrm{e}^{-x}$ 就是该方程的通解.

至于定理 6.3.1 的证明,利用导数运算性质很容易得出,请读者自行完成.

2. 二阶常系数线性齐次微分方程 $y'' + py' + qy = 0$ 的解法

由定理 6.3.1 可知,求齐次方程(6.3.2)的通解,可归结为求它的两个线性无关的解.从齐次方程(6.3.2)的结构来看,它的解 y 必须与其一阶导数、二阶导数只差一个常数因子,而具有此特征的最简单的函数就是指数函数 e^{rx}(r 为常数).

因此可设 $y = \mathrm{e}^{rx}$ 为齐次方程(6.3.2)的解(r 为待定),则

$$y' = r\mathrm{e}^{rx}, \quad y'' = r^2\mathrm{e}^{rx}.$$

代入齐次方程,得 $\mathrm{e}^{rx}(r^2 + pr + q) = 0$.由于 $\mathrm{e}^{rx} \neq 0$,所以有

$$r^2 + pr + q = 0. \tag{6.3.4}$$

由此可见,只要 r 满足方程(6.3.4),函数 $y = \mathrm{e}^{rx}$ 就是齐次方程(6.3.2)的解,我们称方程(6.3.4)为齐次方程(6.3.2)的特征方程,满足方程(6.3.4)的根为特征根.

由于特征方程(6.3.4)是一个一元二次方程,它的两个根 r_1 与 r_2 可用公式

$$r_{1,2} = \frac{-p \pm \sqrt{p^2 - 4q}}{2}$$

求出.存在三种不同的情况,分别对应着齐次方程(6.3.2)的通解的三种不同情形:

(1) 当 $p^2 - 4q > 0$ 时,方程(6.3.4)有两个不相等的实根 r_1 与 r_2,这时易验证 $y_1 = \mathrm{e}^{r_1 x}$ 与 $y_2 = \mathrm{e}^{r_2 x}$ 就是齐次方程(6.3.2)的两个线性无关的解.因此齐次方程(6.3.2)的通解为

$$y = C_1 \mathrm{e}^{r_1 x} + C_2 \mathrm{e}^{r_2 x},$$

式中 C_1, C_2 为两个相互独立的任意常数.

(2) 当 $p^2 - 4q = 0$ 时,方程(6.3.4)有两个相等的实根 $r_1 = r_2 = r$,这时同样

可以验证 $y_1 = \mathrm{e}^{rx}$ 与 $y_2 = x\mathrm{e}^{rx}$ 是齐次方程(6.3.2)的两个线性无关的解. 因此齐次方程(6.3.2)的通解为

$$y = (C_1 + C_2 x)\mathrm{e}^{rx},$$

式中 C_1, C_2 为两个相互独立的任意常数.

(3) 当 $p^2 - 4q < 0$ 时, 方程(6.3.4)有一对共轭复根 $r_1 = \alpha + \mathrm{i}\beta$ 与 $r_2 = \alpha - \mathrm{i}\beta$ ($\beta \neq 0$), 这时可以验证 $y_1 = \mathrm{e}^{\alpha x}\cos \beta x$ 与 $y_2 = \mathrm{e}^{\alpha x}\sin \beta x$ 就是齐次方程(6.3.2)两个线性无关的解. 因此齐次方程(6.3.2)的通解为

$$y = (C_1 \cos \beta x + C_2 \sin \beta x)\mathrm{e}^{\alpha x},$$

式中 C_1, C_2 为两个相互独立的任意常数.

综上所述, 求齐次方程 $y'' + py' + qy = 0$ 通解的步骤为:

(1) 写出齐次方程的特征方程 $r^2 + pr + q = 0$;

(2) 求出特征根 r_1 与 r_2;

(3) 根据特征根的不同情形, 按照表 6.3.1 写出齐次方程(6.3.2)的通解.

表 6.3.1　二阶常系数线性齐次微分方程 $y'' + py' + qy = 0$ 的通解

特征方程 $r^2 + pr + q = 0$ 的两个特征根 r_1, r_2	齐次方程 $y'' + py' + qy = 0$ 的通解
两个不相等的实根 r_1 与 r_2	$y = C_1 \mathrm{e}^{r_1 x} + C_2 \mathrm{e}^{r_2 x}$
两个相等的实根 $r_1 = r_2 = r$	$y = (C_1 + C_2 x)\mathrm{e}^{rx}$
一对共轭复根 $r_1 = \alpha + i\beta$ 与 $r_2 = \alpha - i\beta$	$y = (C_1 \cos \beta x + C_2 \sin \beta x)\mathrm{e}^{\alpha x}$

例 6.3.1　求微分方程 $y'' - 2y' - 3y = 0$ 的通解.

解　所给方程的特征方程为

$$r^2 - 2r - 3 = 0,$$

求得其特征根为

$$r_1 = -1, \quad r_2 = 3,$$

故所给方程的通解为

$$y = C_1 \mathrm{e}^{-x} + C_2 \mathrm{e}^{3x}.$$

例 6.3.2　求微分方程 $y'' - 4y' + 4y = 0$ 满足条件 $y(0) = 0, y'(0) = 1$ 的特解.

解　所给方程的特征方程为

$$r^2 - 4r + 4 = 0,$$

求得其特征根为

$$r_1 = r_2 = 2,$$

故所给方程的通解为

$$y = (C_1 + C_2 x)\mathrm{e}^{2x},$$

将初始条件 $y(0) = 0, y'(0) = 1$ 代入, 得 $C_1 = 0, C_2 = 1$, 故所给方程的特解为

$$y = x\mathrm{e}^{2x}.$$

例 6.3.3　求微分方程 $\dfrac{\mathrm{d}^2 y}{\mathrm{d}x^2} + 2\dfrac{\mathrm{d}y}{\mathrm{d}x} + 3y = 0$ 的通解.

解　所给方程的特征方程为

$$r^2 + 2r + 3 = 0,$$

求得它的一对共轭复根为

$$r_1 = -1 + \sqrt{2}\mathrm{i}, \quad r_2 = -1 - \sqrt{2}\mathrm{i}$$

故所给方程的通解为

$$y = (C_1\cos\sqrt{2}x + C_2\sin\sqrt{2}x)\mathrm{e}^{-x}.$$

6.3.2　二阶常系数非齐次线性微分方程

由定理 6.2.1 知, 一阶常系数非齐次线性微分方程的通解是由对应的齐次方程的通解和非齐次方程本身的一个特解所构成的. 那么我们可猜测, 二阶非齐次常系数线性微分方程的通解也具有同样的结构. 以下三个定理都是相对容易证明的, 这里只给出结论.

定理 6.3.2　设 y^* 是二阶非齐次线性微分方程(6.3.1)的特解, Y 是对应的齐次线性微分方程(6.3.2)的通解, 则 $y = y^* + Y$ 就是二阶非齐次线性微分方程(6.3.1)的通解.

定理 6.3.3(二阶非齐次线性微分方程的叠加原理)　设 y_1^* 和 y_2^* 分别是二阶非齐次线性微分方程 $y'' + py' + qy = f_1(x)$ 和 $y'' + py' + qy = f_2(x)$ 的特解, Y 是对应的齐次线性微分方程 $y'' + py' + qy = 0$ 的通解, 则有 $y = y_1^* + y_2^* + Y$ 是二阶非齐次线性微分方程 $y'' + py' + qy = f_1(x) + f_2(x)$ 的通解.

> **定理 6.3.4**　若方程 $y'' + py' + qy = u(x) + iv(x)$ 有解 $y = U(x)$ $+ iV(x)$,其中 $u(x),v(x)$ 都是连续函数,则 $U(x),V(x)$ 分别是方程 $y'' + py' + qy = u(x)$ 和 $y'' + py' + qy = v(x)$ 的解.

由以上二阶常系数非齐次线性微分方程解的结构知,求解二阶常系数非齐次微分方程通解的关键是找出其特解.

形如方程(6.3.1)的二阶常系数微分方程的特解的形式与右端的 $f(x)$ 有关. 对于 $f(x)$ 的一般情形,求方程(6.3.1)的特解仍是非常困难的. 为简单起见,这里只给出一种常用形式.

当 $f(x) = P_m(x)e^{\lambda x}$ $[P_m(x)$ 是 x 的一个 m 次多项式,λ 是常数]时,二阶常系数非齐次线性微分方程(6.3.1)具有形如

$$y^* = x^k Q_m(x)e^{\lambda x}$$

的特解,其中 $Q_m(x)$ 是与 $P_m(x)$ 同次(m 次)的多项式,而按 λ 不是特征方程的根、是特征方程的单根或是特征方程的重根,k 依次取 $0,1$ 或 2.

例 6.3.4　下列方程具有什么样形式的特解?

(1) $y'' + y' - 6y = e^{5x}$;　　　　　　(2) $y'' + y' - 6y = 3xe^{-3x}$;

(3) $y'' - 2y' + y = -(4x^2 + 6)e^x$.

解　(1) 因 $\lambda = 5$ 不是特征方程 $r^2 + r - 6 = 0$ 的根,故方程具有特解
$$y^* = b_0 e^{5x};$$

(2) 因 $\lambda = -3$ 是特征方程 $r^2 + r - 6 = 0$ 的单根,故方程具有特解
$$y^* = x(b_0 x + b_1)e^{-3x};$$

(3) 因 $\lambda = 1$ 是特征方程 $r^2 - 2r + 1 = 0$ 的二重根,所以方程具有特解
$$y^* = x^2(b_0 x^2 + b_1 x + b_2)e^x.$$

例 6.3.5　求方程 $y'' - 3y' + 2y = xe^{2x}$ 的通解.

解　题设方程对应的齐次方程的特征方程为 $r^2 - 3r + 2 = 0$,特征根为 $r_1 = 1$, $r_2 = 2$. 因此该齐次方程的通解为 $Y = C_1 x + C_2 e^{2x}$. 又因 $\lambda = 2$ 是特征方程的单根, 故可设题设方程的特解为 $y^* = x(b_0 x + b_1)e^{2x}$. 代入题设方程,得 $2b_0 x + b_1$ $+ 2b_0 = x$,比较等式两端同次幂的系数,得 $b_0 = \dfrac{1}{2}$, $b_1 = -1$. 因此题设方程的一个

特解为 $y^* = x(\dfrac{1}{2}x - 1)e^{2x}$. 从而,所求题设方程的通解为

$$y = C_1 \mathrm{e}^x + C_2 \mathrm{e}^{2x} + x\left(\frac{1}{2}x - 1\right)\mathrm{e}^{2x}.$$

例 6.3.6 求微分方程 $y'' + y = x + \mathrm{e}^x$ 的通解.

解 特征方程为 $r^2 + 1 = 0$,特征根为 $r_1 = \mathrm{i}, r_2 = -\mathrm{i}$,故对应齐次方程的通解为 $Y = C_1 \cos x + C_2 \sin x$. 观察可得 $y'' + y = x$ 的一个特解为 $y_1^* = x$,$y'' + y = \mathrm{e}^x$ 的一个特解为 $y_2^* = \frac{1}{2}\mathrm{e}^x$. 由非齐次线性微分方程的叠加原理知

$$y^* = y_1^* + y_2^* = x + \frac{1}{2}\mathrm{e}^x$$

是原方程的一个特解,从而原方程的通解为 $y = C_1 \cos x + C_2 \sin x + x + \frac{1}{2}\mathrm{e}^x$.

习 题 6.3

1. 求下列微分方程的通解:

(1) $y'' - 5y' = 0$;

(2) $y'' - 4y' + 4y = 0$;

(3) $y'' + 4y' + y = 0$;

(4) $y'' - 5y' + 6y = 0$.

2. 求下列方程的一个特解:

(1) $y'' + 2y' = 3\mathrm{e}^{-2x}$;

(2) $y'' - 3y' - 4y = 0, y|_{x=0} = 6, y'|_{x=0} = 10$.

3. 求下列微分方程的通解:

(1) $y'' - 2y' = (x-1)\mathrm{e}^x$;

(2) $y'' - 2y' - 3y = \mathrm{e}^x + \sin x$;

(3) $y''' - y'' = x^2 + 4x$;

(4) $y'' - 6y' + 9y = (x+1)\mathrm{e}^{3x}$.

6.4 微分方程的应用举例

6.4.1 飞机降落问题

飞机在下降滑跑时,其尾部张开一个降落伞,这个降落伞有何作用? 结合所学数学知识知,当机场跑道长度不足时,常常使用降落伞作为飞机的减速装置. 这个降落伞的设计原理是什么呢? 在飞机开始着陆时,飞机尾部张开一个降落伞,利用

空气对伞的阻力减小飞机的滑跑距离,保障飞机在较短的跑道上安全着陆.对此,我们可以将这一实际问题抽象成一般的数学问题:如将阻力系数为 4.5×10^6 kg/h 的降落伞装在重 9 t 的飞机上,现已知机场跑道长 1 500 m,若飞机着陆速度为 700 km/h,并忽略飞机所受的其他外力,问跑道长度能否保障飞机安全着陆?

对上述问题模型的基本假设:

(1) 忽略飞机所受的其他外力,并把飞机看成物理学上的质点,即不计飞机长度但有质量;

(2) 令飞机所受的空气阻力为 f,飞机的反向加速度为 a,飞机的质量为 M(kg),并且飞机刚接触跑道的速度为 v_0(km/h),滑行时间 t(h)后的速度为 $v(t)$(km/h);

(3) 设降落伞的阻力与飞机的滑跑速度成正比,比例系数为 k_1,即 $f = k_1 v$.设降落伞的阻力与飞机的滑跑速度的平方成正比,比例系数为 k_2,即 $f = k_2 v^2$;

(4) 考虑摩擦力时,令重力加速度为 g,跑道与飞机间的摩擦系数为 μ.

降落伞的阻力与飞机的滑跑速度成正比,因此可建立微分方程模型进行求解.将得到的结果与实际跑道长度 1 500 m 做对比,当 $s \leqslant 1\,500$ m 时,跑道的长度可以保障飞机安全着陆,反之则不能.

根据牛顿第二定律 $f = ma$ 可建立下列微分方程:

$$- m \frac{\mathrm{d}^2 s}{\mathrm{d}t^2} = k_1 \frac{\mathrm{d}s}{\mathrm{d}t}, \quad v(0) = v_0, \quad v(t_1) = v_1, \quad m = M.$$

由题意可知 $k_1 = 4.5 \times 10^6$ kg/h,$M = 9\,000$ kg,且知 $C_2 = 1\,400$.因此有微分方程组

$$\begin{cases} s(t) = -1\,400 \mathrm{e}^{-\frac{5}{36}t} + 1\,400 \\ v(t) = 625 \mathrm{e}^{-\frac{5}{36}t} \end{cases},$$

由物理知识可知,降落伞的阻力与飞机的滑跑速度成正比,当速度越来越小时,阻力就会越来越小,这样飞机就会永远运动下去.结合实际的运动情况,我们可以假定当速度 $v \leqslant 0.000\,001$ m/s 时,飞机停止运动.所以当飞机停止运动时,可求得时间 $t = 72\ln 5 + \frac{216}{5}\ln 2$,由此可求得 $s \approx 1\,400$ m $< 1\,500$ m.说明该跑道的长度能保障飞机安全着陆.

6.4.2　沉船速度问题

由于受到大风袭击,一渔船侧翻沉入河底.因调查需要,需确定渔船的下沉深

度 y（从水平面算起）与下沉速度 v 之间的函数关系.设渔船在重力作用下,从水平面开始铅直下沉,在下沉过程中还受到阻力和浮力的作用.设渔船的质量为 m,体积为 B,河水密度为 ρ,仪器所受的阻力与下沉速度成正比,比例系数为 k（$k>0$）.试建立 y 与 v 所满足的微分方程,并求出函数关系式 $y=y(v)$.

步骤简述为:分析渔船受力,应用牛顿第二定律写出微分方程,列出初始条件,解微分方程,求特解.

解　取沉船点为坐标原点 O,竖直向下为 y 轴正方向,则探测仪器受到的力有重力 $G=mg$、阻力 $f=-kv$、浮力 $h=-B\rho g$.因此船体所受合力为

$$F = G + f + h = mg - kv - B\rho g,$$

由牛顿第二定律可知

$$m\frac{\mathrm{d}^2 y}{\mathrm{d}t^2} = m\frac{\mathrm{d}v}{\mathrm{d}t} = mv\frac{\mathrm{d}v}{\mathrm{d}y} = F = mg - kv - B\rho g,$$

$$\frac{mv}{mg - kv - B\rho g}\mathrm{d}v = \mathrm{d}y,$$

$$\frac{-\dfrac{m}{k}(mg - kv - B\rho g) + \dfrac{m}{k}(mg - B\rho g)}{mg - kv - B\rho g}\mathrm{d}v = \mathrm{d}y,$$

$$-\frac{m}{k}v + \frac{m}{k}(mg - B\rho g)\left(-\frac{1}{k}\right)\ln|mg - kv - B\rho g| = y + C.$$

式中 C 为任意常数.代入初始条件 $t=0$ 时,$v=0$,$y=0$,则有

$$C = \frac{m}{k}(mg - B\rho g)\left(-\frac{1}{k}\right)\ln|mg - kv - B\rho g|,$$

$$= -\frac{m(mg - B\rho g)}{k^2}\ln|mg - B\rho g|,$$

故

$$y = -\frac{m}{k}v + \frac{m}{k}(mg - B\rho g)\left(-\frac{1}{k}\right)\ln|mg - kv - B\rho g| - C$$

$$= -\frac{m}{k}v - \frac{m(mg - B\rho g)}{k^2}\ln\left|\frac{mg - kv - B\rho g}{mg - B\rho g}\right|.$$

由于渔船要下沉,所以 $F>0$,即 $mg - kv - B\rho g>0$,从而

$$y = -\frac{m}{k}v - \frac{m(mg - B\rho g)}{k^2}\ln\left|\frac{mg - kv - B\rho g}{mg - B\rho g}\right|.$$

6.4.3　衰变问题

镭、铀等放射性元素因不断放射出各种射线而其质量逐渐减少,这种现象称为放射性物质的衰变.根据实验得知,衰变速度与现存物质的质量成正比,求放射性元素在时刻 t 的质量.

用 x 表示该放射性物质在时刻 t 的质量,则 $\dfrac{\mathrm{d}x}{\mathrm{d}t}$ 表示 x 在时刻 t 的衰变速度,于是"衰变速度与现存的质量成正比"可表示为

$$\frac{\mathrm{d}x}{\mathrm{d}t} = -kx. \tag{6.4.1}$$

这是一个以 x 为未知函数的一阶方程,它就是放射性元素**衰变的数学模型**,其中 $k>0$ 是比例常数,称为衰变常数,因元素的不同而异.方程右端的负号表示,当时间 t 增加时,质量 x 减少.

解方程(6.4.1)得通解 $x = Ce^{-kt}$.若已知,当 $t = t_0$ 时,$x = x_0$,代入通解 $x = Ce^{kt}$ 中,可得 $C = x_0 e^{-kt_0}$,从而可得到方程(6.4.1)的特解:

$$x = x_0 e^{-k(t-t_0)}.$$

该式反映了某种放射性元素衰变的规律.

注　物理学中,放射性物质从最初的质量到衰变为该质量自身的一半所花费的时间称为半衰期,不同物质的半衰期差别极大.例如,铀的普通同位素(^{238}U)的半衰期约为 50 亿年;通常镭(^{226}Ra)的半衰期符合上述放射性物质的特征,但不依赖于该物质的初始量,1 g ^{226}Ra 衰变成 0.5 g 所需要的时间与 1 t ^{226}Ra 衰变成 0.5 t 所需要的时间同样都是 1 600 年.正是这种事实构成了用于考古中确定地质年龄的 ^{14}C 测验的基础.

习　题　6.4

1. 一条曲线通过点$(2,3)$,它在两坐标轴间的任意切线均被切点平分,求此曲线的方程.

2. 设原点到一条曲线上任意一点的距离,等于此曲线该点的切线与 x 轴的交点到该点的距离,求此曲线的方程.

3. 某银行账户每年以当年余额的 5% 的年利率连续盈取利息,假设最初存入的数额为 10 000 元,并且在这之后没有其他数额存入或取出,给出账户余额所满足的微分方程,以及第十年的余额.

4. 某公司的净资产 W(万元)因资产本身产生的利息而以 5% 的年利率增长,同时公司每年还必须连续地支付职工工资 200 万元:

(1) 给出描述该公司净资产 W(万元)的微分方程;

(2) 求解方程,并分别给出初始资产值为 $W_0 = 4\,000$ 万元,$5\,000$ 万元,$3\,000$ 万元时的特解,并讨论今后公司财务变化特点.

习　题　6

1. 验证下列各题中的函数是所给微分方程的通解(或特解):

(1) $y'' - 2y' + y = 0$,$y = x\mathrm{e}^x$[初始条件为 $y(0) = 0$,$y'(0) = 1$];

(2) $y'' + 9y = 0$,$y = A\sin 3x - B\cos 3x$(A 与 B 是两个任意常数).

2. 求下列一阶线性微分方程的通解或特解:

(1) $\dfrac{\mathrm{d}y}{\mathrm{d}x} + 3y = 8$,$y(0) = 2$;　　　　(2) $2\dfrac{\mathrm{d}y}{\mathrm{d}x} - y = \mathrm{e}^x$;

(3) $y' = \dfrac{y + \ln x}{x}$;　　　　　　　(4) $y' - 2xy = \mathrm{e}^{x^2}\cos x$;

(5) $\dfrac{\mathrm{d}y}{\mathrm{d}x} + \dfrac{y}{x} = \dfrac{\sin x}{x}$;　　　　　(6) $\dfrac{\mathrm{d}x}{\mathrm{d}y} = \dfrac{3x + y^4}{y}$,$y(1) = 1$.

3. 一质量为 m 的物体仅受重力的作用而下落,如果其初始位置和初始速度都为 0,试写出物体下落的距离 S 与时间 t 所满足的微分方程.

4. 设曲线 $y = f(x)$ 上任意一点处的切线斜率为 $\dfrac{2y}{x} + 2$,且经过点 $(1,2)$,求该曲线方程.

5. 设曲线上任意一点 $P(x,y)$ 处的切线及该点到坐标原点 O 的连线 OP 与 y 轴所围成的面积是常数 A,求该曲线方程.

6. 含有污染物 $200\ \mathrm{g/m^3}$ 的污水以 $50\ \mathrm{m^3/min}$ 的速度流过污水处理池,在池内每分钟可处理 20% 的污染物,且水被搅匀后排出.已知处理池容量为 $1\,000\ \mathrm{m^3}$,处理池内开始时装满净水,求流出的水中污染物浓度的函数.

7. 要向 N 个企业推广某项新技术,$p(t)$ 为 t 时刻已掌握该项技术的企业数.设新技术推广方式为:一方面采用已掌握该项技术的企业逐渐向尚未掌握该项技术的企业推广,另一方面直接通过宣传媒体向企业推广.若设前者的推广速度与已掌握该项技术的企业数 $p(t)$ 以及尚未掌握该项技术的企业数 $N-p(t)$ 成正比,而后者推广速度则直接与 $N-p(t)$ 成正比,求 $p(t)$ 所满足的微分方程,并求解方程.

8. 某养鱼池最多养 1 000 条鱼,鱼的数目 y 是时间 t 的函数,且其变化速度与 y 及 1 000 $-y$ 的乘积成正比,现知养鱼 100 条,3 个月后变为 250 条,求函数 $y(t)$ 以及 6 个月后养鱼池里的鱼的数目.

参 考 文 献

［1］ 华东师范大学数学系.数学分析:上、下册［M］.3 版.北京:高等教育出版社,2009.

［2］ 同济大学应用数学系.高等数学:上、下册［M］.6 版.北京:高等教育出版社,2007.

［3］ 王雪标,王拉娣,聂高辉.微积分［M］.北京:高等教育出版社,2006.

［4］ 四川大学数学学院高等数学教研室.高等数学:第一、二、三册［M］.4 版.北京:高等教育出版社,2009.

［5］ 朱来义.微积分［M］.3 版.北京:高等教育出版社,2009.

［6］ 朱来义.微积分中的典型例题分析与习题［M］.2 版.北京:高等教育出版社,2009.

［7］ 杜先能,孙国正.高等数学［M］.3 版.合肥:安徽大学出版社,2011.

［8］ 陈秀,张霞.高等数学［M］.北京:高等教育出版社,2010.

［9］ 张威.Matlab 基础与编程入门［M］.2 版.西安:西安电子科技大学出版社,2008.

［10］ 萧树铁.大学数学数学实验［M］.2 版.北京:高等教育出版社,2006.

［11］ Deborah Hughes Hallett,Andrew M.Gleason,Patti Frazer Lock,等.实用微积分［M］.3 版.朱来义,刘刚,黄志勇,等,译.北京:人民邮电出版社,2010.

［12］ 胡良剑,孙晓君.MATLAB 数学实验［M］.2 版.北京:高等教育出版社,2014.

［13］ 柯朗 R,约翰 F.微积分和数学分析引论:第一卷、第二卷［M］.张鸿林,周民强,译.北京:科学出版社,2005.

［14］ 于德.应用高等数学:上、下册［M］.3 版.杭州:浙江科学技术出版社,2013.

［15］ 朱健民,李建平.高等数学:上、下册［M］.北京:高等教育出版社,2007.

［16］ 季红蕾,黄素珍,卞小霞.高等数学:上、下册［M］.北京:清华大学出版社,2015.

［17］ 林源渠.高等数学精选习题解析［M］.北京:北京大学出版社,2011.

[18]　吴赣昌.高等数学(理工类):上、下册[M].4 版,北京:中国人民大学出版社,2011.

[19]　马知恩,王绵森.工科数学分析基础:上、下册[M].北京:高等教育出版社,2004.

[20]　王家军.高等数学:上、下册[M].北京:中国农业出版社,2009.

[21]　吕同富.高等数学及应用[M].2 版.华中科技大学出版社,2012.

[22]　任玉杰,张世泽.高等数学及其 MATLAB 实现:上、下册[M].广州:中山大学出版
　　　社,2014.